筋肉は本当にすごい

すべての動物に共通する驚きのメカニズム

杉 晴夫　著

ブルーバックス

カバー装幀　芦澤泰偉・児崎雅淑
カバー写真　(c)clover/a.collectionRF/amanaimages
本文デザイン　齋藤ひさの(STUDIO BEAT)
本文図版　さくら工芸社

はじめに

筆者がブルーバックスから『筋肉はふしぎ』を出版してから十数年が経過し、筋収縮のしくみの研究は目覚ましく進展した。近年の我が国の平均寿命の著しい伸長を反映し、老後を健やかに過ごす健康寿命を増進させるために、われわれの身体の筋肉の重要性が指摘されている。しかし筆者の著書以外に、筋収縮研究の現在に至る進歩を平易に説明した解説書、入門書は筆者の知る限り皆無のように思われる。

自然科学研究の醍醐味は、大自然の摂理の謎に挑み、一進一退を重ねながら目標に迫ってゆくことにある。科学者の責務は、各自の研究に没頭し新たな発見を成し遂げるばかりでなく、彼らが研究を通して得た貴重な体験を一般の人々に伝え、科学研究にたいする興味と理解を呼び覚ますよう努めることであろう。このようにして科学者は、現在我が国で問題とされる「科学離れ」を解決し、科学者と一般人の間の絆を深め得るのである。

筆者は筋収縮のしくみの研究をライフワークとし、大学院生として研究をはじめてから60年になる。そしてまだ若い研究者と研究を続けている。この間幸運にも、筋収縮研究史に不朽の名を残す偉大な研究者たちと親交を結び、研究を楽しむことができた。

このたび再びブルーバックスから出版する本書は、『筋肉は本当にすごい』と題して、大自然が作り出した「筋肉」の素晴らしさを読者に理解し、楽しんでいただくことを願って書かれたもので、三つの部分に分かれている。

まず第1部では、筋収縮研究史に名を残す、ヒュー・ハクスレー、アンドリュー・ハクスレー（二人は全く別人である）らの巨人たちと筆者が親交を持つことができた体験をもとに、リニアモーターと超微小エンジンとしての筋肉の実態が解明される歴史を、個人的なエピソードを交えて記述する。また筆者の立ち位置を明らかにするため、筆者自身のこの研究分野にたいする寄与を、この第1部のみでなく第3部にも紹介させていただいた。

次の第2部は、われわれの身体内ではたらき続け、われわれの生命を維持している、骨格筋、心筋、血管および消化器平滑筋の説明をおこない、さらに現代の健康寿命の大敵、認知症、精神的ストレス、生活習慣病を克服する方策を考える。

おわりの第3部は本書の最も主要な部分で、いろいろな動物が筋肉を独自に進化させ、周囲の環境に見事に適応している様子を活写するために書いたものである。ここでは以下のような、従来の類書には見られない工夫が凝らしてある。

(1)第1部中での記述を引き継いで、随所に筋肉の収縮特性についての、かなり専門的（といっても、医学部の基礎医学講義には必ず含まれる内容であるが）説明を加えた。

(2)この筋肉の収縮特性の説明は、1ヵ所にまとめることを意図的に避け、動物の筋肉運動に応じて適当な位置に配分した。これは本書が教科書的になるのを避けるとともに、動物が筋肉の特性をいかに有効に利用して環境に適応しているかを読者に知っていただくためである。筆者のような生理学者にとっては、動物の運動のしくみの理解が深まるほど、それが光り輝いて見えるようになるのである。

(3) 筆者はサイドワークとして、いろいろな動物の筋肉運動、特にレストランでよく供されるイガイ（ムール貝）のキャッチ筋を長年研究しており、この章は筆者らの研究を中心としたキャッチ機構の研究史となっている。

このように第3部は従来の類書とは内容が全く異なり、しかも大自然の動物たちの運動能力の驚異と神秘が語られており、多くの読者に楽しんでいただければ幸いである。実際の生理学的研究に支持された動物の運動の神秘は、単なる解説書の枠を超えて読者に強く訴えるのではないだろうか。

なお本書の随所に出てくる筋肉の生理学的特性に関する解説を難解に思われる読者は、これらを飛ばして先に進まれても差し支えない。動物の運動の驚異を感じられたら、より深い理解のためこの部分の説明を読まれれば、動物の運動の精妙さがより深く実感できるだろう。

目次

第2部 われわれの筋肉、その驚異……103

第1部

大自然がデザインした筋肉はいかにすごいか

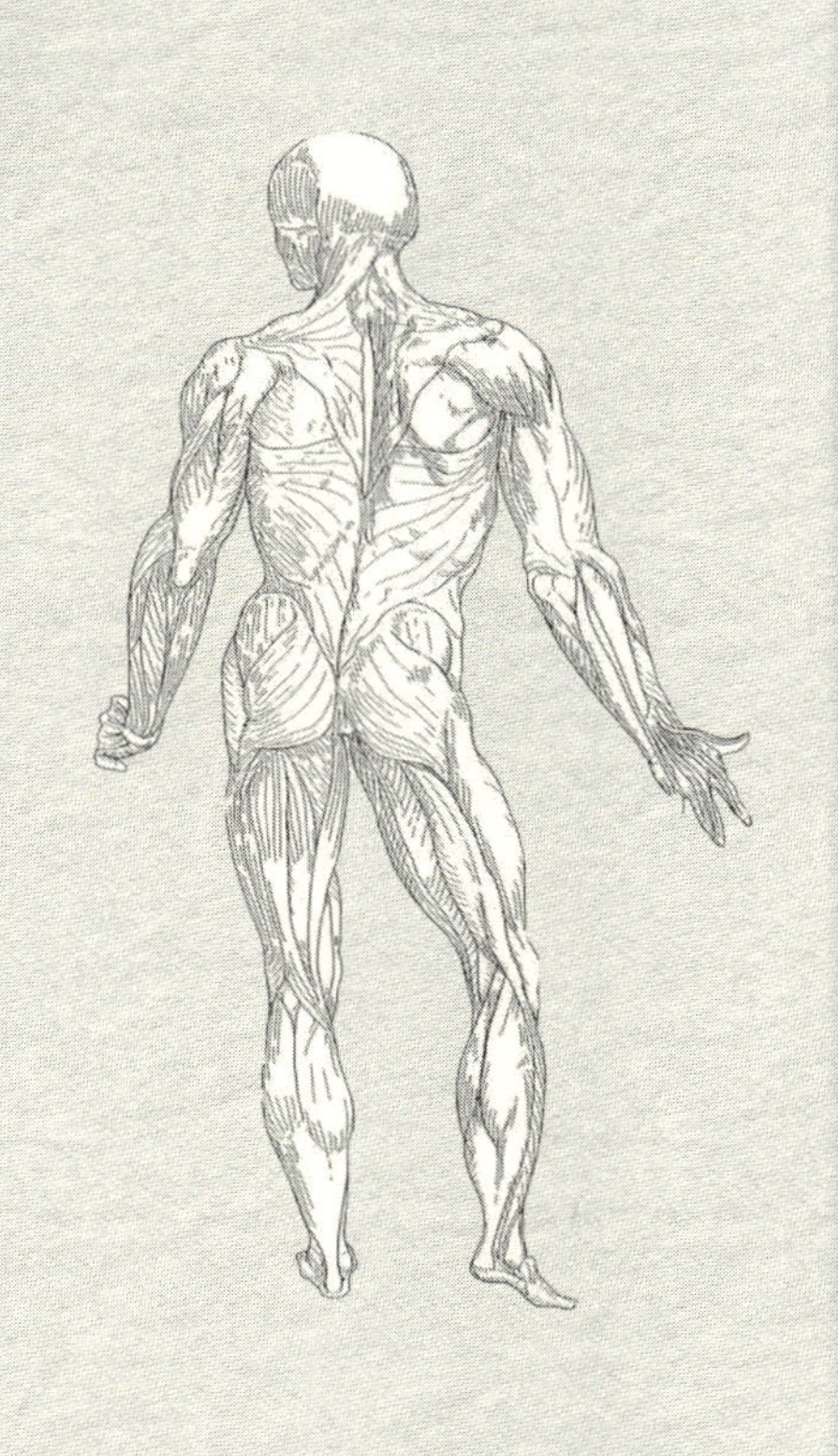

図1-1　人体の骨格筋

第1章 リニアモーターとしての筋肉はいかにして発見されたか

本書はわれわれの生命の維持に不可欠な筋肉がいかにすごいかを読者に知っていただくのを目的とする。このためまず本書の第1部では、このすごい筋肉の構造とはたらきが、いかにして人類によって明らかにされたかを説明しよう。

一般に、ある科学分野の発展の歴史を忠実に辿ることは、専門家には興味深いものであっても、必ずしも一般読者の興味をそそるとは限らず、長い研究史の叙述には閉口するのではなかろうか。

したがってここでは、筋肉の研究史のうち最もエキサイティングな部分に焦点をしぼり、歴史的発見を成し遂げた天才たちの心の動きに迫りたい。

１-１　筋肉とはわれわれにとって何だろう

まず図１-１（13ページ）を見れば、われわれ人類の身体の大部分が筋肉から成ることがよくわかる。大自然の生物には植物と動物があり、植物は地面に根を下ろし移動できないのに対し、動物は生存のためより良い環境を求めて移動することができる。そしてこの移動を可能にするのは、身体を動かす骨格筋のはたらきである。この人体図で見られる筋肉はすべて骨格筋である。骨格筋は骨格に腱を介して付着しており、収縮して身体の関節を動かし身体運動をおこす。

しかし生体の生命の維持に不可欠な筋肉は、呼吸により外界の酸素を肺に取り入れる横隔膜の呼吸筋、この酸素を身体のあらゆる組織・器官に血液を介して送り届ける心臓の心筋、この血流を維持し調節する血管筋、さらに動物が摂取した栄養物を消化・吸収する内臓筋など、枚挙にいとまがない。生命維持の機能がこれらの筋肉によって時々刻々おこなわれている（図１-２）。生体の生命は心臓の心筋が活動を停止するとともに終わるのである。

骨格筋はまた、身体運動をおこなわず休んでいるときでも、絶えずエネルギーを消費して熱を発生し、われわれの体温を維持している。われわれ人類は恒温動物で、体温が維持できなければ死んでしまうのである。骨格筋の発熱量は、生命維持に必要な発熱量の60％にも及ぶのである。

さらにわれわれが激しい運動をすると、骨格筋を含む体内の器官が激しく活動し熱を発生する。この熱を効果的に体外に逃がしてやらなければ、熱中症で生命が危うくなる。このようなときわれわれは発汗により体温上昇を防ぐとともに、皮膚の直下を走る血管が血管筋の弛緩により拡張し、皮膚がベンチレーターとして体温を外に逃がしている。

逆にわれわれが運動せず休んでいるとき、筋肉は重力に対抗してわれわれの体を支えている。このような筋を抗重力筋という。一般に筋肉を含むすべての器官は、絶えず活動させていなければ退化し、萎縮してゆく。宇宙飛行士は重力のない宇宙空間で生活するので、地上にもどるとしばらくの期間、体の姿勢を保持することができず、われわれに抗重力筋の有難さを教えてくれる。これらの多彩な、われわれの生命を支えている筋肉の機能をまとめて模式的に説明したのが図1‐2である。

われわれの意識、精神の座である大脳皮質も、使用しなければ退化し、機能を失ってゆく。したがって、長いタイムスパンで考えれば、骨格筋はわれわれの健康寿命に深く関わっている。我が国の平均寿命は世界一、二位を争う長さであるが、高齢者で健康寿命を保ち、人生を楽しんでいる人はどのくらいいるであろうか。

われわれの筋肉はいつも使用していれば次第に発達してより強力、敏捷になる。これは運動選

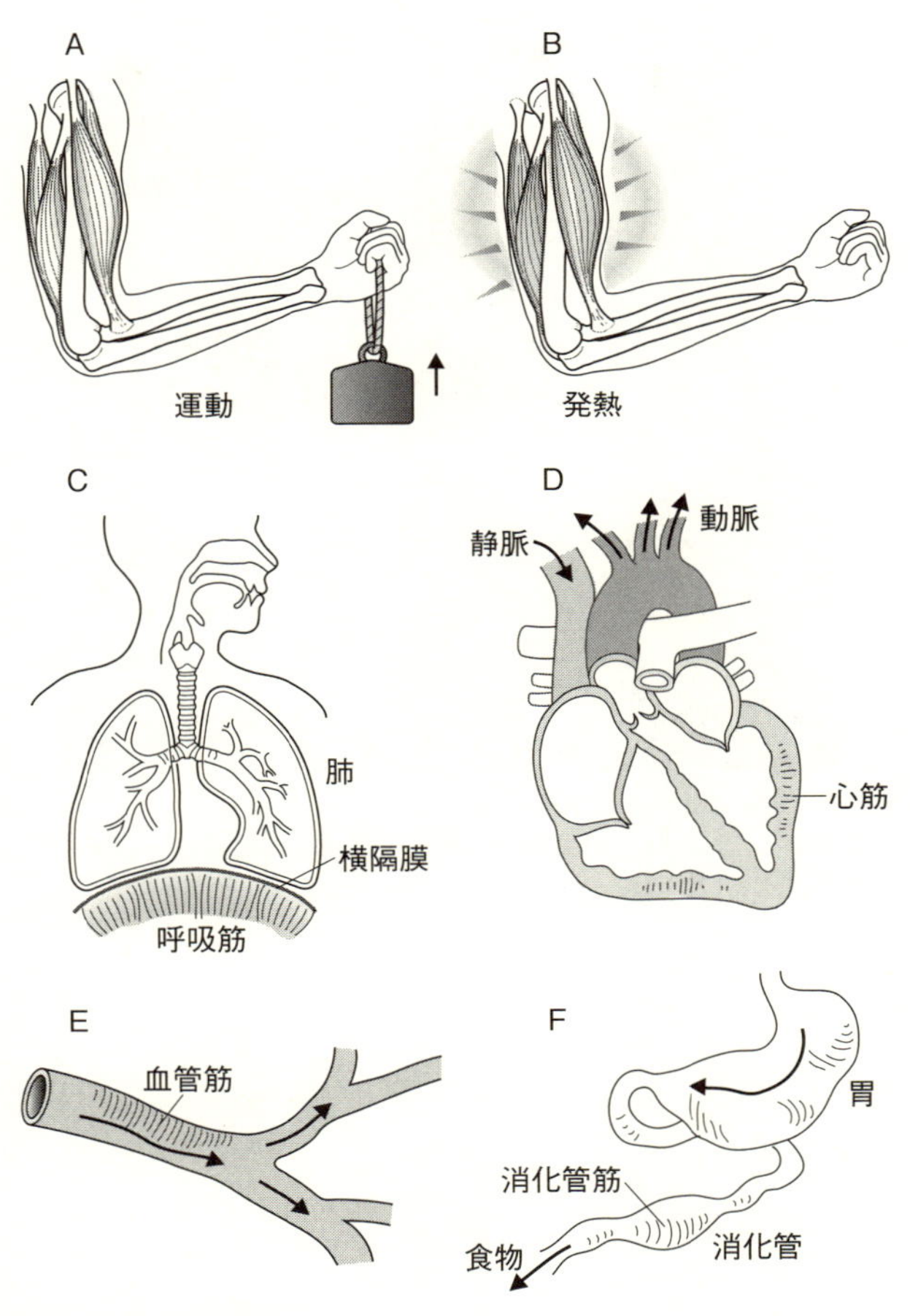

図1-2　筋肉のはたらき

図1-3　飛躍する馬の骨格筋

東大馬場にて。1m以上の障害を飛越する馬の骨格筋の動き。昭和31年の筆者が騎乗。

手の筋肉がトレーニングにより発達し、競技技術が向上することから明らかである。もちろんこれは一般人にも、また身体のあらゆる器官にもあてはまる。筆者は若い頃、登山、スキー、さらに馬術部選手として乗馬に励んでいた（図1－3）。筆者を乗せて総計400kgもの重量を飛躍させ、1メートル以上の障害を軽々と飛び越えた馬の後肢の筋肉の瞬発力は、印象的である。

要するに、身体の運動機能も衰えず、認知症にもならずに健康寿命を楽しむ一挙両得の手立ての鍵は骨格筋が握っているのである。

認知症は大脳皮質でおこる疾患なので、この防止には大脳皮質に活動電位を送り込む（これを賦活という）ことが必要である。これにはスポーツが最適である。なぜなら、テニス、野球などの球技では、相手からの球を正確に打ち返す、腕の運動の精密３次元コントロールをおこなう運動神経活動とともに「相手の出方を予想する」という高次の大脳皮質活動が必要となるからである。

スポーツと並んで有効なのは楽器の演奏である。これは主に手指の運動でスポーツのように身体の骨格筋の発達をおこすことはないが、指の活発な運動、音符を読み取る精神活動とともに大脳皮質に深い精神的感動を引きおこす。実は筆者は長いこと友人たちと古典音楽の大作曲家、モーツァルト、ベートーベン等の室内楽の演奏を楽しみ心の支えとしてきた。ちなみにアンドリュー・ハクスレー（１９６３年ノーベル生理学・医学賞受賞者）も音楽好きであり、ピアノの即興演奏に巧みで、筆者の自宅でいつも筆者のバイオリンと合奏を楽しんだ。

１－２　「精気説」から横紋構造の発見へ

腕の筋肉を精一杯収縮させると力こぶができる（図１－４）。欧州の自然科学の源流となったギリシャ人たちの考えは「生気論」で、脳から身体各部に伸びる神経の管の内腔を通って「精気」が身体各部に送られることで人体の活動がおこると考えた。この考えによると、筋肉の収縮は脳から送られる精気によっておこるので、収縮中の筋肉はあたかも空気を吹き込まれた風船のように膨らむというのである（図1－5A）。しかし17世紀のオランダの偉大な博物学者、スワンメルダム（赤血球の発見、変態を含む昆虫の体構造の解明、発生時の卵割の最初の観察をおこなった）は見事な実験をおこない、収縮中筋肉の体積が変わらないことを示した（図1－5B）。彼が密封した容器（a）中に筋肉（b）を入れ、筋肉に付いた神経を細い糸（c）で引いて支持棒（d）に押し付けると、神経が刺激され筋肉が収縮した。このとき容器と繋（つな）がった毛細管のなかの水滴（e）の位置は変化しなかった。これで「精気説」は否定された。この実験がガルバニの生物電気の発見より100年以上前におこなわれたことに驚かざるを得ない。

図1-4　筋肉の力こぶ

19世紀には顕微鏡が広く研究に使用されるようになり、夥（おびただ）しい発見がなされるとともに、生理学、生物学の知識は目覚ましい速度で積み重ねられていった。筋肉も当然顕微鏡下の観察の対象と

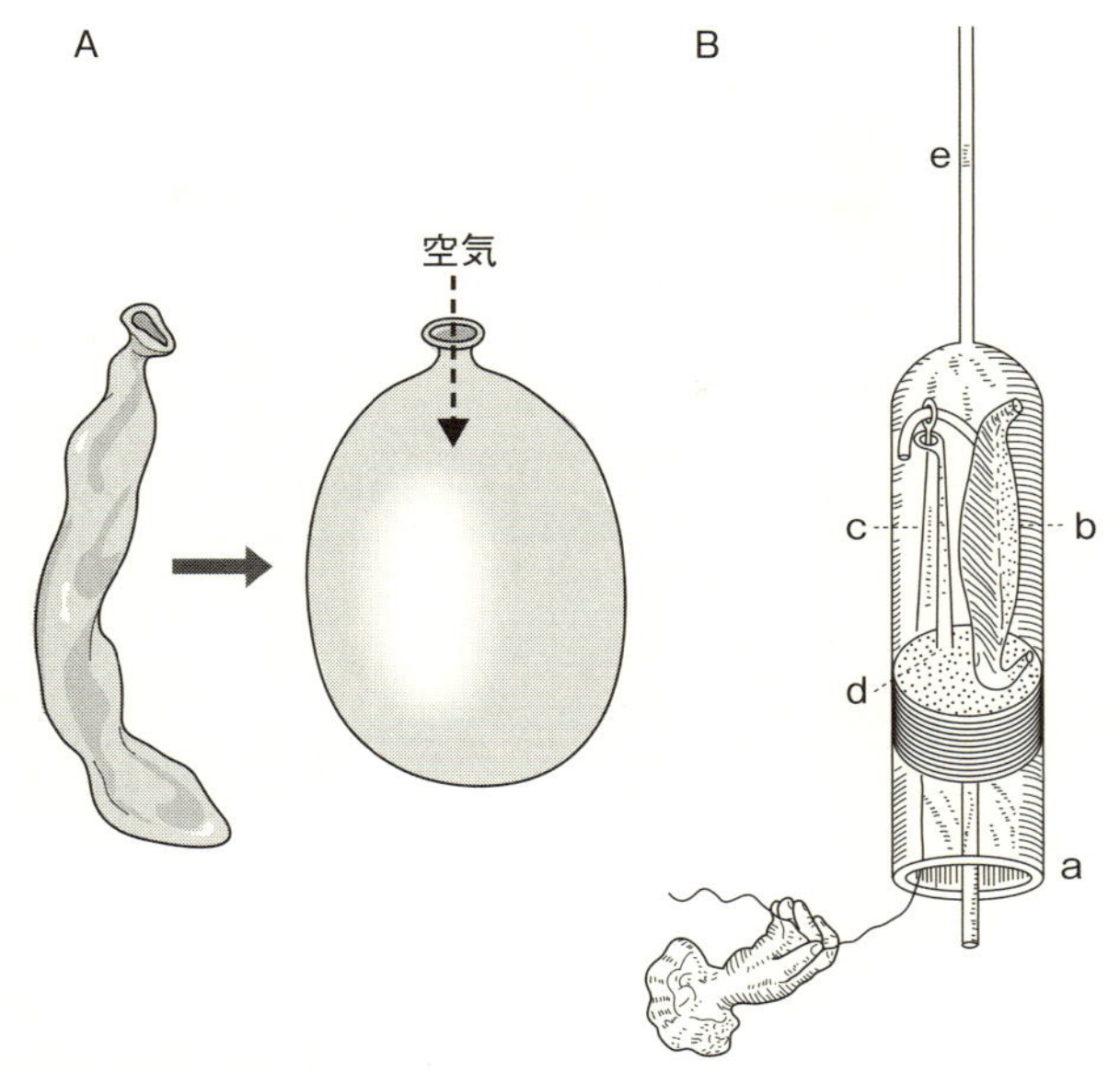

図1-5　風船の膨らみとスワンメルダムの実験

なった。ベルリン大学のエンゲルマンは甲虫の脚部の筋肉中の筋線維を研究対象として先駆的な研究をおこなった。なお筋肉は直径50〜100マイクロメートル（以後μmと記す）の多数の筋線維（筋細胞）から成り、さらに筋線維内には直径約１μmの筋原線維が詰め込まれている（図１-６）。エンゲルマンは生理学者であったが同時代人の大作曲家ブラームスと親交があり、しばしば一緒に旅行を楽しむ仲であった。

さてエンゲルマンが顕微鏡下に発見したのは、筋肉から分離した筋線維が、周期約２μmの美しい横

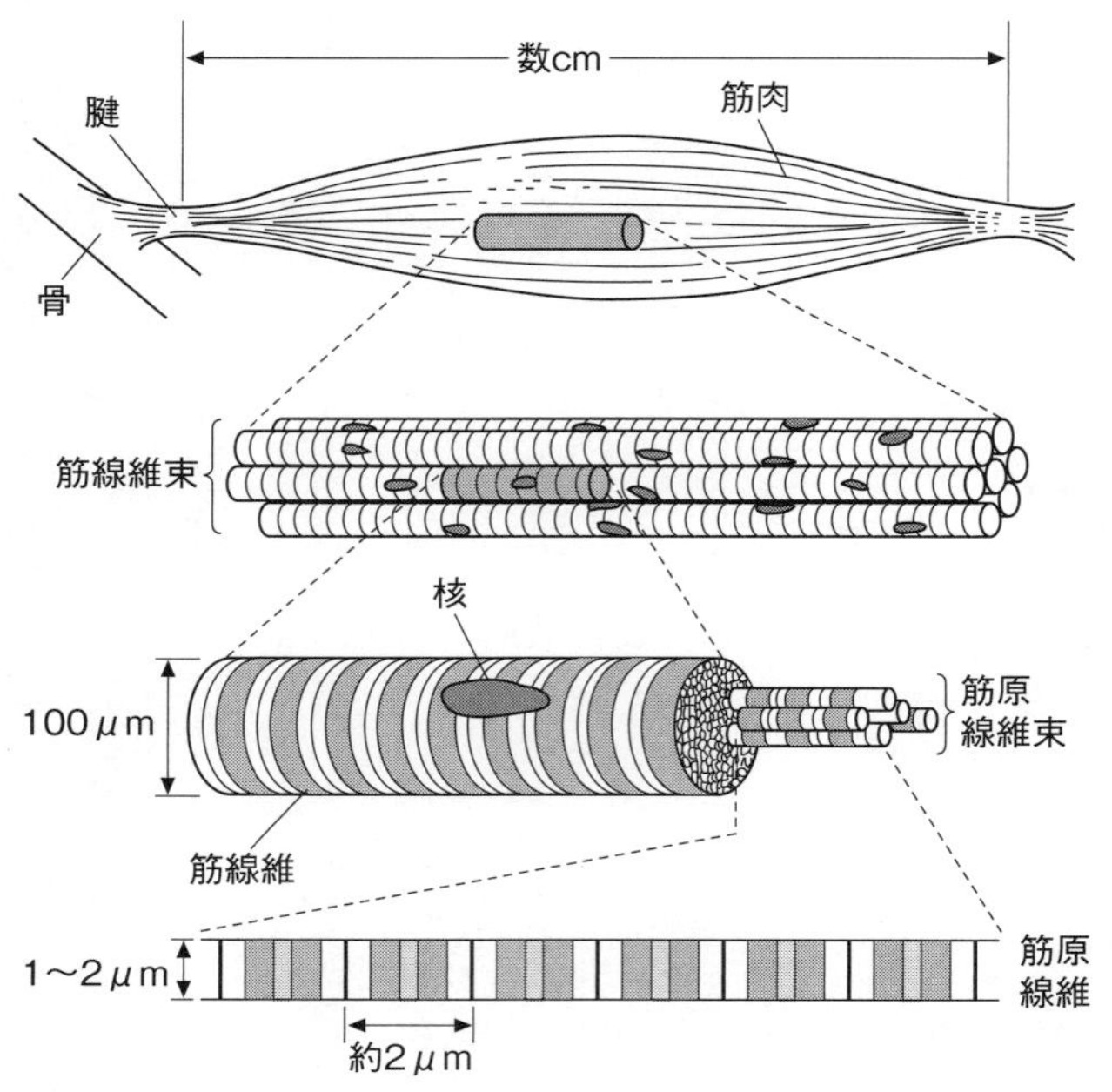

図1-6　骨格筋の構造

縞模様（以下横紋とよぶ）を示すことであった。図1－7Aに示すように、横紋は複屈折性のあるQ帯（のちにA帯とよばれる）と複屈折性のないJ帯（のちにI帯とよばれる）の繰り返しで、J帯の中央にはZ膜という線がある。図1－7Bは普通の光源で撮影した筋線維で、中央部が収縮して太くなっている。収縮部を除きその両側では、横紋がよく見える。図1－7Cは同じ筋線維を偏光で撮影したもので、複屈折性のあるQ帯だけが白く写っている。この

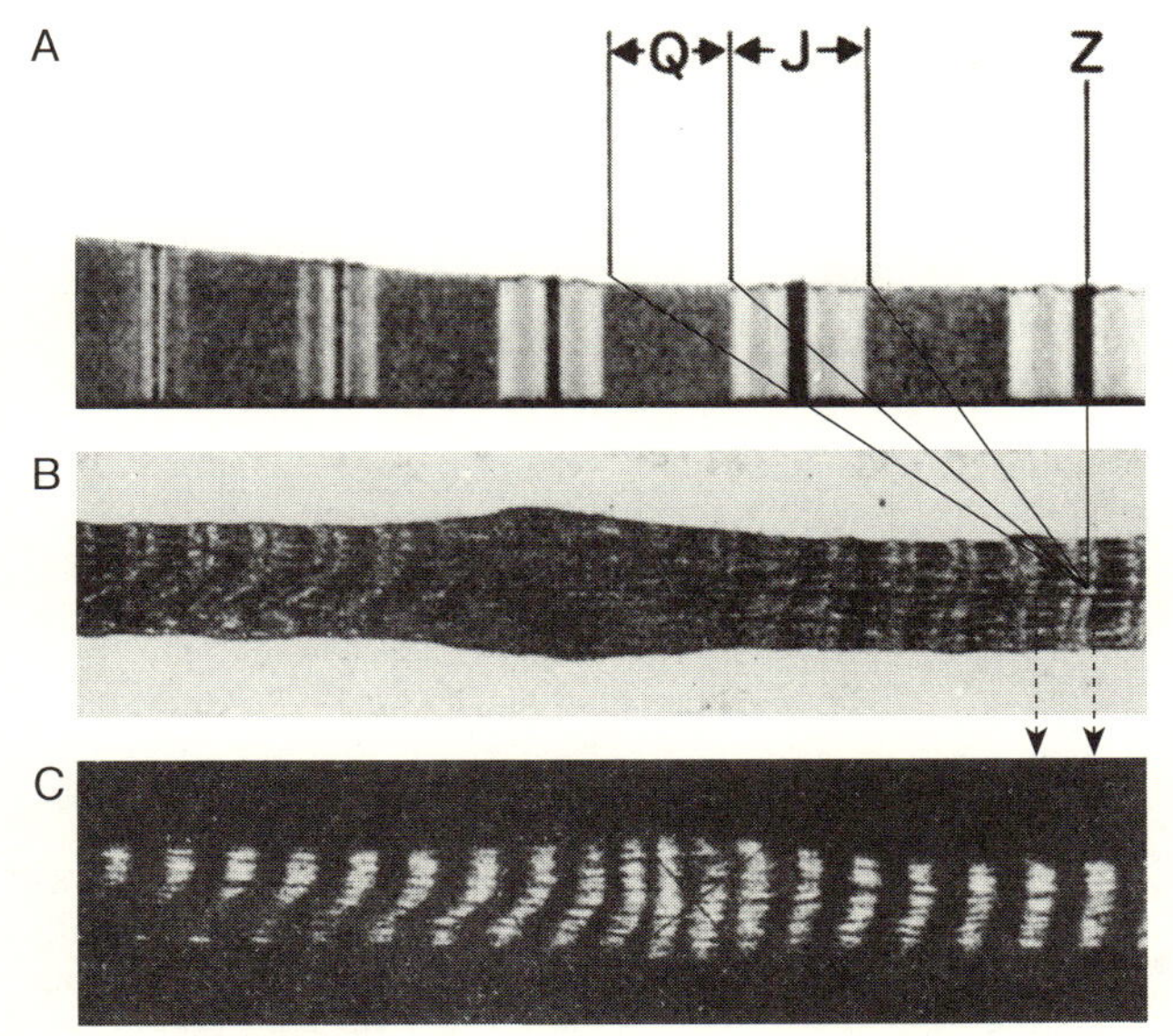

図1-7　筋線維の横紋

エンゲルマンによる横紋各部の名称（A)。筋線維の一部の白色光による写真（B）と偏光による写真（C）の比較。複屈折性のあるQ帯のみが白く光っている。収縮部でもQ帯の幅は変わらない。　A.ハクスレー（1980）

Q帯の幅は収縮部でも他の部分でも変わらない。したがって筋線維の収縮はＪ帯の短縮によるもので、Q帯の長さは変わらない。ではなぜこのような現象がおこるのであろうか。

エンゲルマンをはじめ同時代の人々は、複屈折性を示すQ帯には棒状の物質が互いに平行に存在しており、複屈折性のないＪ帯は単なる液体であると考えた。そしてクラウゼはＪ帯の短縮は、Ｊ帯の液体がQ帯の棒の間に吸い込まれるためと考えた（図１-

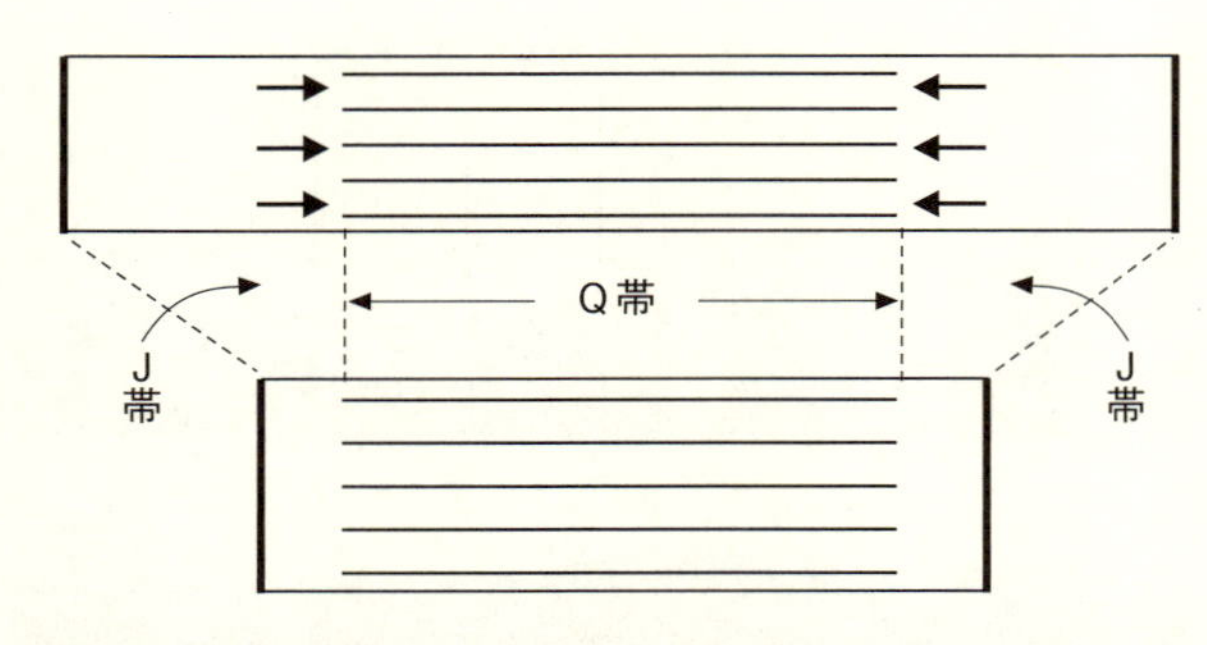

図1-8　クラウゼの考えたJ帯の液体のQ帯への流入による筋肉の収縮

8)。もちろんこの考えは見当違いで、このあたりが当時の人々の洞察力の限界であった。筋肉を作り上げた大自然は、筋肉の収縮のしくみの秘密の本質的な部分を横紋の変化として、顕微鏡を発明した人類の前に曝(さら)けだしていたのであったが。

大自然のしくみを発見した偉大な科学者は、大自然の秘密が地上に現れた鉱脈の露頭のように顔を出すのを慧眼(けいがん)にも捉え、これを辿って地下の鉱脈に達する偉大な発見をおこなうのである。生命科学にこのような例を求めるなら、エンドウ豆の交雑実験で、形質の現れる比率のマジックナンバー、3対1を発見したメンデルが挙げられよう。

あとで説明するように、筋肉の横紋構造の謎の解明にはX線回折と電子顕微鏡という実験手段が不可欠であった。つまり当時の人々にとって、筋収縮のしくみは奥が深すぎ、メンデルのようにうまくはいかなかったのである。

1-3　筋収縮の粘弾性説とその否定

エンゲルマンらの筋線維の横紋の研究はその後長く忘れられることになった。この第一の理由はもちろん当時の研究手段が限られており、奥深い筋収縮のしくみに迫りようがなかったためである。そして、横紋の全くない平滑筋（無脊椎動物の体の運動や、われわれの身体の消化管の運動などをおこす）でも収縮することがわかると、顕微鏡下に見られる筋肉の横紋は、筋肉の収縮とは無関係と見なされ、研究者から完全に忘れ去られてしまった。そしてこの忘却状態は１９５０年代まで80年間にわたって続いたのである。当時生体の機能を研究する生理学者、生化学者は、顕微鏡などを使うのは博物学者に任せればよいと考えていた。

では研究者たちは筋収縮のしくみをどのように考えていたのであろうか。筋肉は静止状態では、わずかな力で引き伸ばすことができ、この力を除けばもとの長さにもどる。これは金属のバネに似た性質である。したがって研究者が、筋肉中にはバネのような弾性を持った鎖状の高分子物質が全長にわたって張られていると見なしたのはごく自然であった（図１-９）。そして筋肉が刺激されると、この高分子の弾性が急激に変化し、あたかも引き絞られたバネのようになり、両端を固定した状態では力を出し、固定されない状態では短縮すると考えた。この考えに基づい

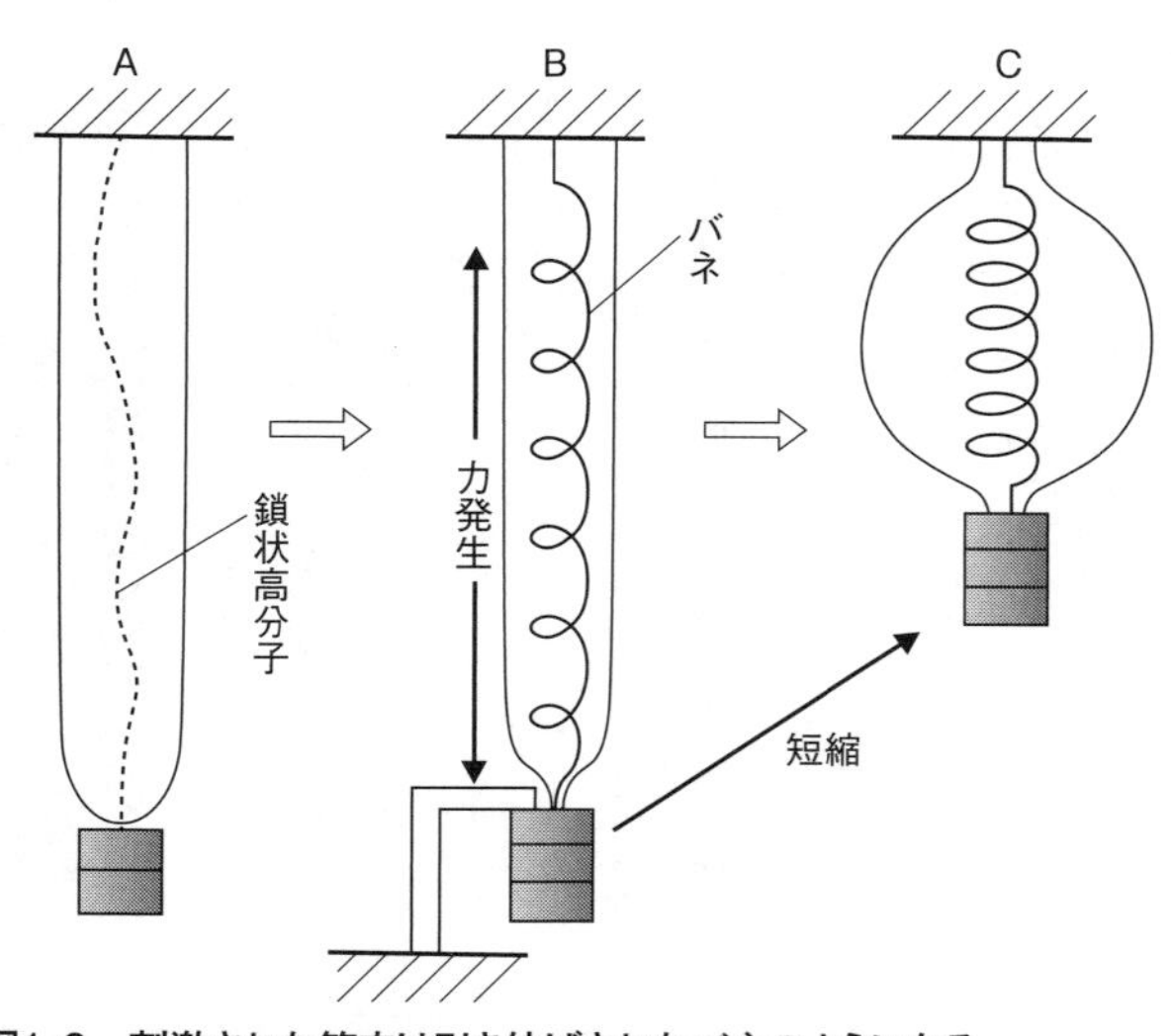

図1-9　刺激された筋肉は引き伸ばされたバネのようになる

て、1910年代に、英国のA・V・ヒルは筋収縮の粘弾性模型を提唱した。この模型では刺激された筋肉は、引き絞られたバネ1とバネ2、および粘性のある（つまりネバネバした）液体が浸された板からなる（図1－10）と考える。

この粘弾性模型によれば、筋肉の収縮は引き伸ばされたバネが短縮することである。このバネに蓄えられたエネルギーの一部は、バネが短縮するさいに仕事（W）をおこない、仕事に利用されなかったエネルギーは熱（H）となる。したがってバネがある一定の距離を短縮するさいに放出される全エネルギー（$W+H$）は一定である。

しかしこの粘弾性模型は、ヒルの研究室に米国からやってきた若い研究者W・O・

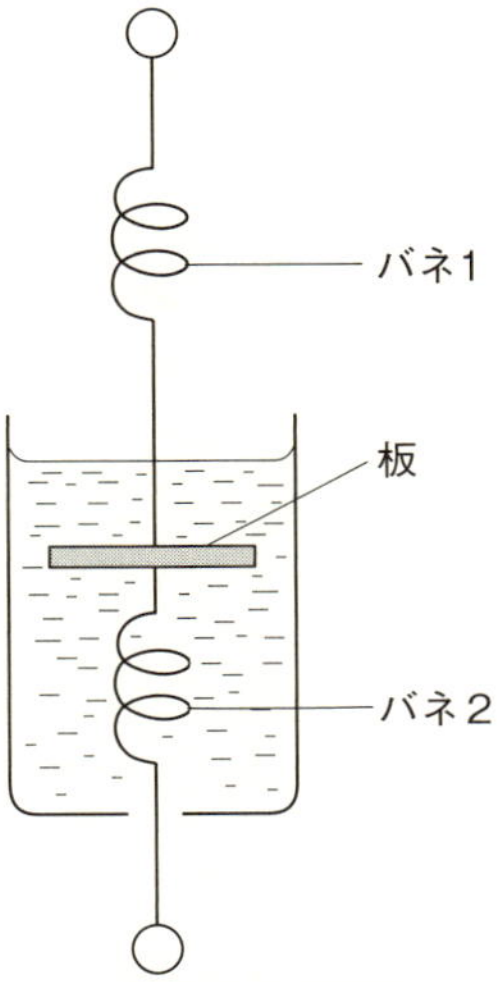

図1-10　ヒルの粘弾性説

フェンによって否定されてしまった。このときフェンがおこなった実験を図1-11に説明する。筋肉は慣性レバー（L）の一方の腕A1に取り付けられる。この慣性レバーの両側の腕（A1とA2）には同じ質量の錘（おもり）（W1とW2）が取り付けられている。筋肉が刺激により収縮し、力を発生して慣性レバーを動かす。このとき筋肉は、慣性レバーの両腕に取り付けられた錘の質量が大きいほど大きな仕事をおこなう。レバーが筋肉の力により回転しだすと、その両腕の錘の慣性により筋肉の収縮が終わってもまだ回転を続ける。このため筋肉はたるんでしまう。つまり慣性レバーを使えば、筋肉のバネは初めの引き伸ばされた長さから完全に短縮してもはや力を出さない長さまで、一定の距離を短縮する。

フェンは筋肉にヒルが開発した熱電対を接触させて、収縮中の筋肉の熱発生量（H）を測定した。結果はヒルの粘弾性模型を完全に否定するものであった。図1-12に示すように、筋肉が単一の活動電位による単収縮中におこなう仕事量（W）と熱発生量（H）の和（$W+H$）は、粘弾性説が予言するように一定にはならず、慣性質量の大きさ、すなわち筋肉収縮にたいする荷重の

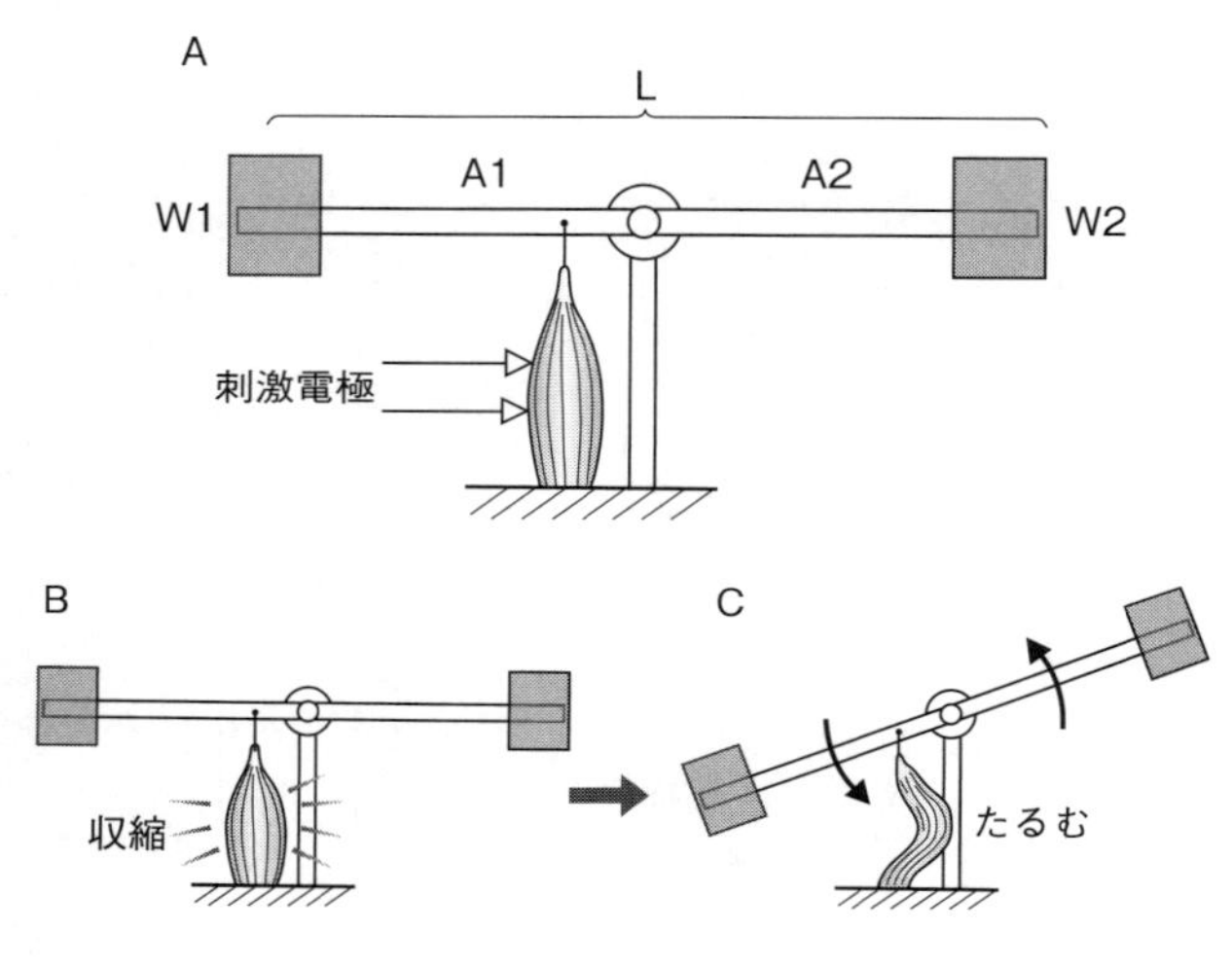

図1-11　フェンの慣性レバーの実験

増加とともに「釣鐘状」に変化した。この結果は「フェン効果」とよばれる。つまり筋肉は、加えられる荷重の量を感知し、発生エネルギー量を変化させるのである。

フェン効果とは、生体を単純な機械のように見なす当時の風潮を反映して筋肉をバネと見なす、「浅薄な」人類の考えを、筋肉を生み出した大自然が「嘲笑った」と考えることができよう。人類は筋肉のような生体の器官が、みずからが置かれた実験条件を感知し、収縮時のエネルギー発生量を自己調節する複雑精妙なものであることを、大自然から思い知らされたのであった。

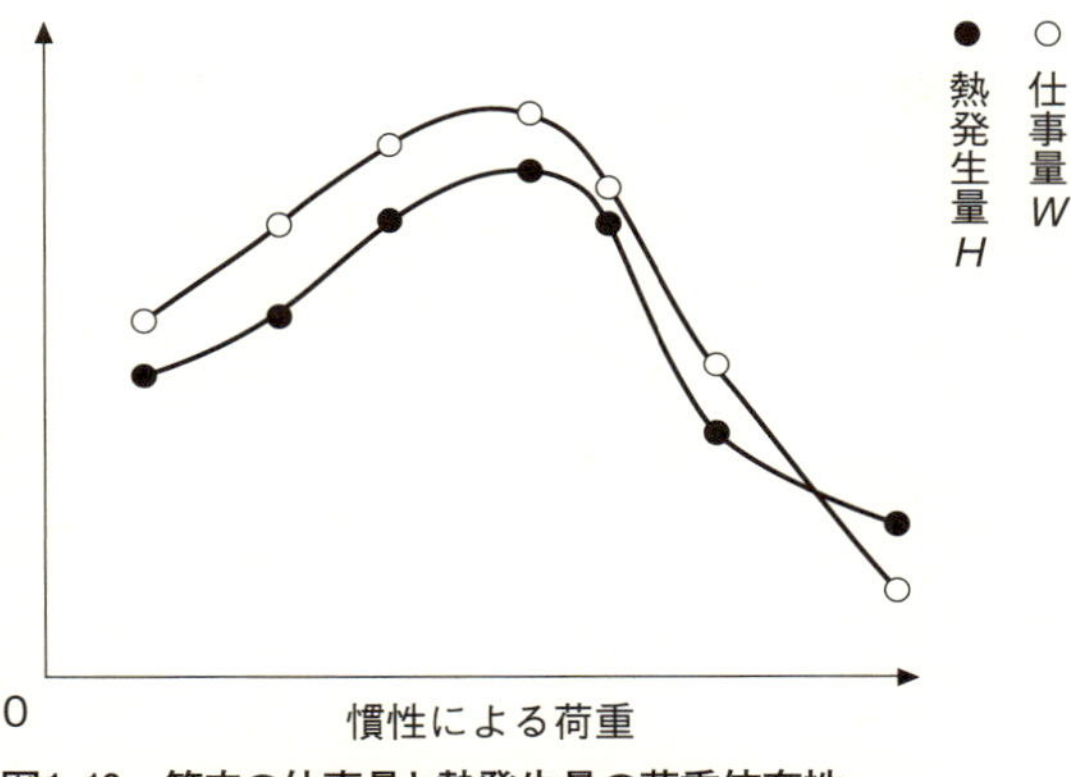

図1-12　筋肉の仕事量と熱発生量の荷重依存性

1-4　筋収縮の2要素模型と折り畳み説

フェンによって自分の粘弾性模型を否定されたヒルは、その後筋肉を弾性要素（バネ）と収縮要素が直列に繋がったものと見なすようになった（図1-13）。ここでは収縮要素は単なるブラックボックスであり、この中に筋肉の未知の性質が詰め込まれている。このブラックボックスは最近、政治家が相手の不明瞭な行為を糾弾するときに使う言葉である。一方ヒルのブラックボックスは、筋肉の奥深い神秘を認め、実験によりこれに迫ろうとする謙虚な心を反映したものであった。

ヒルとその一門は、図1-14に示す等張力性レバーを用いて、筋肉が種々の錘Pを持ち上げながら短縮する現象を研究し、ブラックボックスの謎に迫ろうとした。この図のように、レバーの回転軸の両側の腕、Ａ１を長くＡ２を短くすれば、筋肉に加えられる荷重（張力）はレバーが回転してもほとんど一定である。したがってこのような条件下での筋肉の収縮を等張力性短縮という。ヒル一門はこの装置を用いて筋収縮の謎の一端に迫るいくつかの発見をおこなった。以下にこれらを簡単に説明しよう。

図１－15Ａにみられるように、筋肉ははじめ弛緩した張力ゼロの状態にある。刺激され単収縮をおこした筋肉はまず力の発生をはじめる（図１－15Ｂ）。力が上昇し、錘により筋肉に加えられている荷重に等しくなると、力はこのレベルで一定となり、筋肉は短縮をはじめる（図１－15Ｃ）。このさい短縮はある一定の速度でおこる。つまり一定の荷重下でおこる筋肉の短縮は加速度（速度を微分した値）がゼロなのである。単収縮は１回の活動電位（説明は１８４ページ以下参照）でおこる一過性の活動なので、筋肉の収縮はある時点で終了し弛緩をはじめ、筋肉の長さがもとにもどると、それまで一定だった張力も減少してもとのゼロの値にもどる（図１－15Ｄ）。

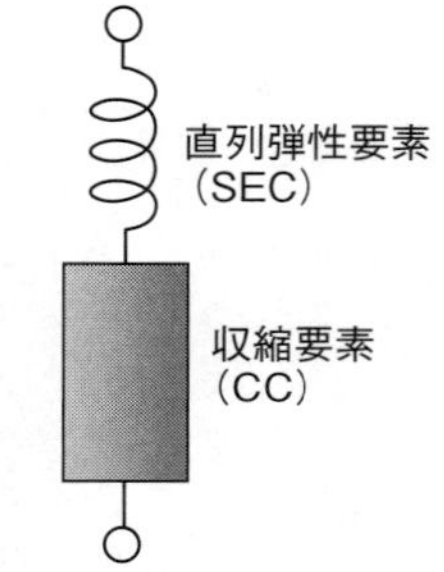

この一定荷重下の筋肉の加速度ゼロの短縮は、ヒルらの大きな発見であった。なぜなら、一定の荷重に応じて一定の速度で短縮する現象は、バネなどのような単純な

図1-13　ヒルの筋肉の二要素模型

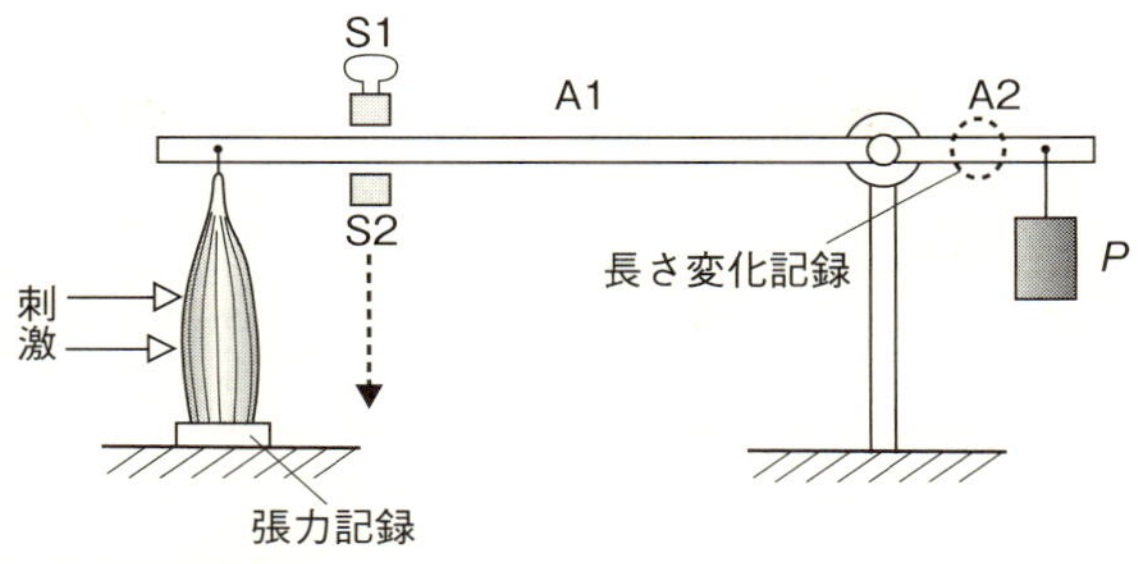

図1-14　等張力性レバー

ストップS1は収縮前の筋肉が錘によって伸ばされるのを防ぐ。ストップS2を除去すれば筋肉は錘を持ち上げて短縮する。筋肉の動きは光学的に記録する。

物理的しくみからは考えられないからである。引き絞られたバネなら、これに加えられる荷重を急に減少させれば、フックの法則にしたがって急激に（加速度的に）短縮して新しい長さに達し、低速度で（悠長に）短縮することはあり得ないからである。

したがって、この等張力性短縮が加速度ゼロの一定速度でおこる現象は、筋肉収縮の特徴であるフェン効果、つまり条件に応じて筋肉が自動的にエネルギー発生量を調節する生物学的なしくみの、別な現れと見なされよう。ヒルは荷重（P）と筋肉の収縮速度（V）の間の関係は $(P+a)V=b(P_0-P)$ で表されるとした。ここで a、b は定数である。この式は現在でも体育生理学者が広く研究に使用している（図１‐16）。

筋肉の今一つの重要な特性は、直列弾性要素の存在（図１‐13）である。ヒルらはまず両端を固定した筋肉を電気刺激した。この実験条件を等尺性条件といい、筋

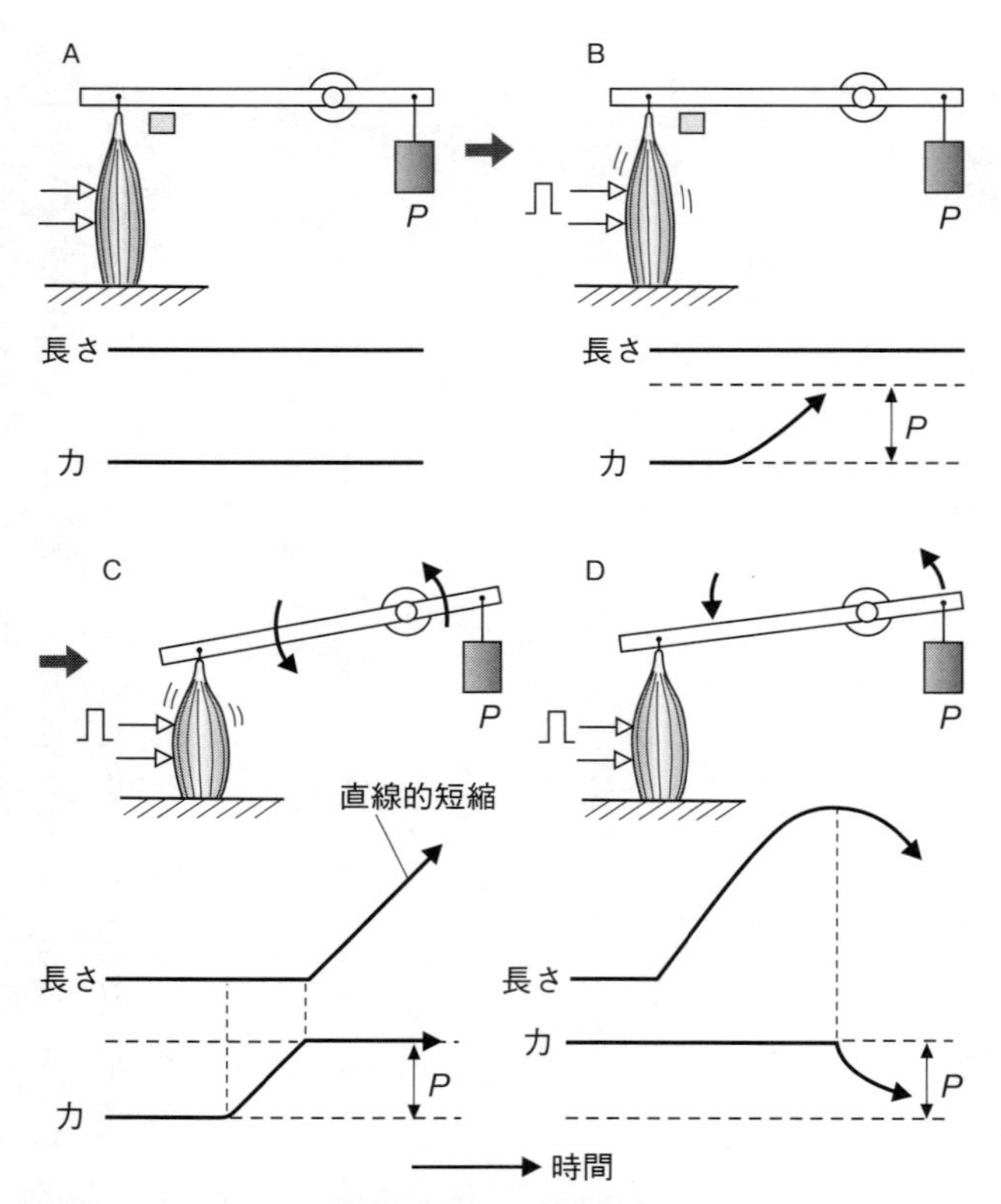

図1-15　筋肉を等張力性短縮させるときの筋肉の長さと筋肉の発生する力の変化

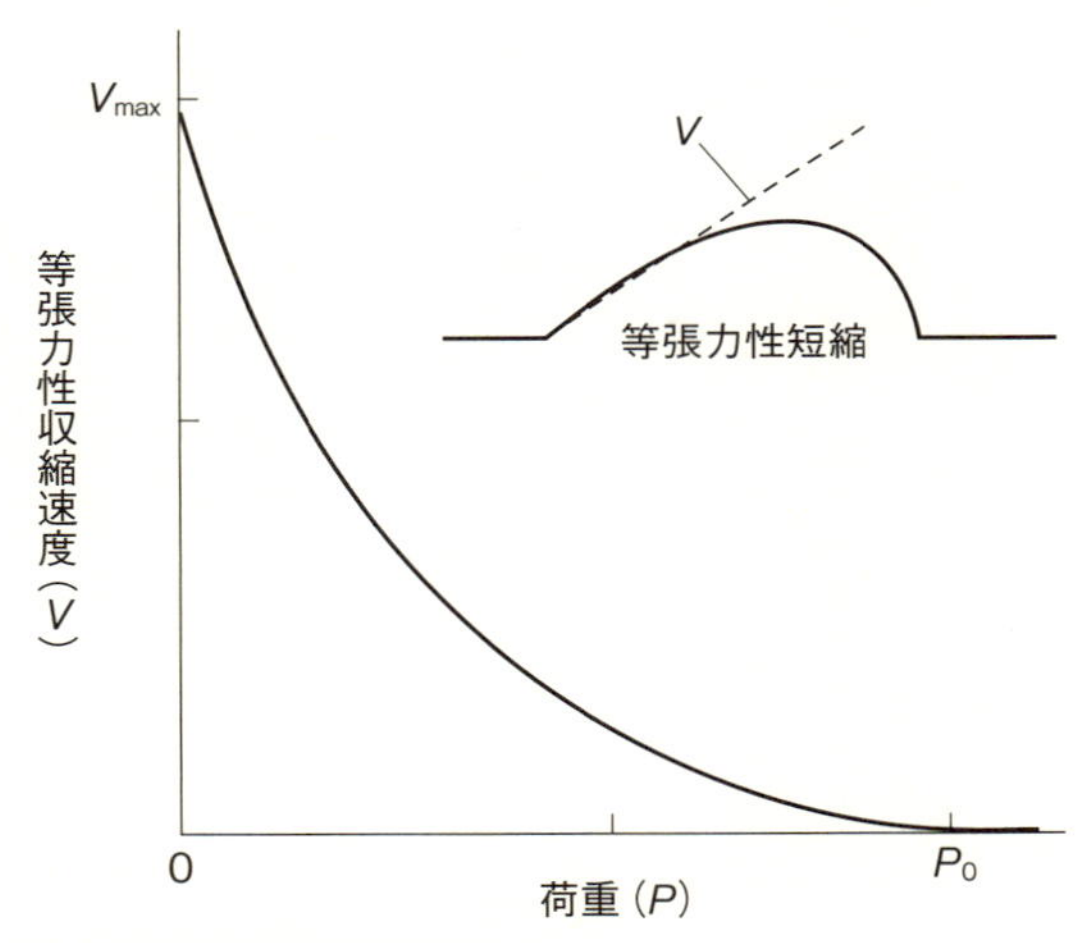

図1-16　筋肉の荷重ー速度曲線

肉は長さが一定に保たれるので短縮できず張力を発生する。この張力を等尺性張力という。適当な頻度で筋肉を電気刺激すると、個々の単収縮張力は重なり合って、大きな持続的張力（強縮張力）が発生する。ヒルらは、この時点で筋肉の長さを急激にわずかに減少させると、筋肉の張力は急激に低下したのち直ちに再上昇してもとの張力レベルにもどるのを観察した（図１‐17Ａ）。張力を丁度ゼロまで低下させる急激な長さの減少は、筋肉の長さのわずか１％に過ぎない。またこの長さ変化は筋肉の全長に沿って一様におこる。パチンコのゴム紐や金属のバネは、引き絞ると何倍にも長くなり、これが発生する力はもとの長さにもどすとゼロになる。これに比べて筋肉の発生するバネの力が、筋肉の長さを1%短くするだけでゼロに低下するのは不思議である。ヒルはこの現象を説明するため、筋収縮のしくみを表すブラックボックス（収縮要素、contractile component, 略称CC）に直列に繋がったバネを考え、「直列弾性要素（series elastic component, 略称SEC）」とよんだ（図1－13）。

図1－17のAの、長さと張力の記録を、BのSECとCCの反応に対応させて説明する。まず筋肉が等尺性強縮張力P_0を発生すると（A1→2）、SECはCCの短縮により伸長される（B1→2）。このときCCもP_0の力を発生している。筋肉の長さの急激な減少（筋長の1%）によりSECが短縮して完全にたるむ（B2→3）ため、外部で測定される筋肉の張力はP_0からゼロに低下する（A2→3）。CCは急激な長さ変化には対応できないが、SECの短縮が終わるとさらに収縮してSECを元の長さに伸長する（B3→4）。この結果筋肉の張力は再上昇してP_0にもどる（A3→4）。実態は、あとで説明する筋収縮の滑り機構で初めて理解されることになる。

1950年代の滑り機構の提唱までは、多くの研究者はヒル一門が示した筋収縮の現象を、もっぱら筋肉の全長にわたって走る巨大な鎖状分子の折り畳みで説明しようと試みた。この折り畳み説のなかでも最も巧緻なものは、コペンハーゲン大学のブフタールが提唱したトランスミューテーション説である。この説は筋肉の出す力、あるいは短縮する速度を図1－18に示すように鎖状高分子の折り畳み部分の数の変化によって説明するものであった。彼はこの説について大部の

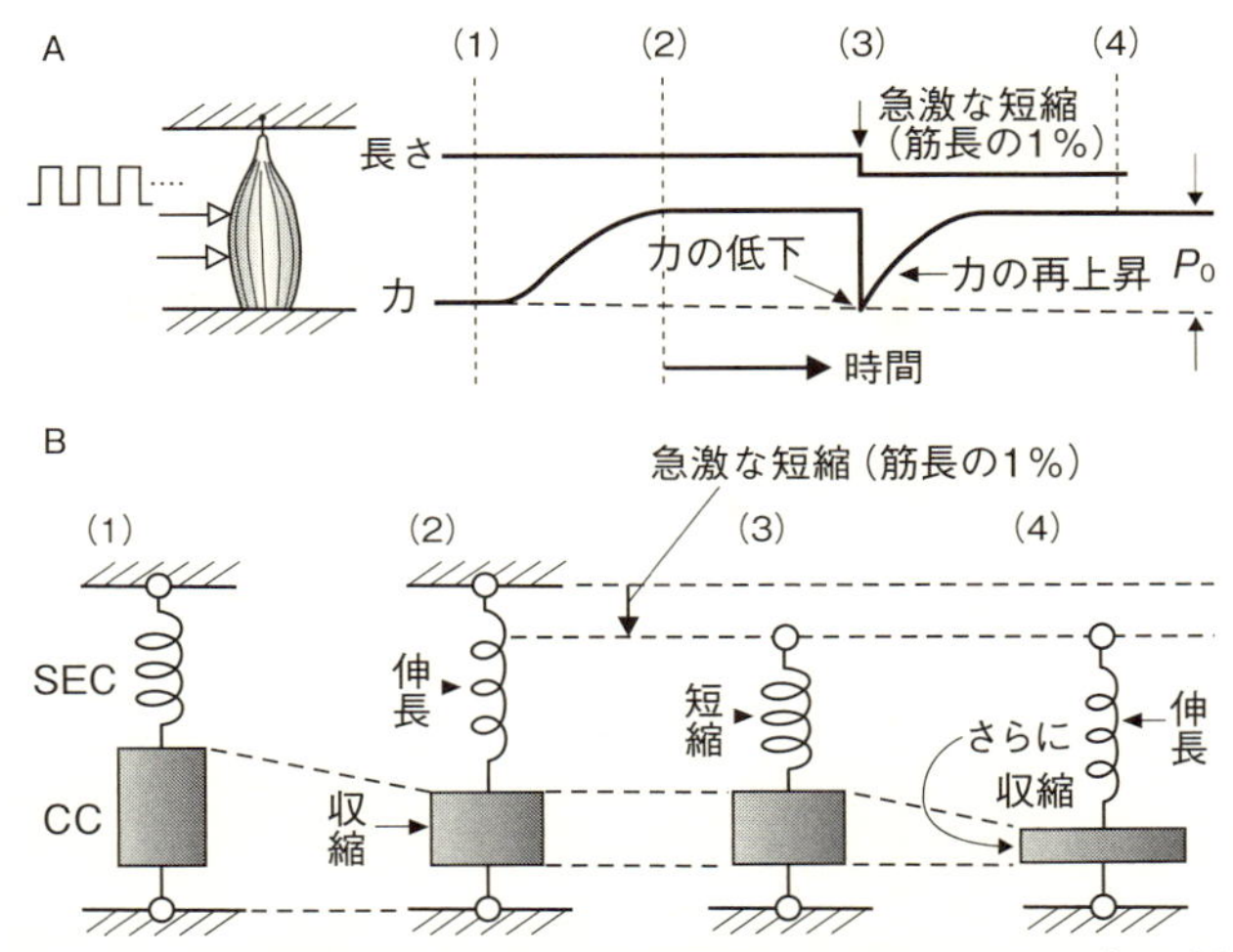

図1-17　(A) 収縮力発生中の筋肉を1%急激にゆるめると力はゼロに低下する　(B) ヒルの2要素模型のSECとCCによる説明

本を出版し、ここで筋肉の収縮の性質を見事に説明した。筆者が若い頃、この本はあたかもバイブルのように研究者に見なされていた。しかしこの説は現在とうに消え失せている。この事実は、現象の説明が完璧におこなえることが、必ずしもその説が正しいことを保証するものではないことをわれわれに教えてくれる。

生理学と並んで筋収縮のしくみの解明に不可欠な生化学は、この頃までにどのような知見を筋肉から得ていたのであろうか。19世紀にドイツのキューネは、筋肉をすりつぶして粘性の高い（つまりネバネバした）タンパク質を取り出しミオシンと命名していたが、これに続く研究

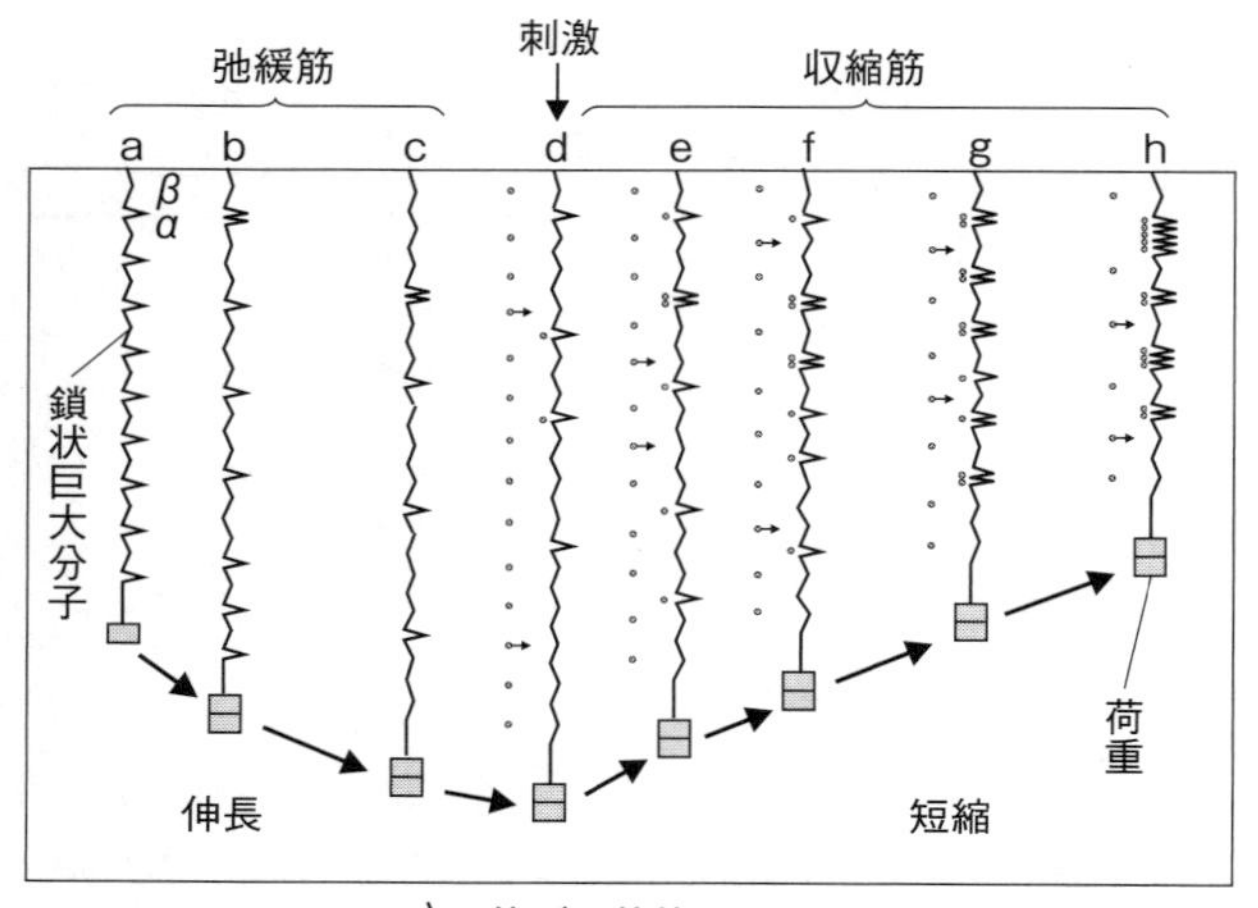

図1-18　ブフタールの筋収縮の折り畳み模型

筋肉の鎖状巨大分子は、折り畳まれた部分（α）と伸びた部分（β）から成る。（a→c）弛緩した筋肉の荷重を増大させたときの伸長　（d→h）刺激により収縮した筋肉の荷重を持ち上げる短縮。Buchtal & Kaiser（1951）

は生化学技術の未発達のため長いこと進まなかった。キューネのミオシンは不純物であった。

この状態に終止符を打ったのが、ビタミンCの発見をはじめ多くの偉大な業績をあげ、20世紀最大の生化学者とよばれた、ハンガリーのセント・ジェルジであった。１９４０年代初めに、彼の一門はまずキューネのミオシン試料からもう一つのタンパク質、アクチンを分離した。そしてこのアクチンとミオシンの混合水溶液を注射器から押し出して、アクチンとミオシンから成る糸、アクトミオシン糸を作製し、これにＡＴＰを

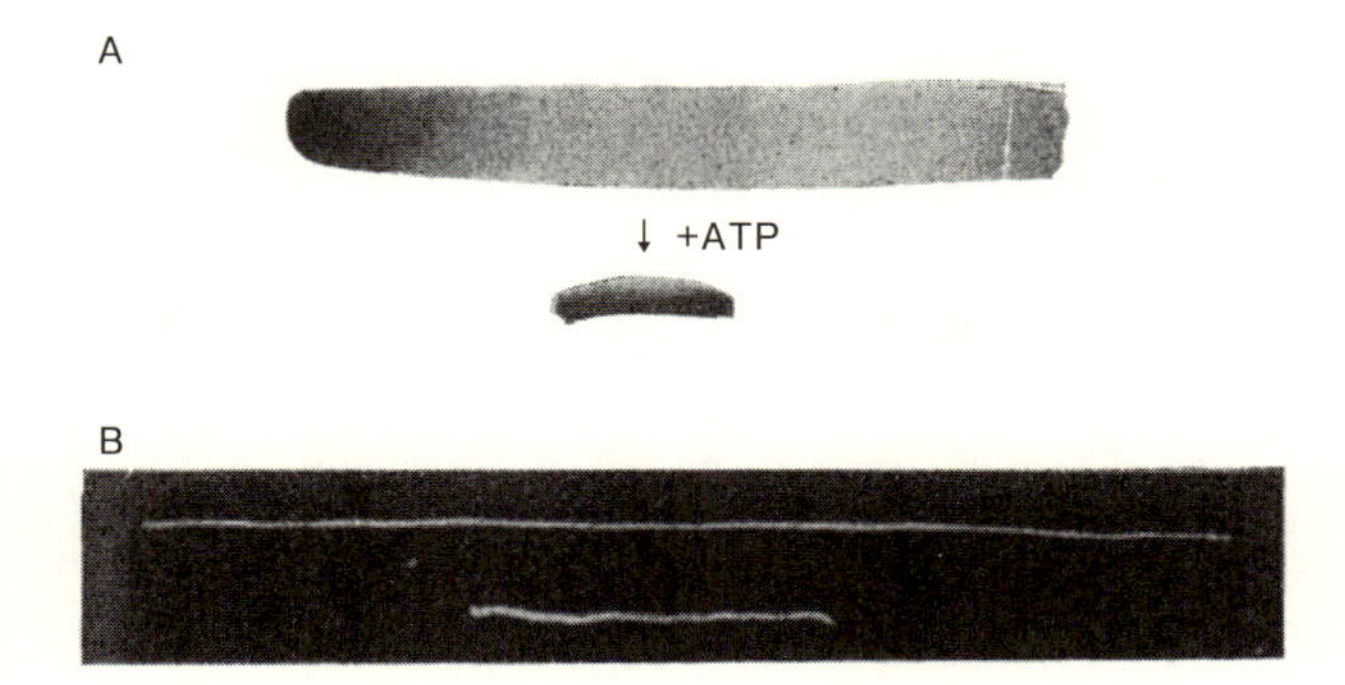

図1-19　アクトミオシン糸のATPによる収縮

加えると、アクトミオシン糸は劇的に短縮した（図１－19）。この発見は、長いこと謎のベールに包まれてきた筋収縮の生化学的側面が解明されたことを意味する。つまり筋収縮とは、生化学的に見ればアクチン、ミオシン、ＡＴＰの三者の間の化学反応によっておこる現象であることが明らかになったのである。この発見は筋収縮の深い謎の核心の物質的側面に一挙に迫るものであり、セント・ジェルジの著したアクトミオシン糸の収縮などの業績をまとめた書物『筋収縮の化学』は世界各国の研究者を刺激し、筋収縮の研究に向かわせることになった。

なおＡＴＰは、すでに１９２９年に米国のフィスケとサバロウ、ドイツのローマンによって発見されていたが、これが筋収縮の直接のエネルギー源であることが確立したのはようやく１９５０年代に入ってからであった。１９４０年代初頭にＡＴＰの本質的重要性に気付いたのはセント・ジェルジの慧眼であった。

しかしあとで述べるように、天才ヒュー・ハクスレーによって一挙に明らかにされる筋収縮の実態は、偉大なセント・ジェルジにとってさえも実に意外な結末であり、彼はこれが原因で筋収縮研究から身を引くことになった。

さて当時、筋収縮の折り畳み説がアクトミオシン糸の収縮の発見により影響を受けることはなかった。アクトミオシン糸は、アクチンとミオシンからなる巨大分子が、折り畳まれて3次元で短縮すると見なされたからである。さらに当時の人々がいかに折り畳み説に囚われていたかを示すよい例が、1947年にドレーパーとホッジが発表した初期の電子顕微鏡写真である（図1-20）。解像力の高い、電子顕微鏡のための超薄切片作製技術はまだ未開発で、ここに写っているのは筋線維を構成する筋原線維（直径約1μm）の表面を電顕でそのまま見たものである。しかしここには、以前エンゲルマンらが光学顕微鏡下に観察した横紋構造が、生々しく横たわっている。筋収縮について学校で学ばれた読者は、この写真が現在教科書に出てくる筋原線維の図とよく似ていることに気付かれるであろう。しかし当時この写真をとったドレーパーとホッジでさえ、折り畳み説に疑問を呈することはなかった。この写真を眺めれば、横紋のA帯とI帯にはそれぞれ別のフィラメントがあり、さらにZ膜によってフィラメントは明確に区切られている。つ

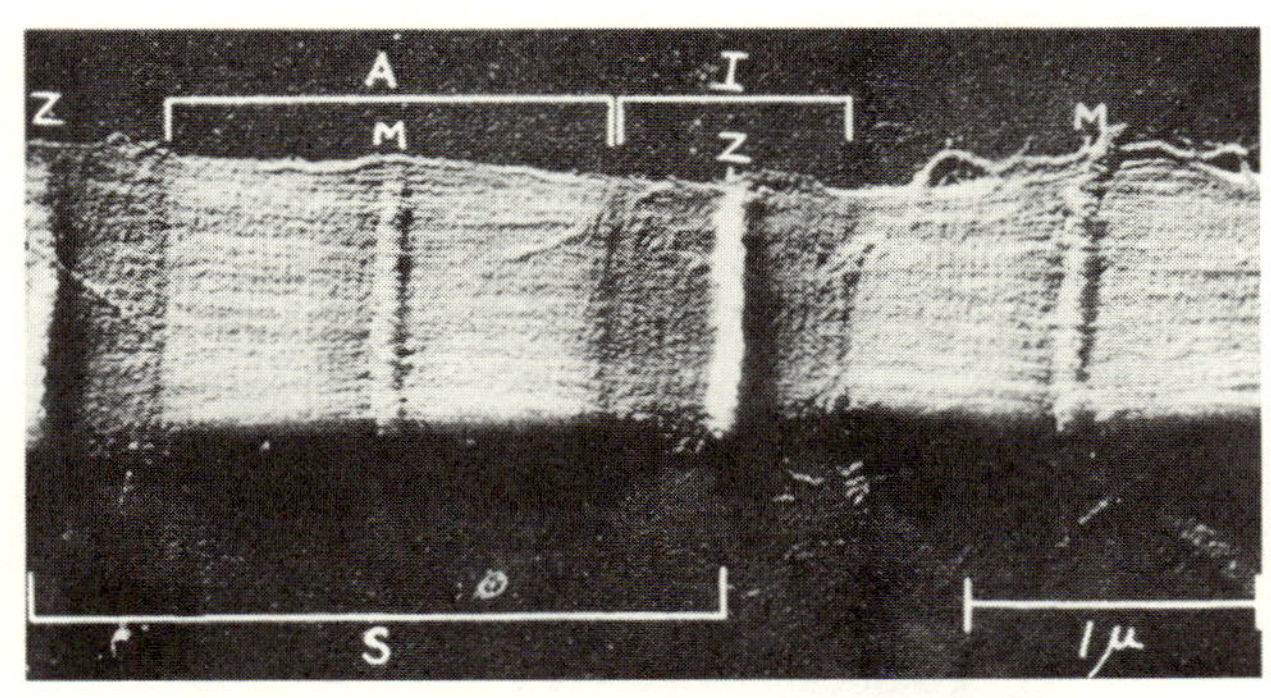

図1-20　ドレーパー&ホッジによる筋原線維の電子顕微鏡像

まり折り畳み説が予想するような、筋肉の全長にわたって走る鎖状巨大分子などは見当たらない。しかし彼らは当時折り畳み説に完全に囚われており、この写真から、現在常識となっている筋フィラメントの滑り機構のアイデアに飛躍することはできなかった。

1-5　X線回折法を使ったアストベリーの研究

話は前後するが、英国のアストベリーらは１９３０年代にX線回折法により毛髪のタンパク質、ケラチンの構造を研究し、この研究分野の先駆者として大きな成果を挙げた。波長の短いX線は、高分子物質の周期構造によって散乱し、その回折像から物質の構造あるいは構造変化の研究に関する情報が得られる。電子顕微鏡が未発達な時代、X線回折法は物質の構造を分子レベルで研究する唯一の有力な手段であった。

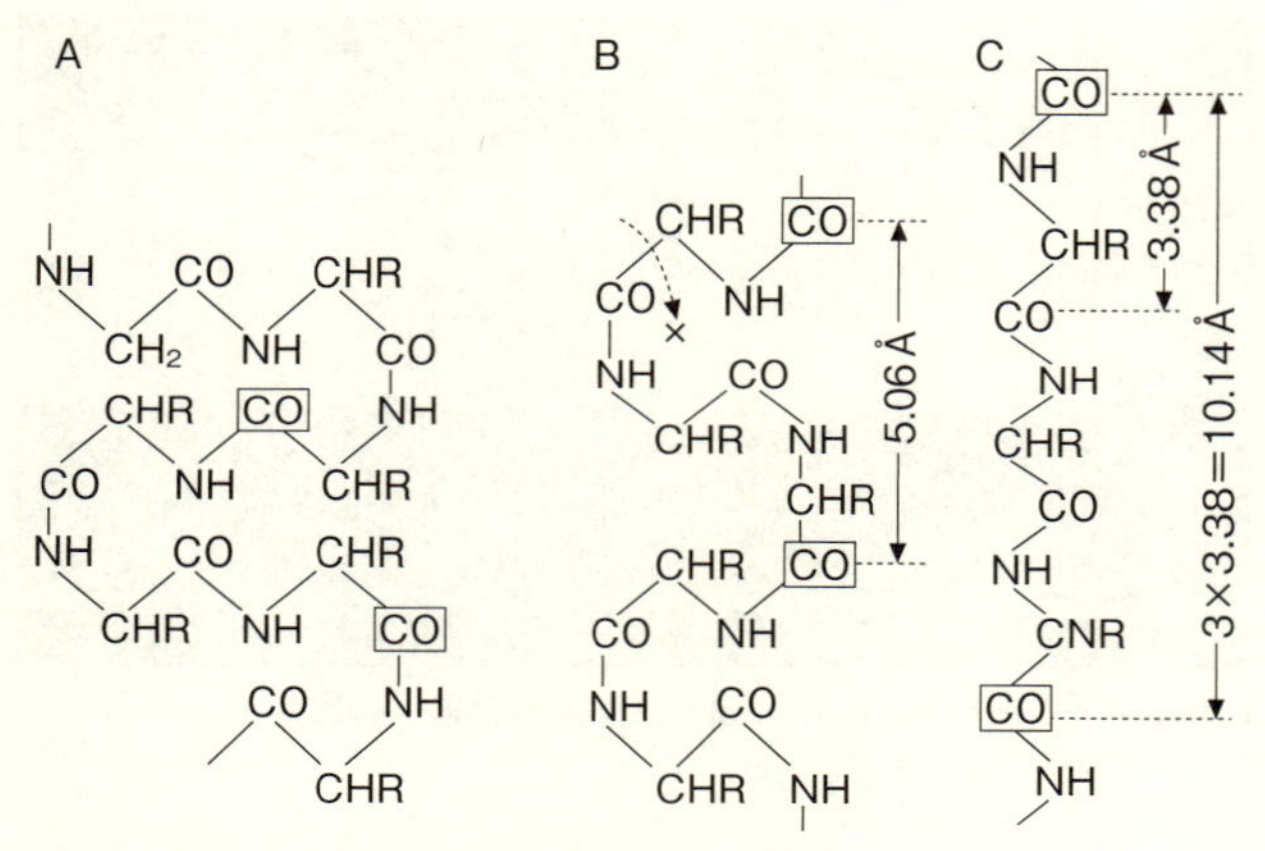

図1-21　ケラチンのポリペプチド連鎖
（A）過収縮状態にあるもの（B）αケラチン（C）βケラチン

アストベリーらは毛髪の縮んだ状態、伸ばした状態のケラチンを構成するポリペプチド連鎖の構造について図1‐21に示すような見事な成果を得た。ポリペプチドの構成単位CO-NH-CHR-が折り畳まれたり（A、B）伸びたり（C）する構造をとることがわかる。そして筋収縮の折り畳み説からみて、収縮は筋線維中の巨大分子が伸びた状態（C）から過収縮状態（A）になることに他ならない、と予想されたのである。

アストベリーらはケラチンの弾性的構造変化を見事に解明した余勢を駆って、筋収縮機構の解明に挑戦した。彼らは筋収縮の神秘は自分たちの手中にあると意気込んだであろう。

彼らは図1‐21にみられるようなオングストローム（Å、10^{-10} m）のオーダーの原子構造

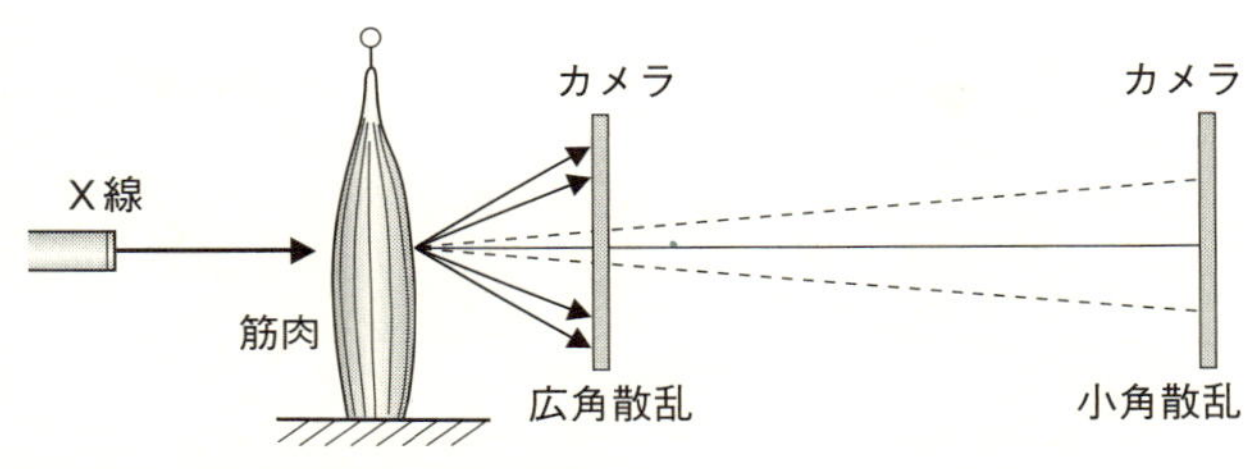

図1-22　X線の広角散乱と小角散乱

変化の探求に研究対象を絞った。このような原子レベルの変化を研究するには、筋肉を通過したX線の大角度での散乱（広角散乱）を、筋肉の近くに置かれたカメラで記録する必要がある（図１-22）。彼らはケラチンでの成功のためX線広角散乱にこだわり、結局その挑戦は挫折した。彼らが記録したのは主としてミオシン分子の尾部のペプチドのアルファらせん構造の周期であったが、筋収縮時に何の変化もみられなかったのである。

あとでヒュー・ハクスレーが解明する筋フィラメント間の滑りのさい、ミオシン分子の尾部は束になって、ミオシンフィラメントの主軸を形成しており、したがって筋収縮時にはその構造を変えずに滑るだけなのである。

つまりアストベリーらは、大自然の作った筋肉が、筋フィラメント間の滑りによってその機能を発揮するリニアモーターであることなど夢にも考えず、せっかくX線回折法という武器を持ちながら、大自然から肩透かしを食らったのであった。あとで説明するように、大自然が作り出した筋肉収縮の謎は、X線の小角度での散乱

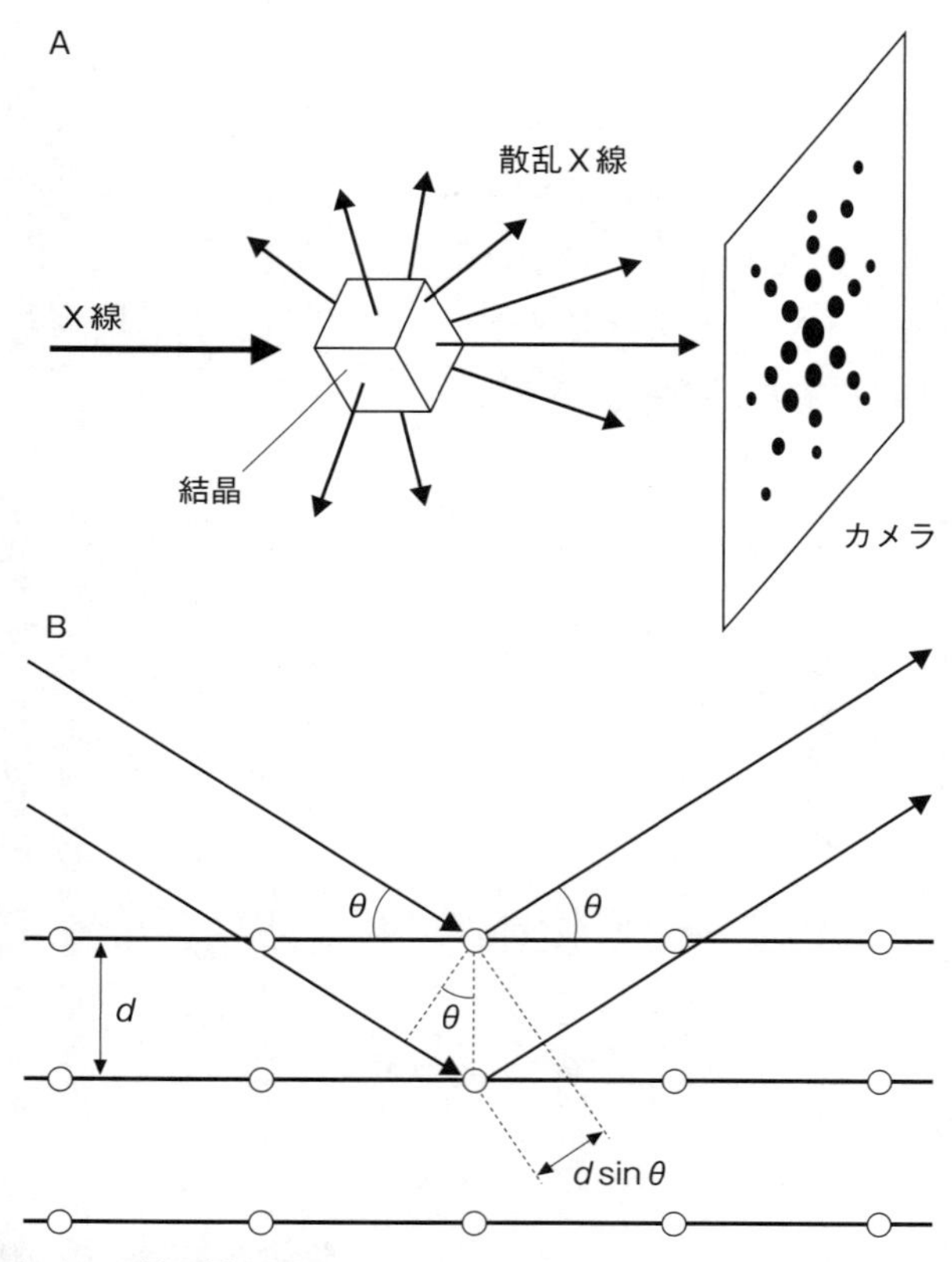

図1-23　X線回折の原理

（A）結晶を通過するX線の四方への散乱。（B）$2d\sin\theta = n\lambda$の条件を満たすX線が干渉し、カメラにパターンとして記録される。

（小角散乱）像にその姿を曝していたのである。

ここで筋収縮機構研究に使用されるX線回折法について簡単に説明しておこう。次節で説明するハクスレーの偉業の端緒は筋肉のX線回折実験にはじまるからである。結晶に収束されたX線をあてると、結晶内の原子が作る周期的構造により四方に散乱する（図１－23Ａ）。結晶内の原子の規則的配列により作られる面の間の距離をd、この面と入射するX線との間の角度をθ、nを任意の整数とし、$2d\sin\theta = n\lambda$の条件が満たされると、X線に光路差による干渉が生じ、カメラにパターンとして記録される（図１－23Ｂ）。同様な説明は高校の教科書にも載っている。筋肉は生体の組織であるにも拘（かか）わらず、無機物質の結晶に近い規則的な周期構造があり、X線回折実験の対象となり得る。この事実は先に述べたように19世紀にすでに筋線維の規則的な横紋として現れていた。

１－６　ヒュー・ハクスレーによる格子構造の発見

筋収縮機構の研究に不滅の足跡を残したヒュー・Ｅ・ハクスレーは１９２４年、英国ケンブリッジの郵便局長の息子として生まれ、ケンブリッジ大学を卒業してまず同大学の名門キャベンディッシュ研究所で、ケンドルー、ペルーツらのインシュリン結晶構造決定のためのX線回折実験に参加した。つまり彼は、X線回折法により物質の構造を解明する結晶学者として研究をはじめたのである。なおこれから記す、彼が歴史的発見をおこなういきさつと、そのさいの彼の心の動きについては、ハクスレーが数回にわたって筆者が主催した国際シンポジウムに参加し、その都度筆者の家を訪れ歓談したさいに、彼から直接聞いた貴重な話が多く含まれている。

当時は回折像から結晶構造を迅速に計算するコンピューターはなく、結晶構造決定の仕事は遅々として進まない。彼はこれに嫌気がさし、もっと手早く成果がでる研究対象はないかと考え筋肉を研究することにした。

彼はまだ刺激すれば収縮する新鮮な生きた筋肉（カエルの縫工筋）を、実験液で湿った状態で空気中に垂直に吊るし、これにX線ビームをあてて回折像を記録した。ハクスレーはアストベリーが昔、筋肉の分子レベルの微小な構造を反映する広角散乱では構造変化をみることができず失敗したので、筋肉のもっと大きな構造を反映する小角散乱像を記録した（図1－24）。筋肉はその長軸に平行な構造が、その横断面に対しても規則的に配列しているはずである。さもなければ美しい横紋がみられるはずはない。この予想に違（たが）わず、筋肉の小角散乱像は筋肉の長軸と平行な子午線と、これと直角に交わる赤道に沿って多くの斑点（反射）が現れた。当時の弱いX線では、弱い子午線反射ははっきり記録されず、強い赤道反射のみが明瞭に記録された。このさい、筋肉をまっすぐ通過してくる直進光は強すぎて赤道反射を覆い隠してしまうので、直進光の前に

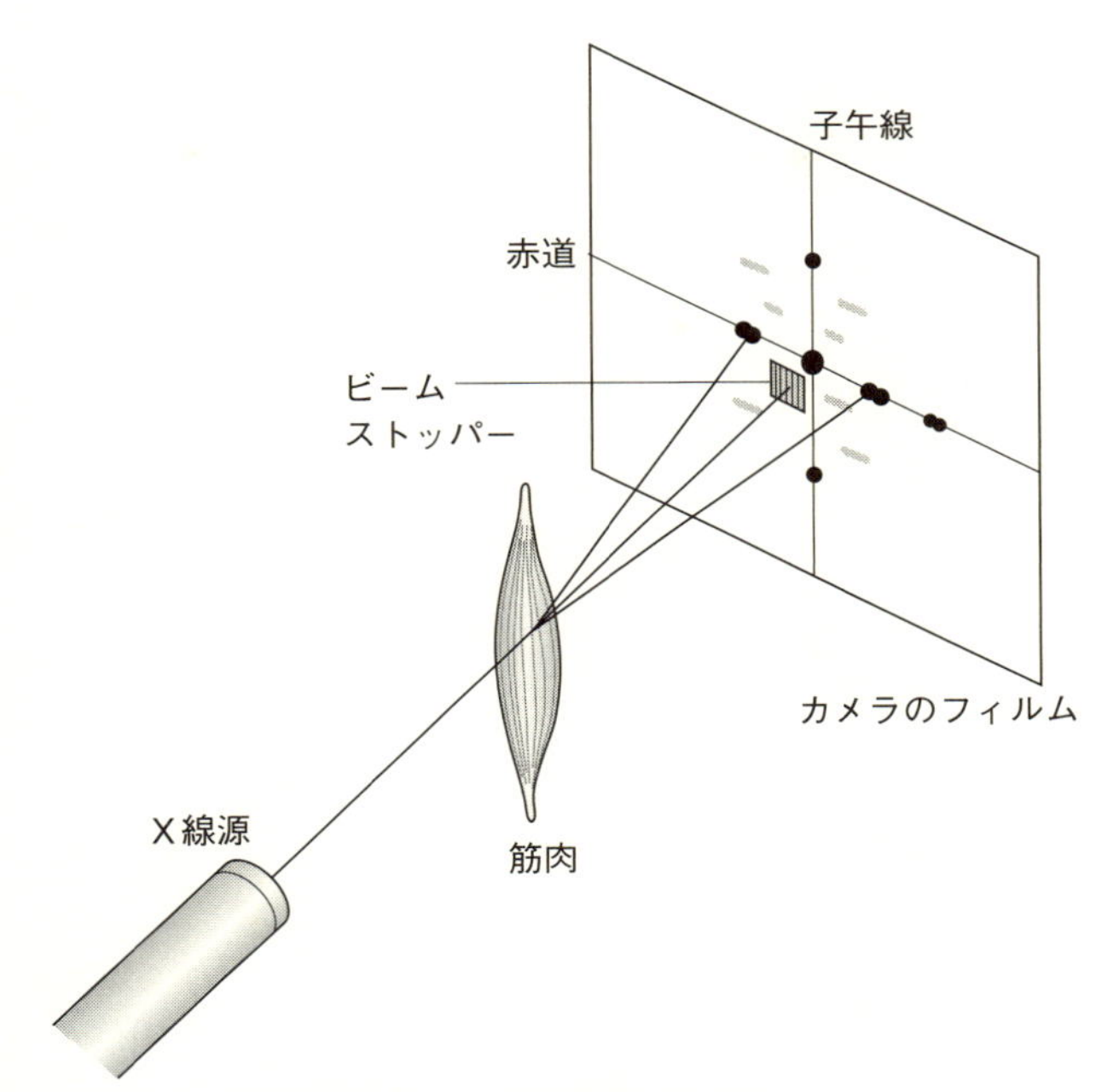

図1-24　生きた筋肉のX線回折像を記録する実験

ビームストッパーを置きこれを遮断する。筋肉の構造を反映する赤道反射は、図１-25に示すように、直進光が赤道面に沿って減衰するスロープの上に現れる。フィルムに記録された赤道反射像を赤道面に沿って濃度計でスキャンし、直進光のスロープを差し引けば、赤道反射の強さと位置が測定される。

筋肉の赤道反射には二つの明瞭な反射が記録され、それぞれ（1、0）反射、（1、1）反射という。反射の強さ（図１-25の斜線部分の面

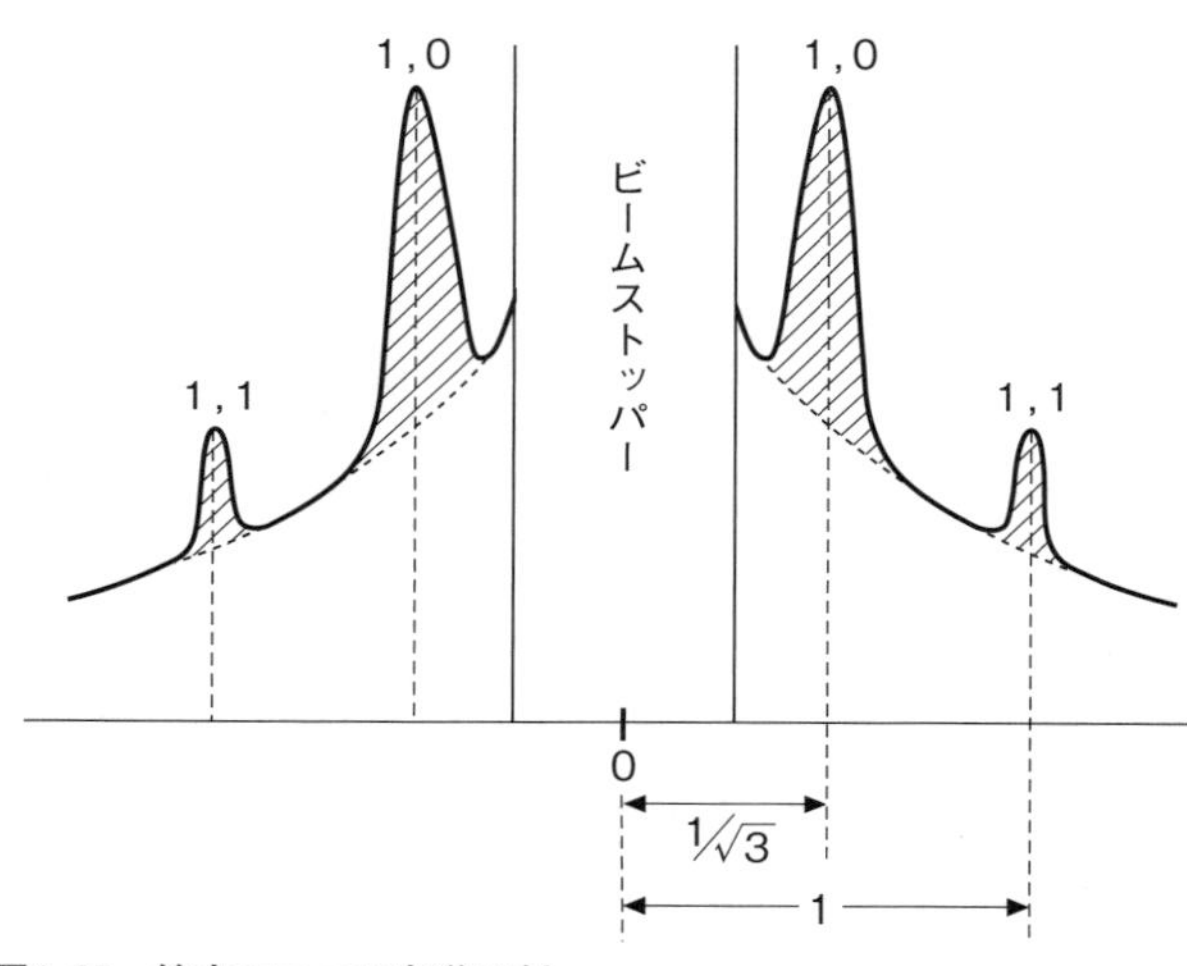

図1-25　筋肉の二つの赤道反射

積）は、（1、0）のほうが（1、1）反射より強い。ハクスレーは筋肉内には太いフィラメントと細いフィラメントがあり、（1、0）反射は太い（つまりX線を散乱させる質量が大きい）フィラメントによるもので、一方（1、1）反射には細いフィラメントが関わっていると考えた。当時筋肉をすりつぶして電顕で観察すると、太さの異なるフィラメントが観察され、筋肉がフィラメントの束から成ることが推測されていたのである。

赤道反射上の各々の反射の中心点からの距離は、それぞれの反射を生ずる反射面の間の距離を表す。そしてX線回折像での距離は、実際の距離の逆数である。

ハクスレーは、（1、0）反射面の間の距離を1と置くと、（1、1）反射面の距離は

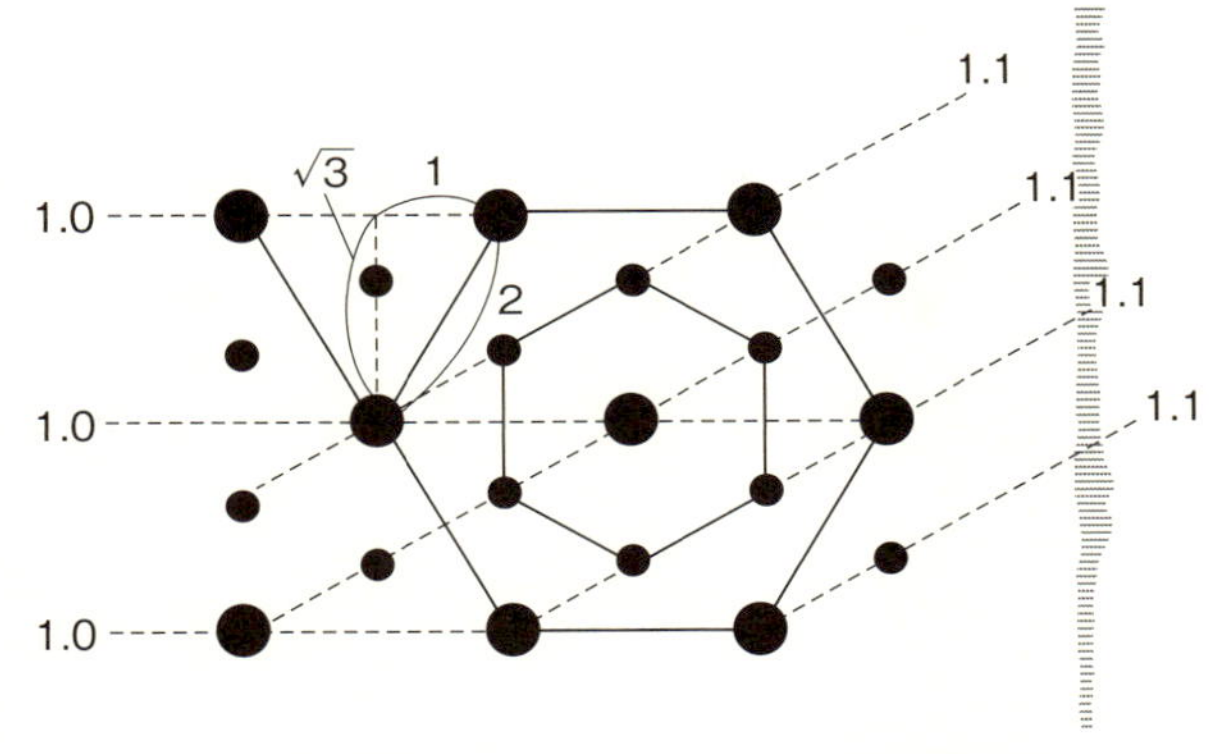

図1-26　ハクスレーが明らかにした筋フィラメントの六角格子

3の平方根（$\sqrt{3}$）になることを発見した。この発見により、80年間に及ぶ横紋構造の謎は、その実態を現したのであった。

図１-26はハクスレーにより明らかにされた、筋肉内部の筋フィラメントが形成する六角格子構造である。（1、0）反射は太いフィラメントのみが直線的に連なった反射面から生じ、一方（1、1）面は、太いフィラメントと細いフィラメントが１：２の比率で連なったものである。（1、0）面の間隔を1とすると、（1、1）反射面の間隔は$\sqrt{3}$となる。この場合$\sqrt{3}$は、大自然が作った横紋の謎を解きほぐすマジックナンバーであった。

ハクスレーはこの発見に有頂天になり、これでケンブリッジ大学大学院の学位はがっちりいただきだと思った。そしてこの業績を自信満々で、学位予備審査会で発表した。ところが思いがけず、この発見に異を唱える者が現れた。後年ノーベル賞を受賞する高名な女流結晶学者、ドロシー・ホジキン（神経の活動電位のイオン機構の解明でアンドリュー・ハクスレーとともにノーベル賞を受賞したアラン・ホジキンは彼女の従弟）である。彼女はハクスレーに向かってこう言った。「あなたの仕事は立派です。しかしあなたは筋フィラメントの格子構造の詳細を、電子顕微鏡によりわれわれに目に見える形で示してくださらねばなりません」。

ハクスレーは当時、自分の画期的な仕事にホジキンがケチをつけたと感じ、内心立腹し忌々しく思った。この話を筆者が直接ハクスレーから聞いたとき、彼がこのとき学位を取得したか否かは聞き忘れた。しかしハクスレーが1950年に大学院生のガウンを着て写した写真の晴れ晴れした表情からみて、彼は結局学位を取得したに違いない。しかしドロシー・ホジキンの言葉は彼に重く響いていたであろう。彼は大学院の課程を修了後、直ちに米国に赴いた。

1-7 ハクスレーとハンソンによる滑り機構の発見

ヒュー・ハクスレーがケンブリッジ大学大学院を卒業した当時、電子顕微鏡はまだ生まれたばかりの状態で、生体機能の解明にこれを利用することなど夢に過ぎなかった。しかし米国マサチューセッツ州のボストンに隣接した小都市ケンブリッジの、マサチューセッツ工科大学のシュミット教授は寛大な人で、当時としては最高級の電子顕微鏡を自分の研究室に設置し、世界各国からの留学生に自由にこれを使用させたのである。

ここで興味深いのは、ヒュー・ハクスレーと入れ替わるように、米国の若者ワトソンが、ケンブリッジ大学にX線回折法の習得のためやってきたことである。ワトソンと共同でDNAの二重らせん構造を発見したクリックを含めた３人はみな友人で、それぞれ歴史的偉業を成し遂げた。

さてヒュー・ハクスレーはシュミットの研究室で、筋フィラメント格子の電子顕微鏡写真撮影のため、まず筋線維の樹脂への包埋（ほうまい）、ついでマイクロトームを用いて筋線維の超薄切片を作製する技術の開発に取り組んだ。当時これらの技術は未発達で、研究者各自はまずこれらの技術を自ら開拓せねばならなかった。

彼は超人的な能力と集中力を発揮してこれらの問題を克服し、遂に筋フィラメント格子の縦方向と横断面での、２種の筋フィラメントの配列を解明した。得られた結果を以下に説明する。図１－27Ａ、Ｂは筋肉内の筋原線維の長軸方向の超薄切片の電顕写真である。図１－27Ｃ、Ｄはそれぞれの切片の点線の間の部分をマイクロトームの刃で切り取ったものである。切片Ａでは太いフィラメントと細いフィラメントが交互に走っている（Ｃ）が、切片Ｂでは太いフィラメントの間に細いフィラメントが２本ずつ走っている（Ｄ）のは、切片のでき方によるのがわかるであろう。

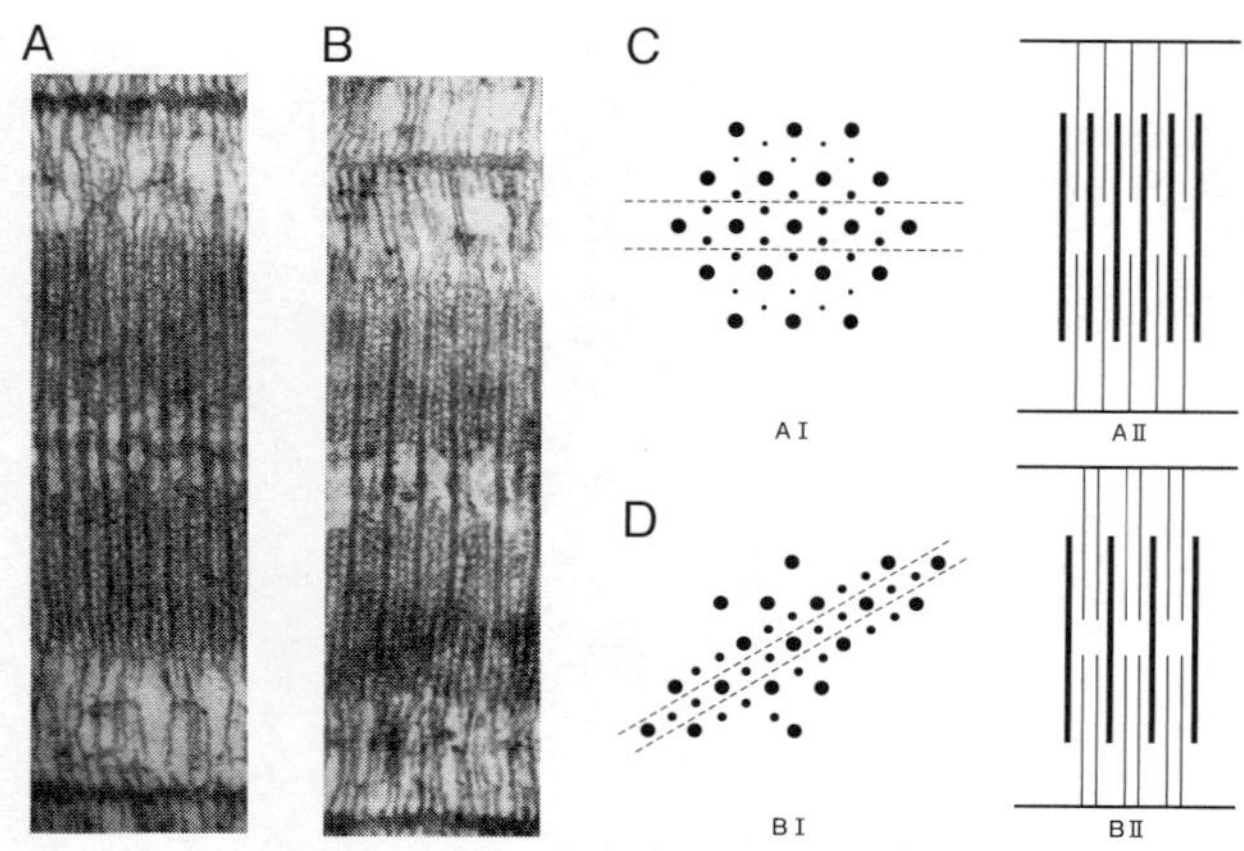

図1-27　筋原線維の長軸方向の超薄切片の電子顕微鏡写真（A、B）と等張力性レバー各々の切片が含む筋フィラメントの配列の説明図（C、D）

H.ハクスレー

図1－28は筋原線維の三つの異なった横断面の切片から得られた結果を要約したもので、それぞれの横断面における太いフィラメントと細いフィラメントの分布の模式的説明図である。1950年以前には謎であった横紋の構造がこれらの電顕写真で余すところなく暴露されている。複屈折性のあるA帯（エンゲルマンのQ帯）には、太いフィラメントが、複屈折性のないI帯（J帯）には細いフィラメントがそれぞれ平行に並んでいる。細いフィラメントはZ膜から延びてA帯の中まで入り込んでいる。

ハクスレーはこれでドロシー・ホジキンのクレームに十分答えたのであるが、彼の天才はこれには満足せず、さらに筋収縮の神秘に鋭く切り込んでいった。図1－30は、引っ張

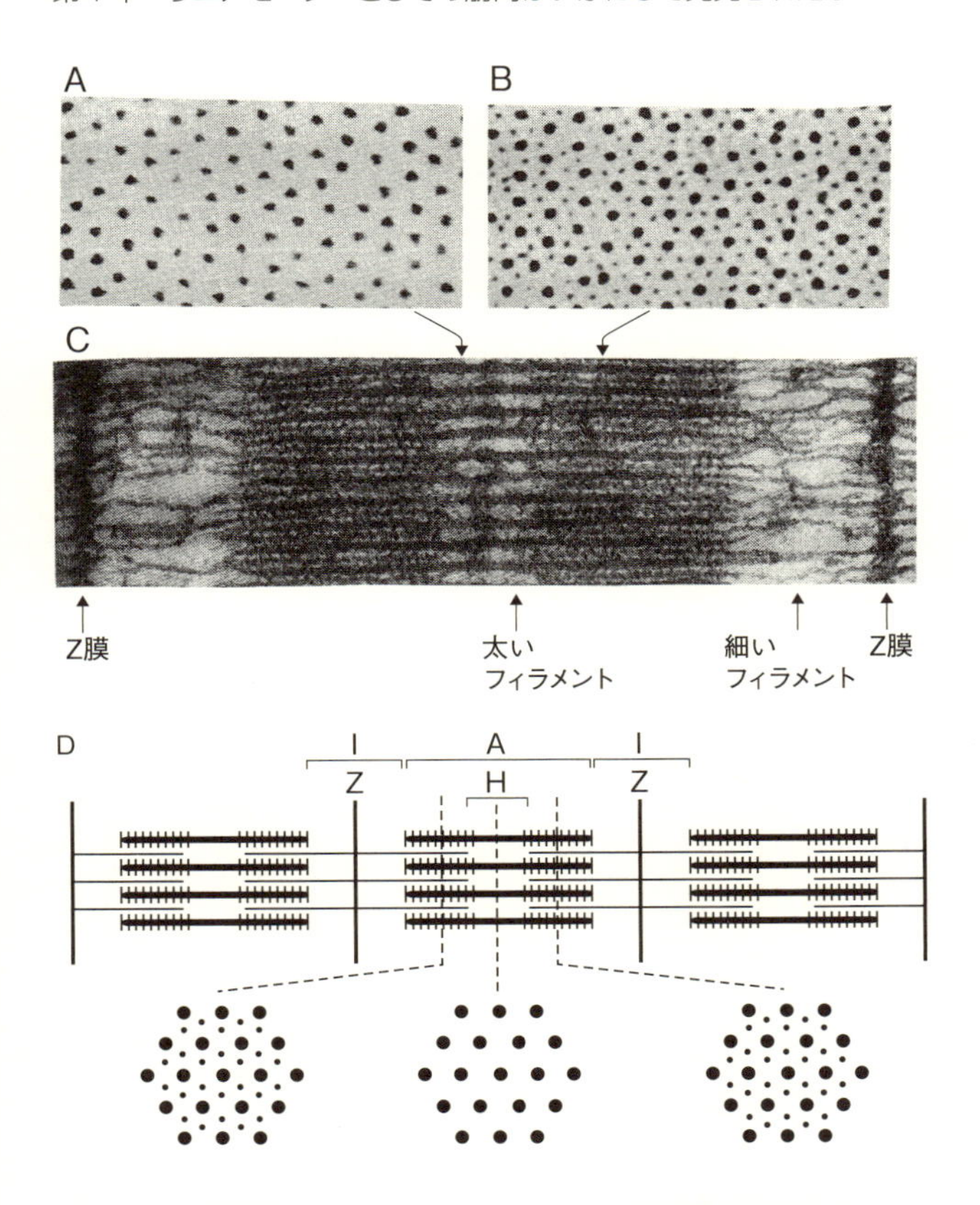

図1-28　筋原線維のいろいろなレベルでの横断面の電子顕微鏡写真（A、B、C）と横断面の筋フィラメント配置の模式図（D）

H.ハクスレー（1957）

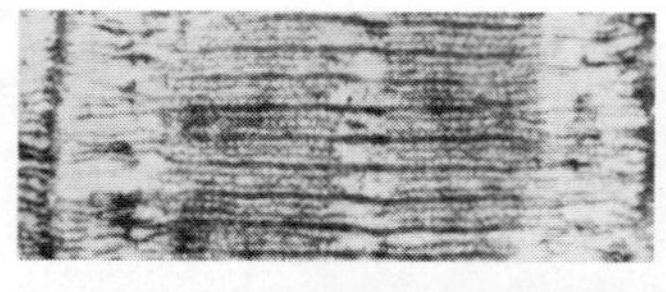

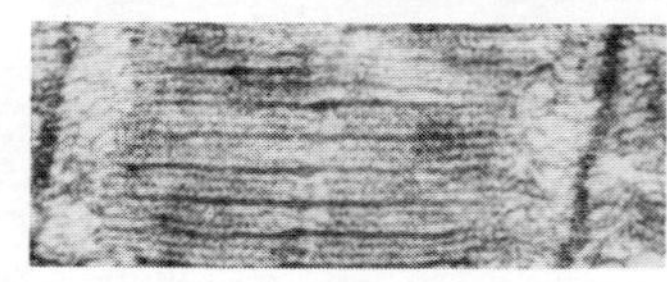

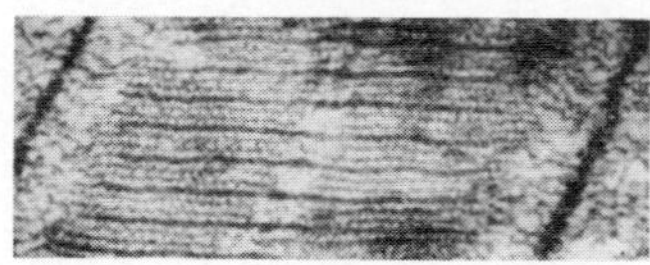

図1-29　ジーン・ハンソン

図1-30　いろいろな長さの筋原線維の電子顕微鏡写真
H.ハクスレー（1957）

って長くした筋肉や、短縮して短くなった筋肉の筋原線維の電顕写真を比較したものである。上から順にZ膜の間の距離が短くなっている。図に見られるように、太いフィラメントはZ膜間の中央のA帯にあり、その長さは変わらない。一方細いフィラメントもその長さを変えずに、Z膜の間の距離が短縮するにつれ、太いフィラメントの中に入り込んでゆく。また、太いフィラメントからは突起が出ているが、A帯の中央ではこの突起がみられず、顕微鏡下でもこのA帯の中央部は他の部分と区別され、この部分をH帯という。細いフィラメントはこのH帯にも入り込んでくる。

ハクスレーがこれらの電顕写真を撮影した時点で、80年間横紋構造を人類に見せながら彼らの挑戦を拒み、収縮の折り畳み説に基づくアストベリーの研究に肩透かしを食らわせた大自然は、ついにハクスレーの挑戦に屈服し、その神秘のベールを完全に剝がされたのであった。筋収縮は巨大分子の折り畳みではなく、筋フィラメントの間の滑りであった。しかしハクスレーは、X線回折で筋フィラメントの六角格子構造を発見した以前からこの滑りのしくみを洞察しており、電子顕微鏡による結果は彼にとって予想どおりで、特に感激はなかったと筆者に語った。

しかし当時、電子顕微鏡技術の生体組織への適用はほとんどなく、彼の見事な結果は電顕切片作製のさいの人工産物として無視される恐れがあった。ハクスレーは慎重に、筋フィラメント間の滑り現象が生きた筋原線維で示されるまで、滑り機構の発表を差し控えることにした。この研究段階で、彼は幸運にも、彼と同様に英国からシュミットの研究室に電顕技術を習いに来た女性研究者、ジーン・ハンソン（図1-29）に巡り合った。彼女は位相差顕微鏡の操作に熟達しており、ハクスレーとともに単一の筋原線維の実験をおこない、以下の点が明らかになった。

(1)筋原線維をミオシンを溶かす作用のある高濃度のKClで処理すると、図1-31にみられるように、横紋のA帯に局在する物質（ミオシン）が消失した。これでA帯の太いフィラメントがミオシンから成るミオシンフィラメントであることがわかった。なおハクスレーはこの研究に先立ち

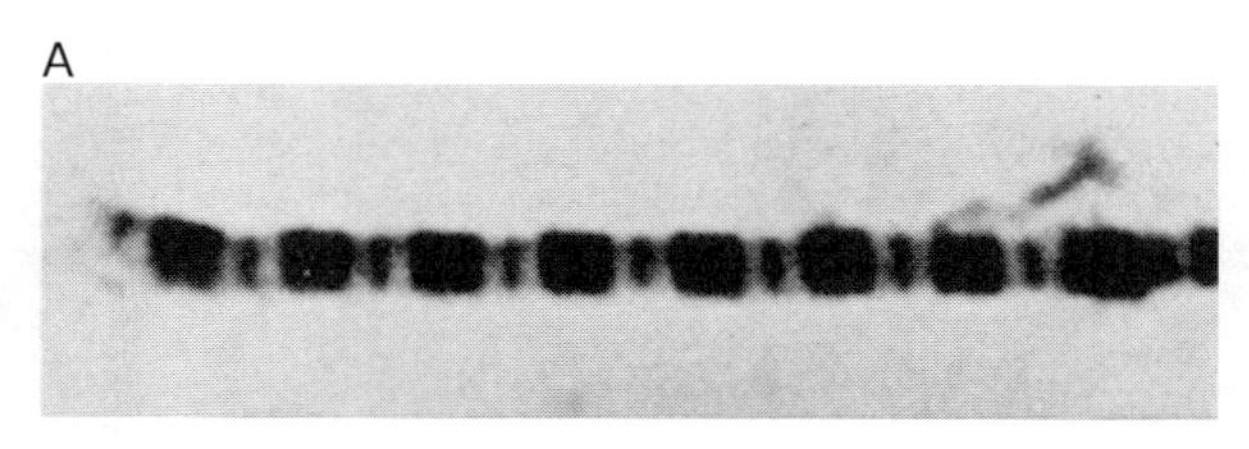

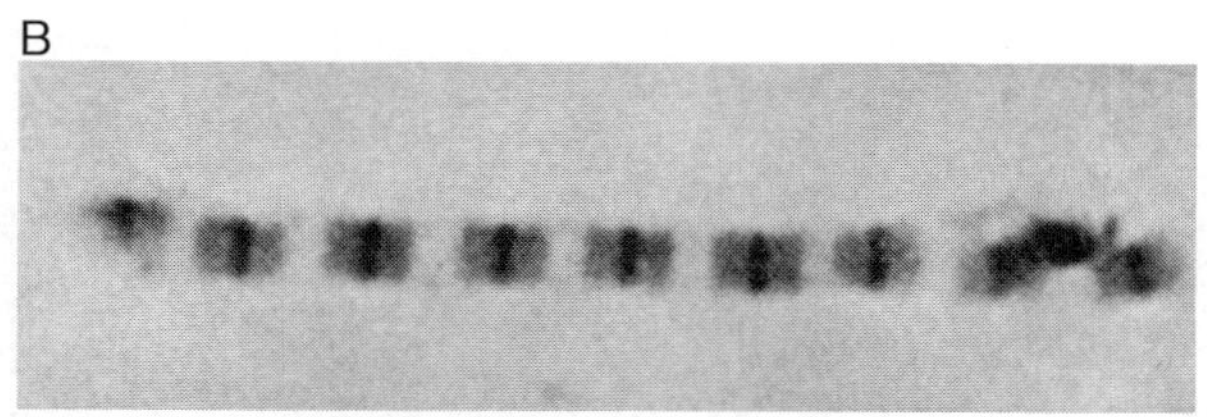

図1-31　筋原線維の横紋のA帯にミオシンが局在することを示す位相差顕微鏡写真

Aは無処理、Bは高濃度KClで処理した筋原線維。BではA帯の物質（ミオシン）が消失している。H.ハクスレーとハンソン（1954）

I帯の物質が消えると予想しており、この結果に驚いた。彼は筋フィラメント滑り機構の研究で、驚いたのはこの時だけだったと語った。

⑵さらにこの筋原線維をアクチンを溶かす実験液で処理すると、I帯も消失しZ膜だけが残った。これで細いフィラメントがアクチンフィラメントであることがわかった。

⑶筋原線維にATPを与えると、筋原線維は短縮し、Z膜間の距離が短縮した。このさいA帯の中央部のH帯の幅が減少し、A帯の両側のI帯の幅の減少和と、H帯の幅の減少とは等しかった（図1－32）。

以上の結果⑴と⑵は、セント・ジェルジ

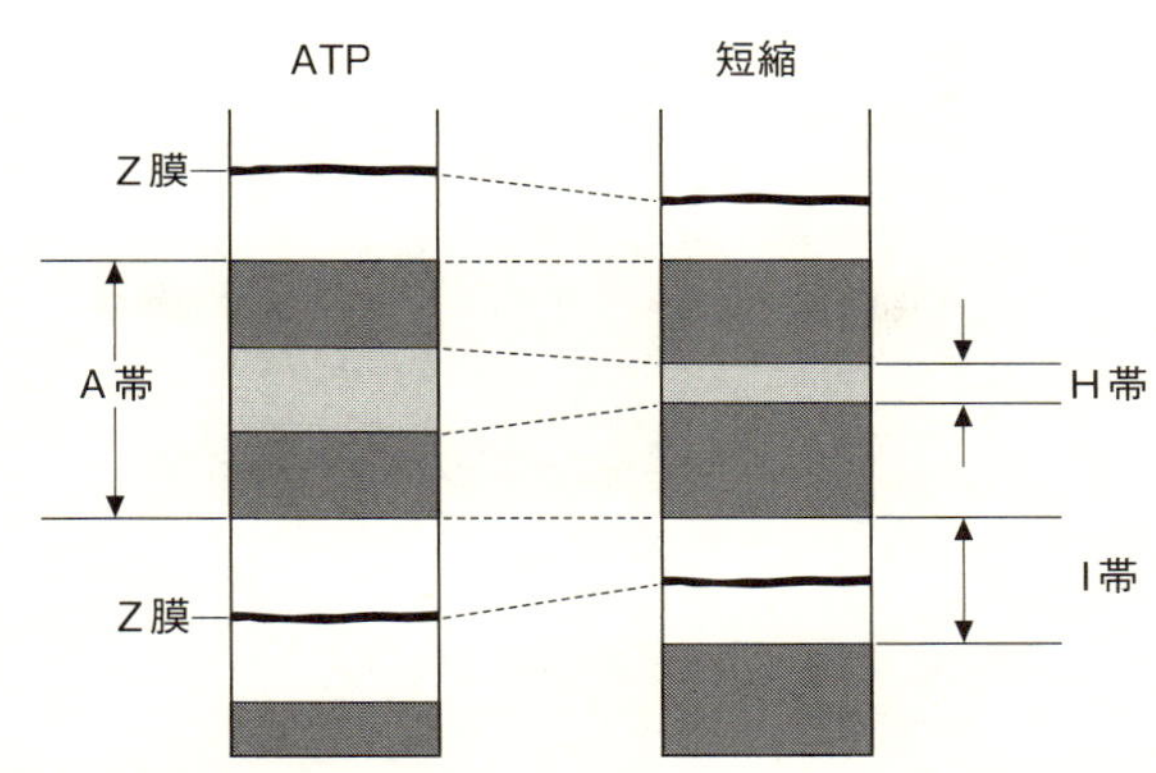

図1-32　筋原線維の短縮時にA帯の長さは変わらず、I帯とH帯の長さが減少する

がATPによる収縮を発見したアクトミオシン糸を構成するアクチンとミオシンが、筋肉内ではそれぞれ細いアクチンフィラメントと、太いミオシンフィラメントとして存在することを示したものである。

そして(3)の結果は最も重要で、筋収縮のさいにATPを利用して、アクチンフィラメントとミオシンフィラメントが長さを変えずに滑り合うことが完璧に実証されたのである。

1-8　筋肉の超微小エンジンの発見

当時ハクスレーは、筋フィラメントの電顕写真を高倍率に引き伸ばし観察した結果、ミオシンフィラメントから突起が突き出て、隣接するアクチンフィラメントまで伸びていることを認めた（図

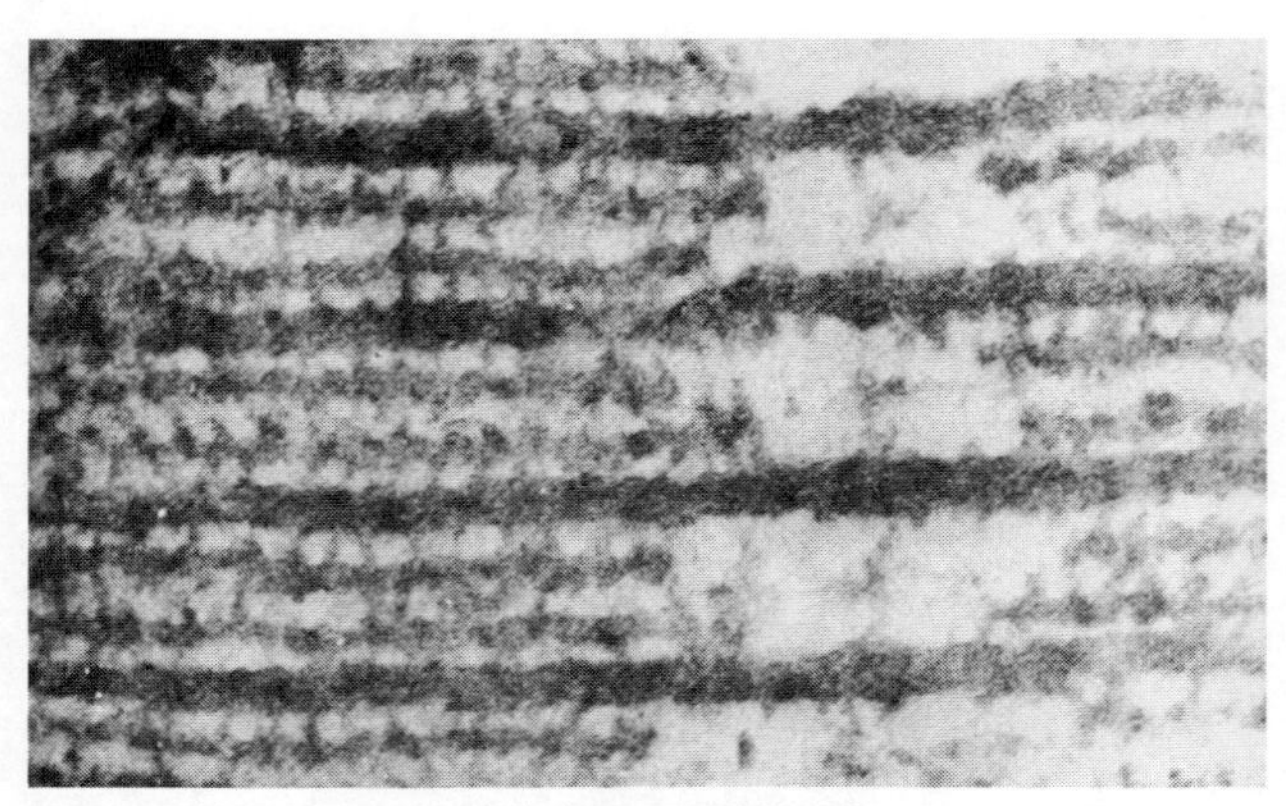

図1-33　筋フィラメントの高倍率電子顕微鏡写真
太いフィラメントから突起が出て細いフィラメントに接触している。
H.ハクスレー（1957）

1－33）。この突起こそが筋フィラメント間の直線的な滑り、つまりリニアモーターとしての筋肉を駆動させる、大自然が作り出した超微小エンジンであった。現在この突起はミオシン分子の頭部であることがわかっており、筋フィラメント間の橋渡しのようにみえるので、クロスブリッジともよばれる。本書の次の章では、もっぱらこのミオシン頭部について述べることになる。

ハクスレーはあるとき筆者にこう語った。「私は高倍率でミオシンフィラメントから突き出る突起を見た瞬間、この突起の運動が筋フィラメント間の滑りを引きおこすのだと思った。なぜなら、隣り合うフィラメントが滑り合うには、両者を連絡する構造が運動して滑りをおこすしくみしか考えられないではないか」。ここでも大自然の秘密を直ちに見抜くハクスレーの洞察力に感嘆せずにはいられない。

しかしこのハクスレーが見たミオシン分子頭部は、現在からみると、当時の不完全な超薄切片作製技術のため生じた「人工産物」であった可能性が高い。というのも、多くの教科書に掲載されている図1－33の写真に付されている電顕の倍率からZ膜からZ膜までの距離を計算すると、現在知られている値（約2μm）の半分、つまり約1μmしかない。これは明らかに、当時の不完全な装置で筋原線維の縦方向の超薄切片を作製するとき、筋原線維が半分の長さに圧縮されたことを意味するのである。

図1-34　ヒュー・ハクスレー

ハクスレーがこの半分に圧縮された電顕写真で認めたミオシンフィラメントの突起は、以後超薄切片作製技術が進歩するとともに、容易に認められなくなってしまったのである。したがって当時ハクスレーが見たものは、圧縮されてギザギザになったミオシンフィラメントから生じた人工産物であったと見なされる。

筆者はハクスレーの「歴史的」な電顕写真が半分に圧縮されていることを電顕倍率から知ったとき愕然としたが、電顕試料の包埋法の開発から出発せねばならなかった悪条件下に成し遂げられたハクスレーの偉業に改めて感嘆した。

ハクスレーがいかに研究の悪条件と格闘し、これを克服したかは、マサチューセッツ工科大学の廊下に延々と長城のように積み上げられた電顕切片の容器が語っていたという。なお後年、筆者がある筋収縮に関する学会に出席したとき、ある研究者がハクスレーに「あなたの初期の電顕写真では、筋フィラメントが半分の長さに圧縮されていましたね」と、揚げ足取りの質問をした。ハクスレーは不愉快な顔でこの質問に答えず無視した。筆者は、むしろハクスレーは悪条件下に達成した彼の成果を誇ればよいのに、と思った。

第2章 筋肉リニアモーターを駆動する、超微小エンジンの研究

2-1 筋肉リニアモーターを動かす原動力、ATP

ヒュー・ハクスレーとハンソンの、筋収縮が筋フィラメント間の滑りによるという「滑り説」は、結局すべての研究者に認められた。したがって「滑り説」はもはや「説」ではなく、「筋収縮の滑り機構」となった。これで筋収縮は筋フィラメント間の一次元（一方向）の直線運動であることが広く認められた。言葉を換えて言えば、「筋肉は天然のリニアモーターである」ことがわかったのである。

ここでリニアモーターの生物学的な定義をはっきりさせておこう。まず電気工学では、モーターとは電磁気力を利用した機械であり、われわれが日常目にするのは扇風機や換気扇、あるいは

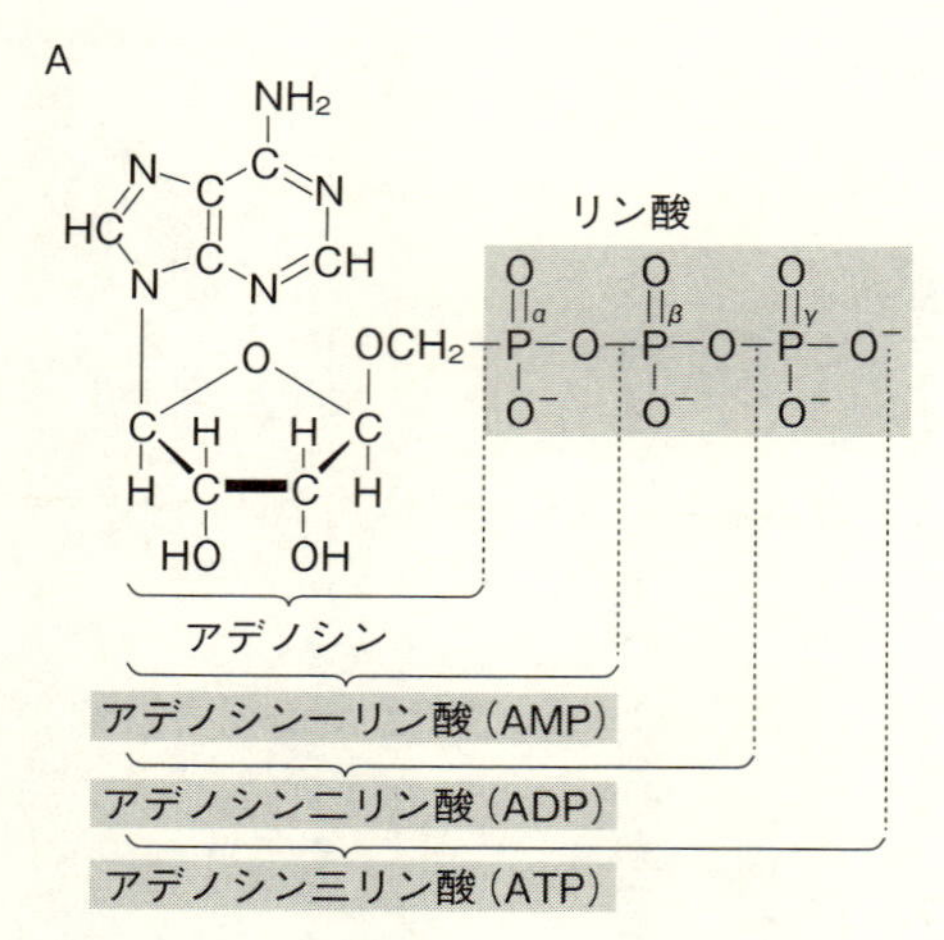

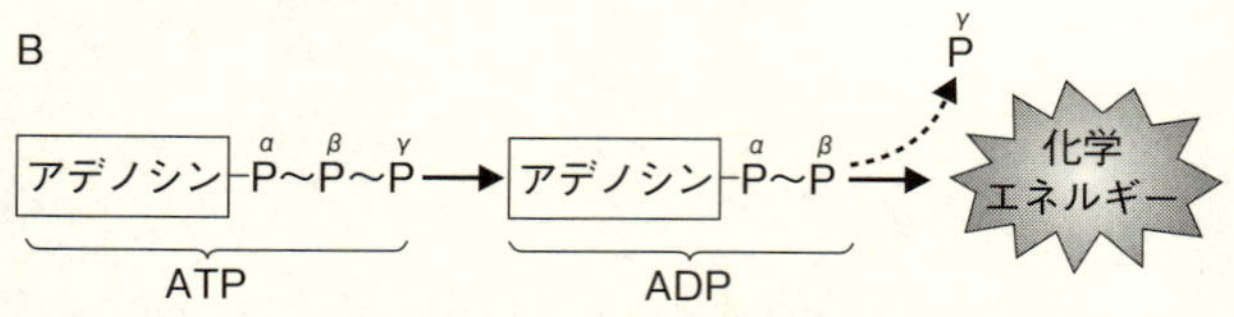

図2-1　（A）ATPの化学構造　（B）ATPからγリン酸がはずれるとき化学エネルギーが発生する

列車の車輪を動かすモーターなどで、いずれも回転運動をおこなう回転式モーターである。これに対し直線的な方向に動力を発生し運動するのがリニアモーターである。よく知られているリニアモーターは、リニア新幹線に利用されるものである。

生物界のモーターの多くはリニアモーターであり、回転式モーターとしてはバクテリアの鞭毛（べんもう）がある。これらの生物モーターを動かすのは電磁力ではなく、生体がエネルギー源として広く利用する、ア

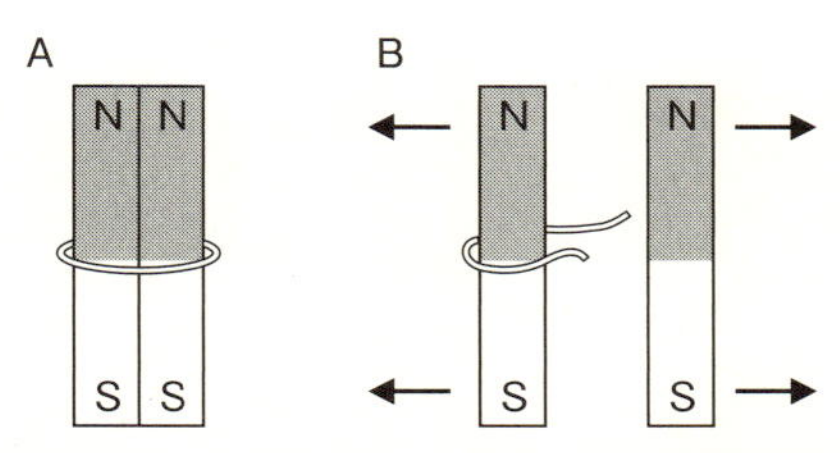

図2-2　高エネルギーリン酸結合は、2本の棒磁石の同じ極同士を向き合わせて紐で固定した状態に喩えられる

デノシン三リン酸（ATP）が加水分解するとき発生する化学エネルギーである。図2－1AはATPの化学構造で、アデノシンに3個のリン酸分子（α、β、γ）が連なって結合している。これらのリン酸分子内では、プラスとマイナスの電荷が圧縮されて強い静電気反発力を保っている。ATPが分解して末端のγリン酸がはずれると、分子内に閉じ込められていた静電気反発力がエネルギーとして解放される（図2－1B）。

これは図2－2のように、互いに同じ極を向き合わせて紐でしばられていた2本の棒磁石が、紐を切断すれば勢いよく離れる現象に喩えられる。ATPが水溶液中で分解したときは、解放された静電気反発力により周囲の水分子が激しくかき回され熱を発生し、水温は激しく上昇する。このように水中でのATP分解は、ミクロの世界の火薬の爆発のようなもので、ATP分解で放出されるエネルギーは、周囲に熱として散逸してしまう。

しかし筋肉を含む生体の組織・器官は、ATP分解のエネルギーを瞬時に散逸させることなく、高い効率でこれを利用し機能を発揮するのである。

物質としてのATPは1929年に発見されていたが、長いことその生体におけるはたらきは不明で、1950年代にようやく、筋収縮の唯一のエネルギー源であることがわかった。

ATPのような高エネルギーを含む物質の合成には、やはり大きなエネルギーが必要である。生体は呼吸により外界から酸素O_2を取り入れ、これで体内の物質をゆっくり燃焼させてCO_2とH_2Oに分解し、このとき発生するエネルギーにより、ミトコンドリアでATPを合成する。このしくみは拙著『栄養学を拓いた巨人たち』(講談社ブルーバックス)で詳しく説明されている。

セント・ジェルジがATPによりアクトミオシン糸を収縮させたことからわかるように、リニアモーターとしての筋収縮のエネルギー源はATPである。ではATPの分解エネルギーを利用してリニアモーターを動かすものの実体は何であろうか。

2-2　ATPを燃料とする超微小エンジンの構造

自然科学の歴史は、ある研究分野の発展には二つの段階があることを教えてくれる。まず大自然のある一部分に秘められている謎が研究者の目を引くが、どうにも手がつけられず空しく時が過ぎてゆく。筋肉の横紋の謎がこれにあてはまる。そしてある時期になると、1人の天才が現れて一挙にその謎を解く。この行為はブレークスルーとよばれる。人類の前に屹立していた謎の壁が打ち破られ、学問に新たな地平が開けるからである。

すると、これまで謎にたいし手を束ねていた「平凡な」研究者たちが、天才が切り開いた学問の沃野に群がって研究をはじめる。学問のこの時期を「ノーマルサイエンス」という。筋収縮の研究史にもこの段階があてはまり、世界各国の研究者による筋フィラメント、筋フィラメント格子構造、さらに筋フィラメント間の滑り、つまり筋肉リニアモーターを駆動する原動力の実態、などの研究がめまぐるしく進みはじめた。

ミオシンフィラメントを構成するミオシン分子（分子量約50万）は、二つの西洋梨形の頭部と1本の尾部から成る（図2－3A）。ミオシン分子からミオシンフィラメントができるとき、まず2個のミオシン分子が反並行に並び、ついでその両側にミオシン分子が連なる（図2－3B）。ミオシン分子の尾部は束となってフィラメントの軸を形成し、ミオシン分子頭部（以下、単にミオシン頭部とよぶ）はフィラメントの側方に突き出ている。ミオシン頭部はミオシンフィラメントに沿ってらせん状に突き出ているが、同一方向に突き出たミオシン頭部の間隔は429Å、隣り合うミオシン頭部の間隔は143Åである（図2－3C）。ミオシンフィラメントの中央部にはミオシン頭部のない部分があり、これをベア・ゾーン（bare zone, 裸の領域）という。この部分は位相差顕微鏡下でA帯の他の部分と見分けられ、H帯とよばれる（図1－32参照）。ヒュー・ハク

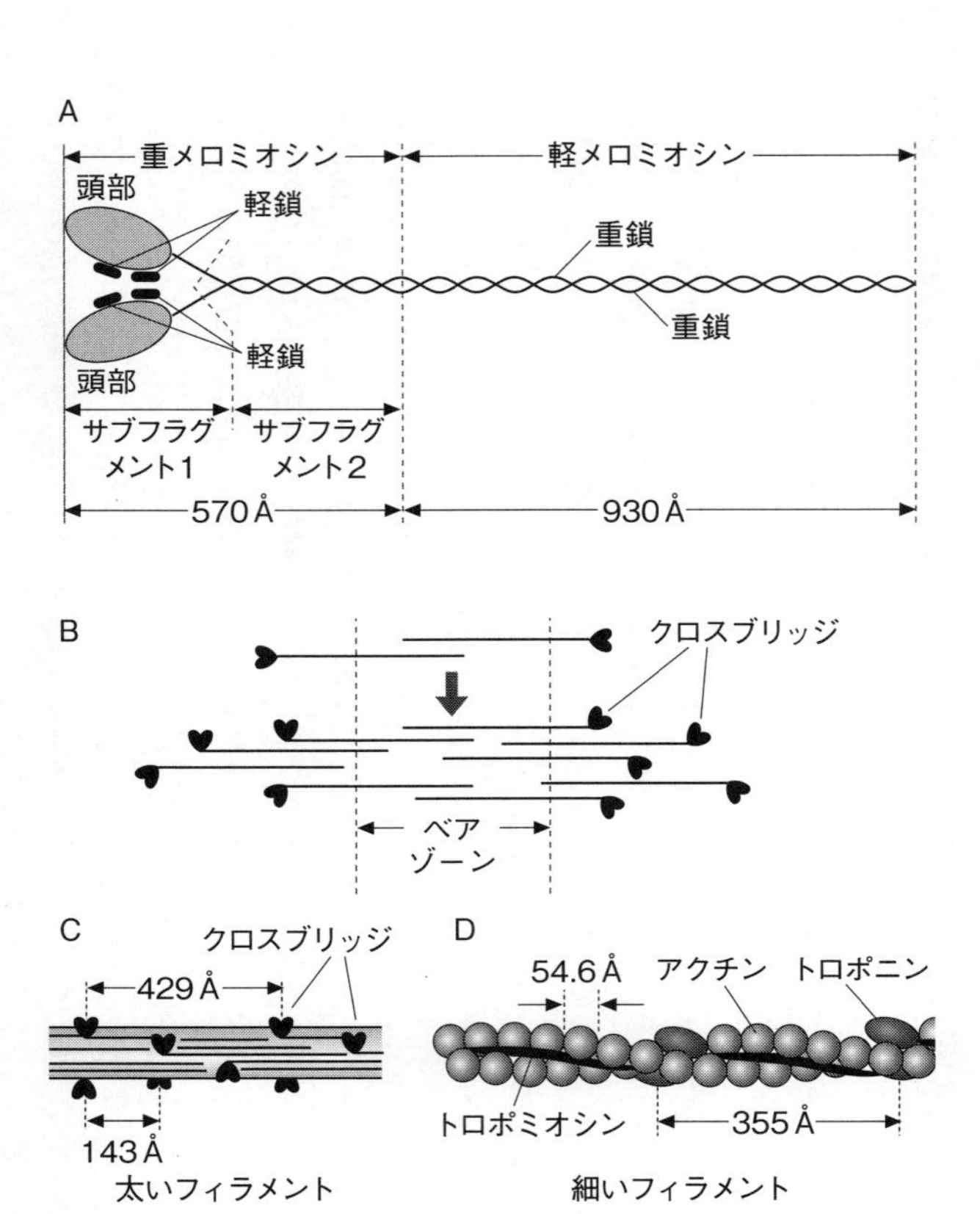

図2-3　(A) ミオシン分子の構造　(B) ミオシン分子によるミオシンフィラメントの形成　(C)ミオシンフィラメントから突き出たミオシン頭部　(D) アクチンフィラメントの構造

スレーとハンソンが位相差顕微鏡下に観察した、筋原線維の短縮が増すとH帯の幅が減少することは、アクチンフィラメントがミオシンフィラメントの中央部、H帯まで入り込むためであった。

アクチンフィラメントは、球状のアクチン分子（分子量約５万）が連なって二重らせんを形成したものである（図２‐３Ｄ）。アクチンフィラメントの溝に沿って、トロポミオシンという紐状のタンパク分子が巻き付いており、さらにアクチンフィラメントのらせんのピッチごとにトロポニンというタンパクが付着している。これらのタンパク質はあとで説明するように、アクチンとミオシン間の滑りを制御している。

さて、もしもハクスレーが直感したように、ミオシンフィラメントから突き出たミオシン頭部が、ＡＴＰ分解のさい発生する化学エネルギーによりアクチンフィラメントを動かすはたらきがあるなら、ミオシン頭部にはアクチンと結合する部位と、ＡＴＰを加水分解する部位がなければならない。そして実際にミオシン頭部がこれら二つの部位を持つことが確認されている。

図２‐４Ａは、ミオシン頭部（ミオシン・サブフラグメント１、略称Ｓ１）の構造である。頭部の膨らんだ領域（カタリティック・ドメイン、略称ＣＡＤ）の先端に、実際にアクチンフィラメント結合部位が、これより少し離れた部位にＡＴＰポケットとよばれるＡＴＰ結合部位がある。このカタリティック・ドメインは、ロッド状のレバーアーム・ドメイン（略称ＬＤ）と小さな連結部（コンバーター・ドメイン、略称ＣＯＤ）を介して結ばれている。さらにこのレバーア

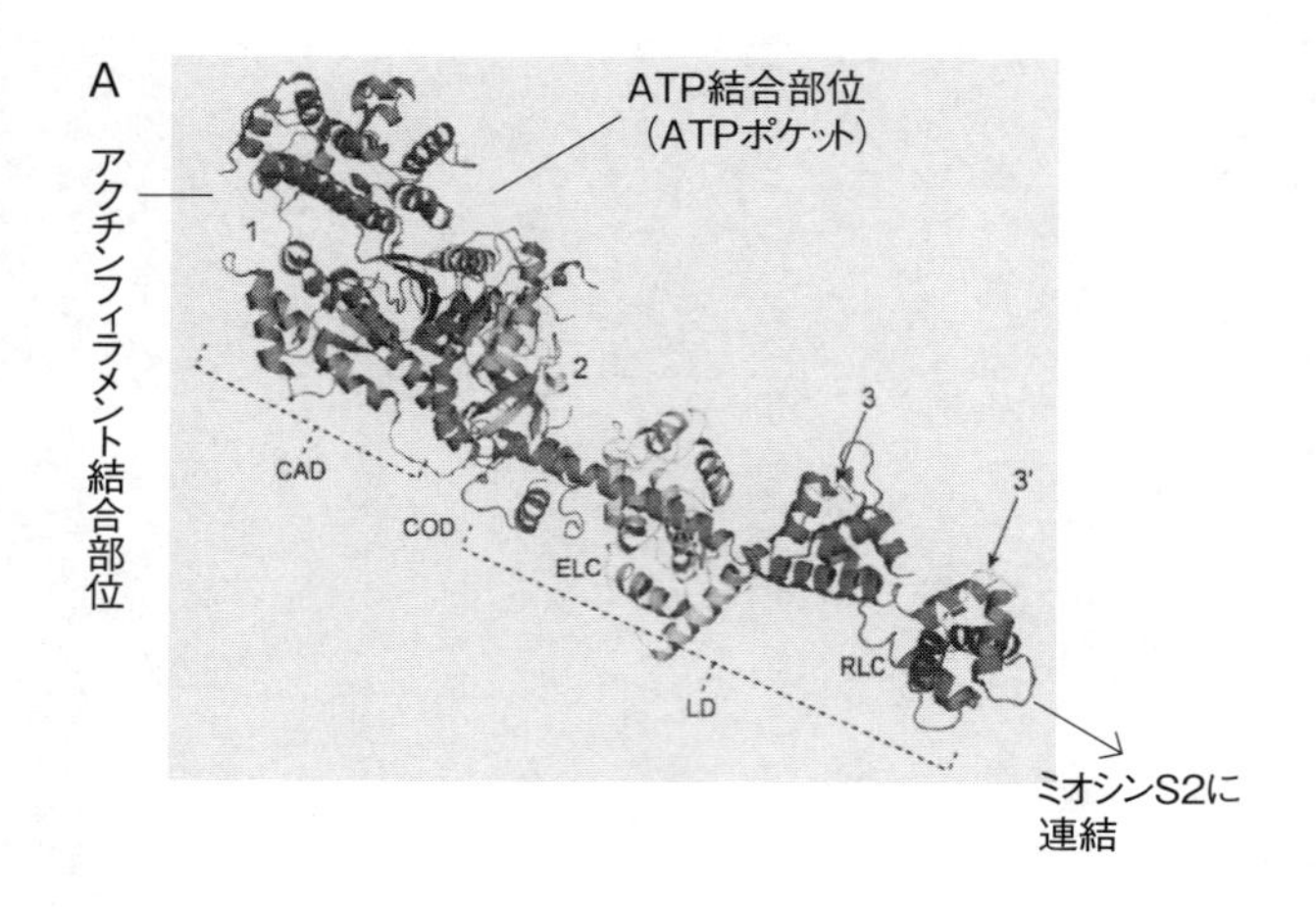

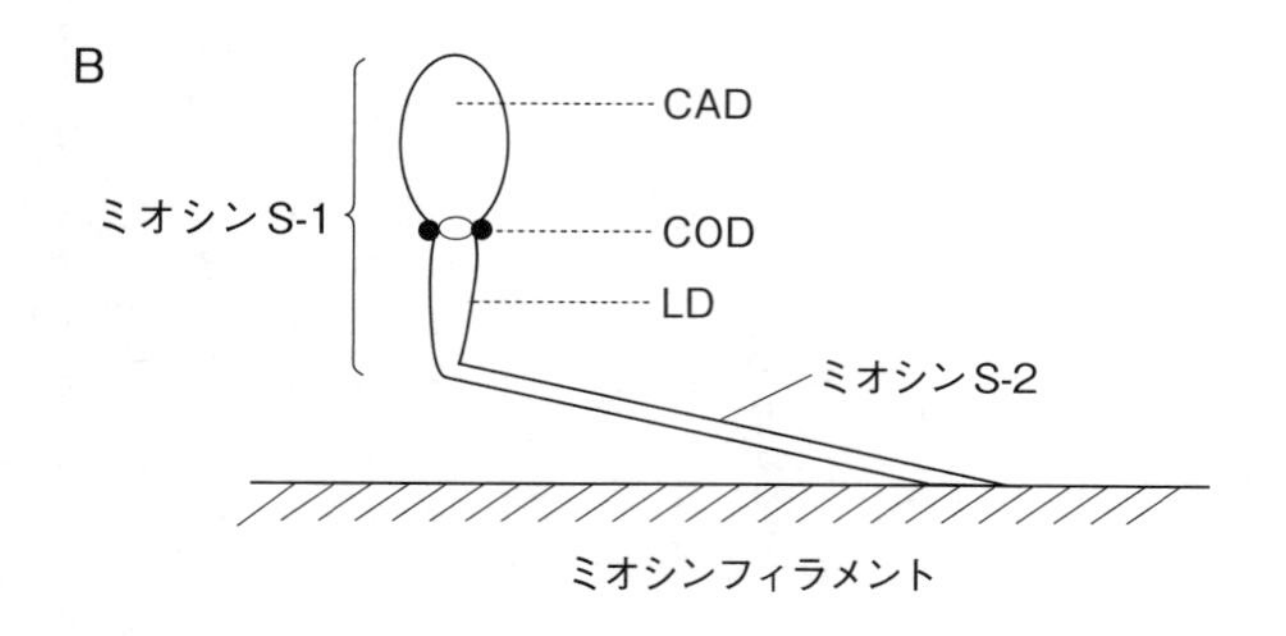

図2-4 （A）ミオシン頭部（S1）の構造 （B）ミオシン頭部のミオシンフィラメントからの突出

ーム・ドメインは、ミオシン・サブフラグメント2（略称S2）を介してミオシンフィラメントの軸に繋がっている（図2－4B）。

さて、ハクスレーが直感的に洞察した、筋肉の収縮中このミオシン頭部がアクチンフィラメントと結合・解離を繰り返してこれをミオシンフィラメントのあるA帯に引き込んでゆくしくみ、つまり筋肉リニアモーターを駆動する超微小エンジンであるミオシン頭部のはたらきは解明されたのであろうか。実はこのしくみは、筋肉リニアモーターの神秘が暴かれたのと丁度入れ違いに、人類の前に現れた第二の神秘であった。そしてこの神秘は、さしものヒュー・ハクスレーの天才に対しても繰り返し肩透かしを食らわせ、彼はこの神秘の解明に心を残しながら、2013年にこの世を去ることになる。

2－3　筋肉リニアモーターを駆動するはたらき

図2－5はアンドリュー・ハクスレーらが提唱した収縮模型である。筋肉が弛緩状態にあるとき、ミオシン頭部（S1）はアクチンフィラメントから離れている（A）。筋肉が収縮すると、まずミオシン頭部はアクチンフィラメントと結合し（B）、ついで変形をおこし、アクチンフィラメントは距離 x だけミオシンフィラメントの中央に向かって引っ張り込まれる（C）。このS

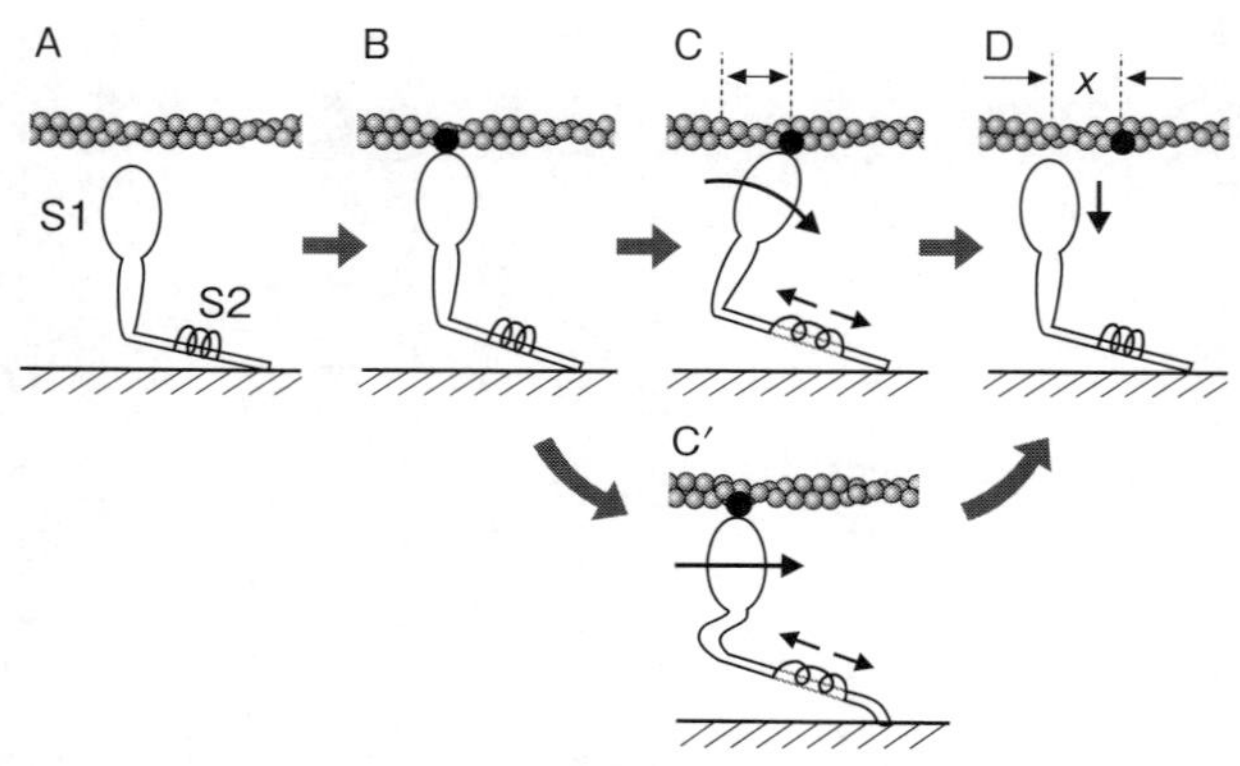

図2-5　筋肉リニアモーターを駆動するミオシン頭部のはたらきを示す模型

1の運動は、S1のアクチンフィラメントにたいする角度が90度から45度に変化する回転運動と仮定されている。S1は運動が完了するとアクチンフィラメントから離れる。このようにして、S1はもとの位置にもどり、後には筋フィラメント間の滑りが残るのである。S1がこのように、結合→変形→解離のサイクルを繰り返すことにより筋フィラメント間の滑りが進行してゆく。

この収縮模型の利点は、第1章で説明した筋肉の直列弾性要素SECの実態を明快に説明できることである。すでに説明したように収縮中の筋肉は、その長さの約1%を急激に短縮すると、その発生していた力も急激にゼロに落ち、ついで再上昇する（図1－17参照）。そしてこの短縮は筋肉の全長にわたって均等に分布している。

図2－5の模型では、ミオシン頭部とミオシンフ

ィラメントを結びつけるミオシンＳ２がバネのような弾性を持つと仮定されており、ミオシン頭部が回転（変形）すると引き伸ばされる（図２－５Ｂ→Ｃ）。すでに説明したように、直列弾性要素ＳＥＣは、筋収縮によりΔＳＥＣだけ引き伸ばされる。ＳＥＣは筋肉の全長にわたり均等に分布する。筋肉は横紋構造が直列に繋がったもので、その構造的単位は、隣り合う２本のＺ膜で囲まれた部分でありこれを筋節という。さらに筋節の構造はミオシンフィラメントの局在するＡ帯からみて左右対称である（図２－６）。これはミオシンフィラメントから突き出るミオシン頭部には方向性（極性ともいう）があるということであり、このミオシン頭部の極性もミオシンフィラメントの中央からみて左右対称である。

筋収縮にともなう筋節の短縮、つまりミオシンフィラメントのあるＡ帯の中央に向かってのアクチンフィラメントの滑り込みも左右対称におこる。以上の説明からわかるように、ミオシンフィラメントから突き出たミオシン頭部の、アクチンフィラメントの滑りをおこす運動も、ミオシンフィラメントの中央、つまり筋節の中央からみて左右対称におこるのである。これに対応してアクチンフィラメントにも、筋節の中央からみて左右対称の極性のあることがわかっている。以上の説明から、リニアモーターとしての筋フィラメント間の直線的滑りは、筋節の中央からみて左右対称におこることが理解される。つまり筋肉の機能的単位は筋節の半分なのである。

話をＳＥＣにもどそう。筋収縮により引き伸ばされたＳＥＣのバネが完全にたるむ距離ΔＳＥ

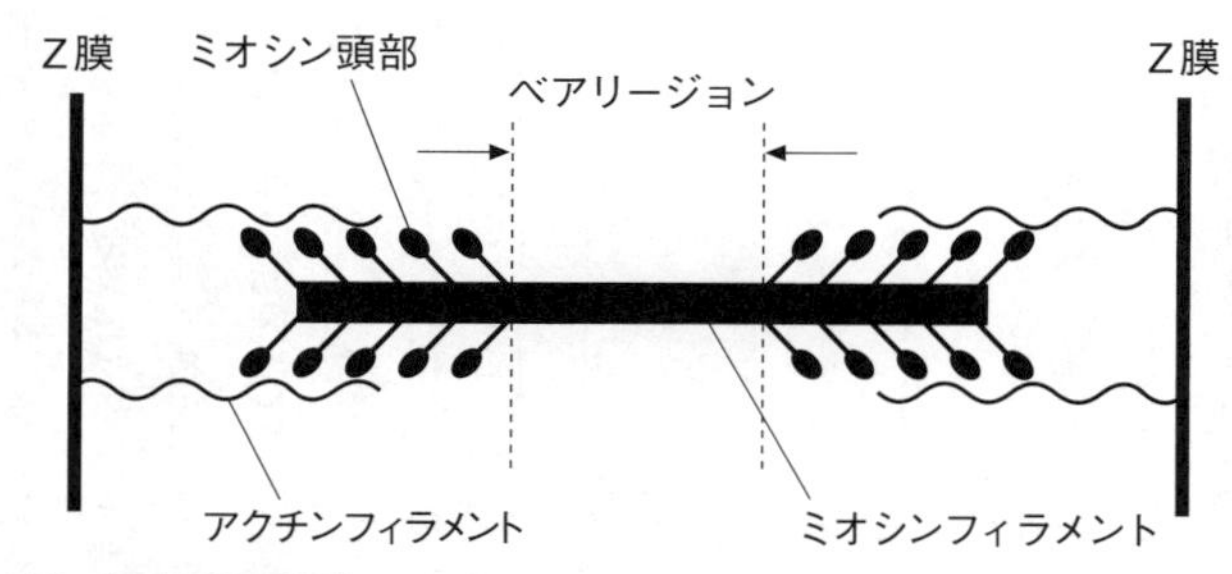

図2-6　筋節の構造

Cは筋肉の長さの1％である。筋肉は規則的に横紋が繋がったものなので、その機能単位である筋節の半分（長さ約1μm以下、半筋節とよぶ）あたりのΔSECの値もやはり1％、つまり約10nmである。この半筋節内の個々のミオシンフィラメントから突き出たミオシン頭部が図2－5のような運動を繰り返して、筋フィラメントを滑走させる力を発生している。ミオシン頭部が最大の力を発生するとき、ミオシン頭部とミオシンフィラメントを繋ぐミオシンS2のバネが距離 x 引き伸ばされる（図2－5C）。したがって、収縮して力を発生している筋肉に全長の1％の急激な短縮を与えると、半筋節あたりの短縮は10nmになり、この値が x と等しいと考えれば、ミオシン頭部の回転運動で引き伸ばされていたS2のバネは完全にたるみ、バネの力はゼロになることがよくわかる。これがヒル一門が1930年代に発見した直列弾性要素SECの実体である。つまり直列弾性要素SECは、筋節中の個々のミオシン頭部のS2に存在するのである。なお、ここでSECについて詳しく説明したのは、あとで説明するように、ある種の昆虫ではこの筋肉のＳＥＣを利用し、毎秒２０００回に及ぶ翅（はね）の高速振動を獲得しているものがあるからである。

なお、図２‐５の収縮模型でのミオシン頭部の回転（Ｃ）は現在否定され、ミオシン頭部はアクチンフィラメントと90度の角度で結合し、この角度を変えずに距離 x だけアクチンフィラメントを引っ張る（Ｃ′）と考えられている。

２‐４　ＡＴＰを消費する化学反応

ミオシン頭部は筋肉リニアモーターを駆動するエンジンなので当然燃料、つまりＡＴＰを必要とする。ＡＴＰがいかにしてミオシン頭部により分解され、ＡＴＰの分解により発生するエネルギーがミオシン頭部のエンジンとしてのはたらきにどのように利用されるのか、については夥しい生化学的研究がある。現在最も確からしいと思われる、われわれの体を動かす骨格筋でのメカニズムを、化学反応式により以下に説明する。

ミオシン頭部をＭ、アクチンフィラメントのミオシン結合部位をＡで表す。筋肉が弛緩状態（静止状態）にあるとき、ＭとＡとの結合はアクチンフィラメントに巻き付いたトロポミオシンによって抑制されている。ＭはＡと結合しなくても、単独でＡＴＰを分解するＡＴＰ分解酵素作

用を持つ。化学式で表すと、

M ＋ ATP → M-ADP-Pi → M ＋ ADP ＋ Pi ＋（エネルギー） (1)

である。ただしこの反応は極めてゆっくりおこり、激しくＡＴＰを消費することはない。しかし生体の体温維持のはたらきの半ば以上は、この静止状態の筋肉でおこる、(1)式によるエネルギー発生に依存している。(1)式の反応では、M-ADP-Piの平均寿命が長い（10秒以上）ので、ミオシン頭部の大部分はM-ADP-Piの状態にある。この状態でＡＴＰはすでにＡＤＰ（アデノシン二リン酸）と無機リン酸（ＡＴＰ分子のγリン酸、図２－１参照）とに分解しているが、この分解産物であるＡＤＰとPiはＭに結合している。したがって、M-ADP-Piは、ＡＴＰ分解により放出されるエネルギーをその構造内に保持している。このエネルギー保持のしくみはまだ全くの謎である。

筋肉が静止状態から収縮状態に変化するのは、筋線維の細胞膜に活動電位が発生し、さらに活動電位が筋線維内の横行小管に沿って筋線維内に入り込み、筋小胞体に貯蔵されているカルシウム（Ca）イオンが放出され、このCaイオンがトロポミオシンに作用してその位置を変化させることによる。

トロポミオシンの位置が変化すると、これによって隠されていたアクチンフィラメントのミオシン結合部位ＡがミオシンＭの前に現れ、まずＡとM-ADP-Piとが結合する。

M-ADP-Pi ＋ A → A-M-ADP-Pi　(2)

M-ADP-Piが長寿命であるのにたいし、A-M-ADP-Piの寿命は極めて短い。このため以下の反応が激しく進行する。

A-M-ADP-Pi → A-M ＋ ADP ＋ Pi ＋（エネルギー）　(3)

A-M ＋ ATP → A ＋ M-ATP　(4)

M-ATP → M-ADP-Pi　(5)

ここで(3)式は、M-ADP-Piが保持していたＡＴＰ分解のエネルギーが、筋肉リニアモーターを駆動するＭの運動として利用される過程である。ここでＡＴＰの分解産物ＡＤＰとPiがＭから分離し、Ｍは保持していたエネルギーを失うが、まだＡとは結合しておりA-M状態にある。

(4)式はA-M状態のＭが別のＡＴＰと結合し、ＭがＡから離れる過程である。そして(5)式はＭがＡＴＰを分解してM-ADP-Piとなり、再びエネルギーを保持した状態になる。以下、(2)から(5)式の反応が繰り返されＡＴＰがＭにより消費されてゆく。このサイクル反応がＡＴＰを分解する速度はＭ単独のそれに比べ約２００倍も増大する。これが生化学的に捉えた筋収縮反応である。図２－５の収縮模型がミオシン頭部のアクチンフィラメントにたいする結合・変形・解離サイクルを考えるのと同様に、ここで説明した生化学反応サイクルもＡとＭとの結合・解離過程を含んでいる。

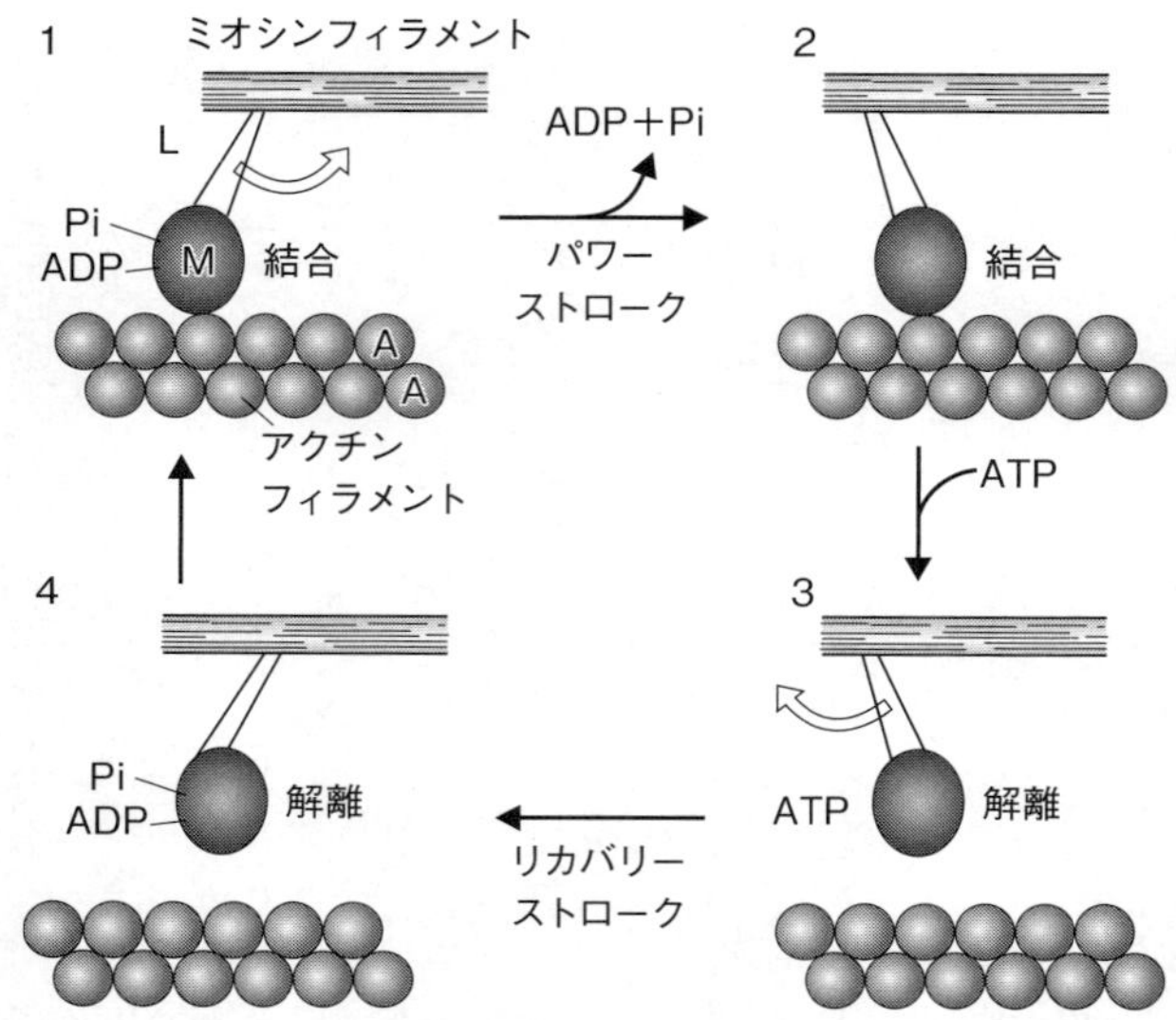

図2-7　ミオシン頭部（M）とアクチンフィラメント（A）との間のATP分解をともなう結合—変形—解離のサイクルの模式図

図2－7はここで説明したAとM間の反応サイクルをわかりやすく模式図で示したものである。まずミオシン頭部MがM-ADP-Piの形でアクチンフィラメントAと結合する（1）。ついでMはAと結合したまま、ATPの分解産物ADPとPiを放出して、筋肉リニアモーターを駆動する運動をおこなう（1→2）。この運動をパワーストロークという。これはガソリンエンジンの気化室でガソリンが燃焼しシリンダーを動かすときのストロークに喩えられよう。ここでミオシン頭部は、その内部に蓄えられていたATP分解のエネルギーを放出する。

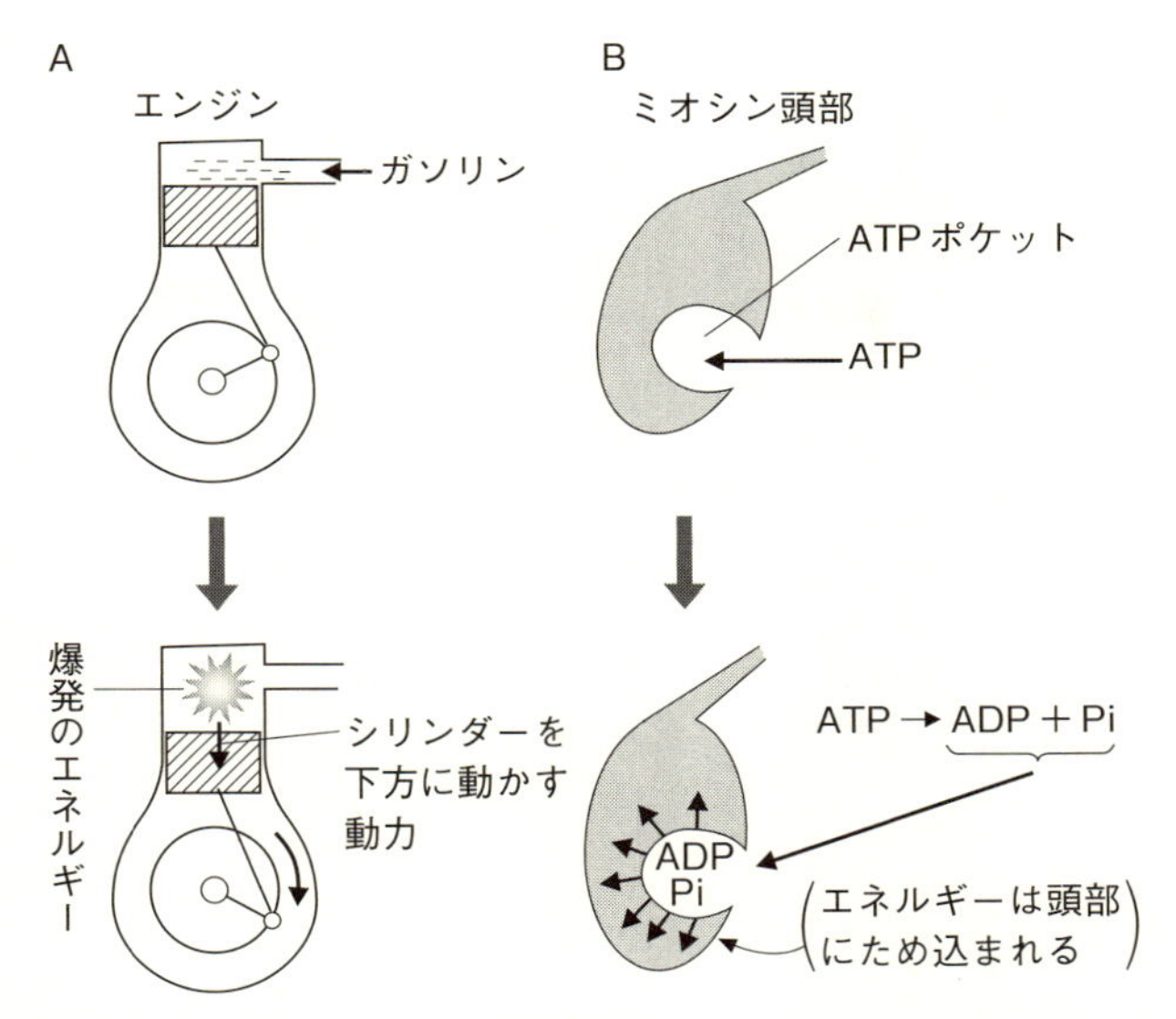

図2-8　ガソリンエンジン（A）と超微小エンジン、ミオシン頭部（B）の違い

パワーストロークを終えたミオシン頭部ＭはＡと結合したA-Mの状態となり、別のＡＴＰがやってくるとこれと結合してM-ATPとなりＡから離れる（２→３）。そしてＡＴＰを分解してM-ADP-Piの状態になるとともに、パワーストローク以前のもとの位置にもどる（３→４）。この運動をリカバリーストロークという。そしてＭは、M-ADP-Piの形で再びＡと結合しパワーストロークをおこなう。このようにしてミオシン頭部は繰り返しアクチンフィラメントにたいし結合・変形・解離サイクルを続ける。これは正にヒュー・ハクスレーがミオシンフィラメントから突き出た突起を見たとき閃いた直感どおりである。

さて、超微小エンジンであるミオシン頭部が、燃料ATPを分解して筋肉リニアモーターを駆動するしくみは、ガソリンエンジンとは明らかに異なる。ガソリンエンジンでは、気化室にみちびかれたガソリンは直ちに燃焼・爆発し、エンジンのシリンダーを動かす（図2－8A）。しかしミオシン頭部では、まずATPをADPとPiに分解し、そのさい発生するエネルギーを一旦その内部に蓄える（図2－8B）。そしてアクチンフィラメントと結合すると、蓄積したエネルギーをパワーストロークとして放出する。なお筋肉が静止状態では、M-ADP-Piはアクチンフィラメントと結合することなく、ゆっくりADPとPiを放出している。このさいミオシン頭部が蓄えていたエネルギーは熱として放散され、体温の上昇に役立つ。

2－5　ミオシン分子はなぜ2個の頭部を持つのか

すでに図2－3に示したように、ミオシン分子は2個の頭部を持つ。しかしこれらの2個の頭部が、アクチンフィラメントと結合・変形・解離を繰り返してアクチン、ミオシンフィラメント間に滑りをおこすとき、互いに「独立」にアクチンフィラメントと反応しているのか、あるいは互いに「協調して」アクチンフィラメントと反応しているのか、は全く不明なのである。ヒュ

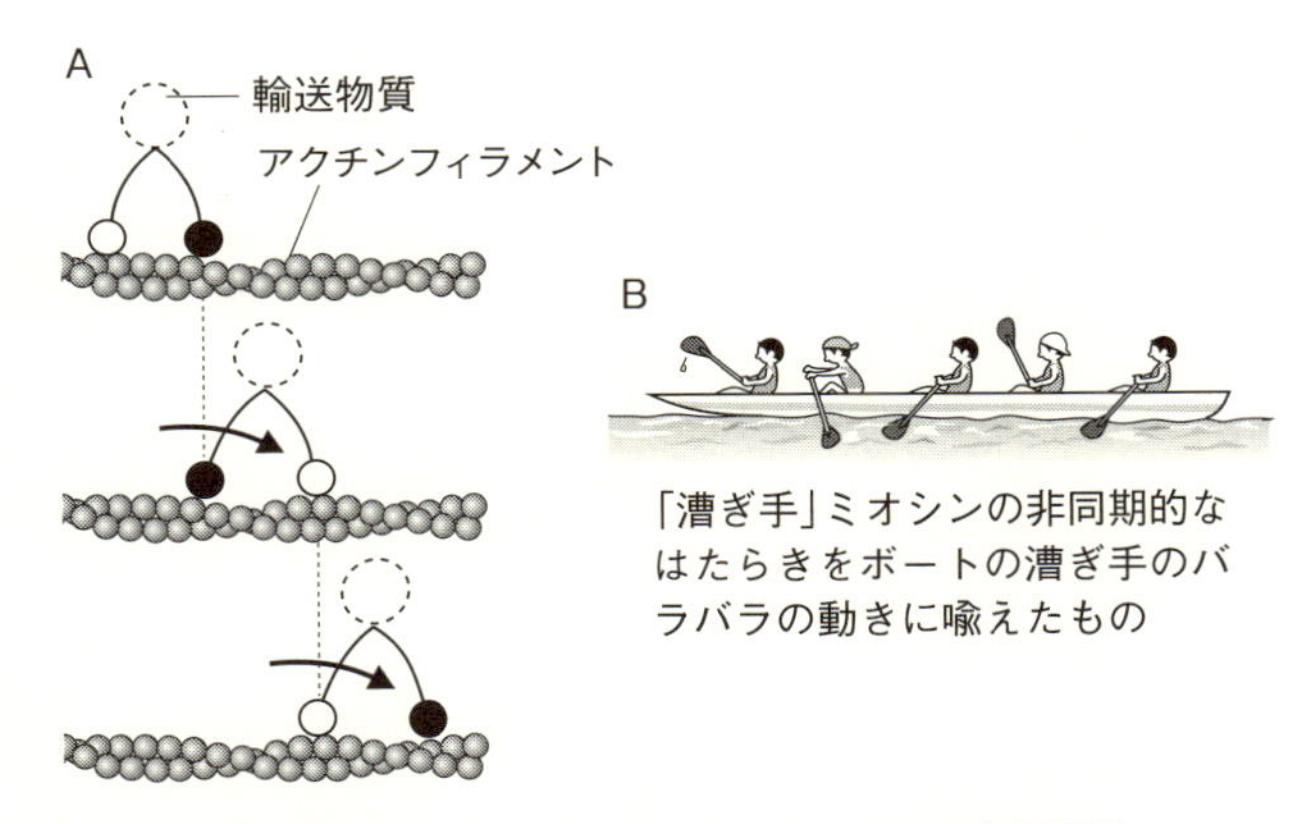

図2-9　「運び屋ミオシン」のアクチンフィラメント上の歩行運動

ー・ハクスレー、アンドリュー・ハクスレーのような巨人たちも、この根本的疑問には手を着けようとしなかった。したがって、本書を含むあらゆる筋収縮に関する教科書、解説書の模式図には、この根本的な謎が棚上げされており、ただ1個のミオシン頭部がアクチンフィラメントと反応するさまが描かれている。

一方現在では、単分子で細胞内での物質の輸送をおこなう「運び屋ミオシン」（porter myosin）が多数発見されている。これらの運び屋ミオシンの多くは2個の頭部と短い尾部を持ち、アクチンフィラメント上をその極性によって決まる方向に滑ってゆく。この場合、2個の頭部は2本の「足」に喩えられる。運び屋ミオシンは、その尾部に輸送すべき物質を結合させ、あたかもヒトが二足歩行をするように、一方の足をアクチンフィラメントに結合させ、これを支点として他方の足を前方に踏み出してゆく（図２－９Ａ）。このように運び屋ミオシンはアクチンフィラメントと結合したまま、その上をゆっくり滑ってゆくので（もしアクチンフィラメントから離れたら運び屋ではなくなってしまう）、実験的にその滑り運動を記録しやすく、アクチンフィラメント上の歩行運動が明らかにされた。

しかし筋肉のミオシンは「運び屋」ではなく「漕ぎ手」ミオシンなのである。つまりボートの漕ぎ手のように、水を掻くオールは絶えず水中に入ったり、水面上に出たりを繰り返している。しかもこの漕ぎ手は、ボート競技の漕ぎ手とは違って、他の漕ぎ手とタイミングを合わせず、勝手に（独立に）オールを動かしているのである（図２－９Ｂ）。このように、ミオシン分子単位でみれば非同期的な「漕ぎ手」のバラバラな運動が、各々のミオシン分子内のミオシンの二つの頭部のはたらきがやはりバラバラで独立的か、あるいは協調的かの問題の決着を妨げているのである。

実ははるか以前（１９６０年代）に、我が国の殿村雄治と米国のテイラーが、ミオシン分子の二つの頭部の性質が異なるか否かを巡って激しく論争した。しかしこの論争は、殿村の早逝によって打ち切られた。このように、ある研究分野の根本的に重要な問題がいわば棚上げされ、忘れられることがしばしば起こるのである。

筆者と茶圓茂らは１９８６年、このミオシン分子の二つの頭部の謎に挑戦した。ミオシン頭部

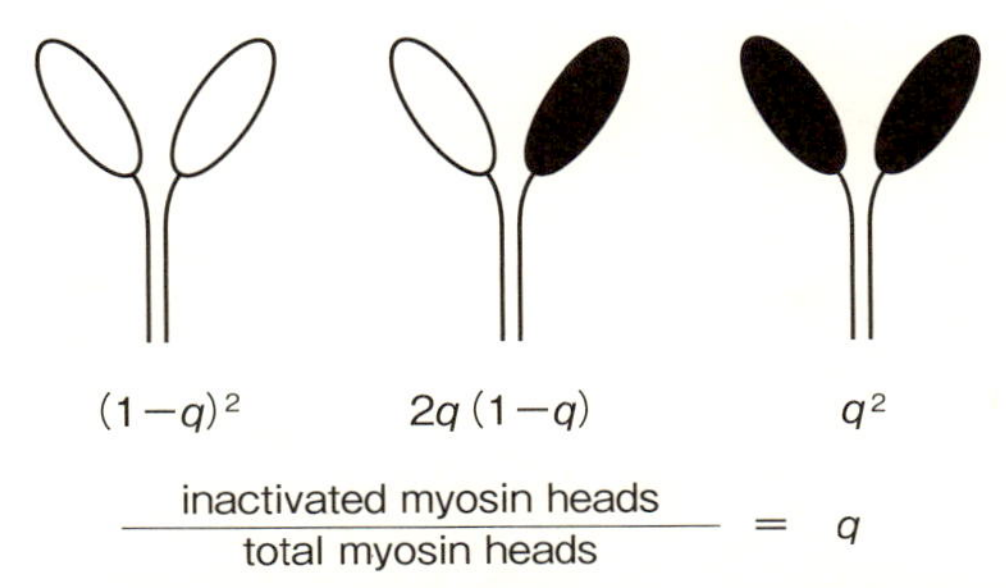

図2-10　PDM処理した筋線維内の3種のミオシン分子の出現の確率
PDMと結合した頭部は黒で示す。　茶圓ら（1986). J.Biol.Chem.261:13632

には隣接した二つのＳＨ基（アミノ酸残基）があり、パラフェニレン・ダイマレイミド（para-phenylene dimaleimide、略称ＰＤＭ）という薬物がこれら二つのＳＨ基と結合すると、ミオシン頭部のアクチンへの結合とＡＴＰ分解作用が消失する。このＰＤＭを実験液に加えると、ランダムにミオシン頭部に結合することがすでに報告されている。したがって、個々のミオシン頭部がＰＤＭと結合する確率を q とすると、筋線維中のミオシン分子には3種類があることになる（図２-10）。二つの頭部ともＰＤＭと結合していない（つまり二つの頭部とも正常な）ミオシン分子の存在する確率は $(1-q)^2$、１個の頭部のみがＰＤＭと結合するミオシン分子の存在する確率は $2q(1-q)$、２個の頭部ともＰＤＭと結合するミオシン分子の存在する確率は q^2 である。

さて筆者らは、種々の濃度のＰＤＭ溶液で処理した筋線維の、等尺性収縮張力発生中のＡＴＰ分解速度（ＡＴＰ分

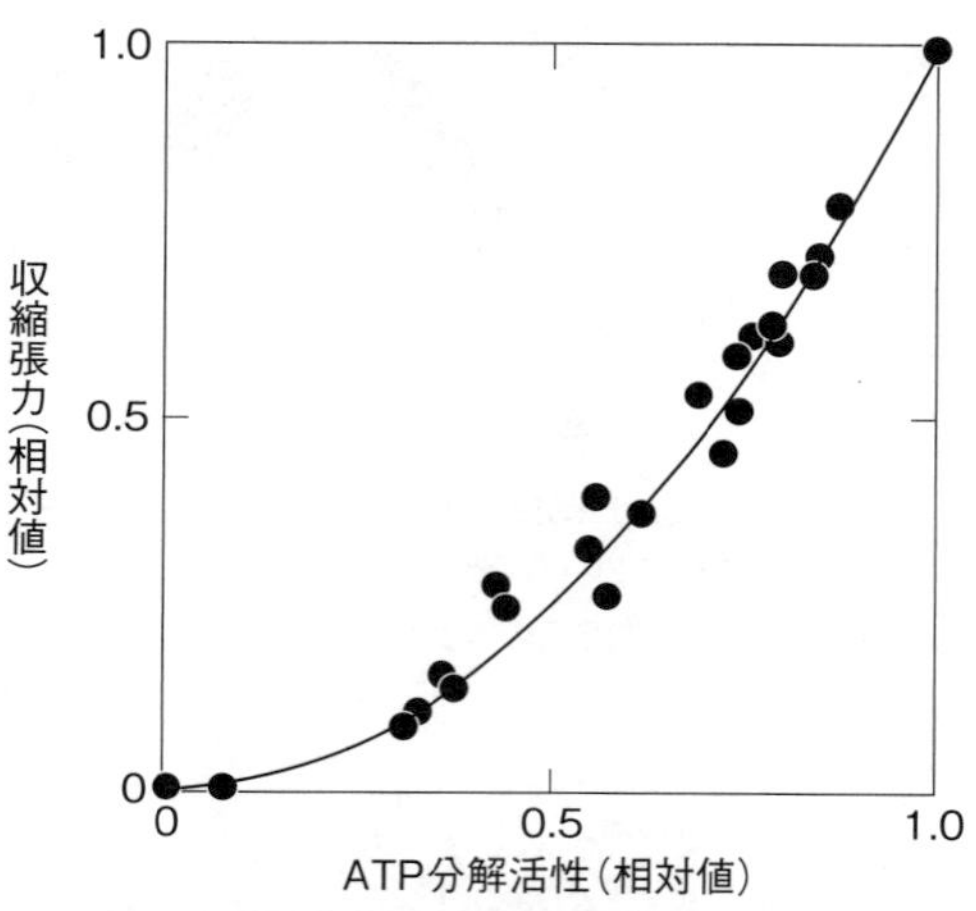

図2-11　PDM処理筋線維の等尺性収縮張力とATP分解活性との関係
茶圓ら（1986）、J.Biol.Chem.261:13632

解酵素としての活性）を測定し、収縮張力の値と比較してみた。結果は図２-11にみられるように、収縮張力の値をＡＴＰ分解活性にたいしてプロットすると、２次曲線（放物線）が得られた。これは筋線維のＡＴＰ分解活性を（$1-q$）と置くと、収縮張力は$(1-q)^2$になることを意味する。したがって、図２-10に示された3種のミオシン分子の存在する確率と照らし合わせると、以下のことが推論される。

(1)筋線維のＡＴＰ分解活性は（$1-q$）、つまりＰＤＭと結合したミオシン頭部の数できまる。これは二つの頭部とも正常なミオシン分子ばかりでなく、１個の頭部がＰＤＭと結合しているミオシン分子の残りの正常な頭部も、ＡＴＰ分解作用を維持していることを意味する。

(2) 一方、収縮張力が $(1-q)^2$ の値で決まることは、2個の頭部とも正常なミオシン分子のみが張力を発生することを意味する。

(3) したがって、1個の頭部にＰＤＭが結合したミオシン分子、つまり残りの正常なミオシン頭部は、筋線維の張力発生には関与することなく、ＡＴＰを分解し続ける。あたかも何も仕事をせずに金を浪費する道楽者のようにふるまうのである。

以上説明した筆者らの研究は、ミオシン分子の一方の頭部がＰＤＭと結合してその機能を失うと、残りのもう1個の頭部にネガティブな影響を及ぼし、ＡＴＰを分解するが仕事をしない道楽者にしてしまうことを明らかにした。この結果は二つの頭部間の協調性を強く示唆するが、その実態は謎のまま残されている。

2-6　ミオシン頭部の運動の可視化と測定

以上説明してきたミオシン頭部のパワーおよびリカバリーストローク（図2－7）は、実は模型にすぎない。つまり実証されたものではない。それにも拘わらず、ミオシン頭部のＡＴＰ分解にともなう運動は、あらゆる教科書に確定された事実のように記載されている。つまり教科書の著者は明快な説明を好むので、模型（仮説）に過ぎないものでも真実のように記載しがちなのである。この意味で教科書は便利（convenient）ではあるが、必ずしも信頼できない（unreliable）と言われる。

ミオシン頭部の運動についても、正にこれがあてはまる。ミオシン頭部の運動の間接的根拠は、実はヒルが提唱した直列弾性要素ＳＥＣのみなのである。この弾性要素の収縮要素による伸長ΔＳＥＣが半筋節あたり、つまり個々のミオシン頭部あたり約10 nmであることが、これまで説明してきた収縮模型を生み出してきたのである。

実際にこのミオシン頭部の運動模型が模型ではなく、「事実である」ことを示そうとして多くの研究者が努力してきた。ヒュー・ハクスレーらも、進歩したX線回折研究設備が欧州共同体によりドイツのハンブルクに建設されると、これを独占的に使用して筋収縮時のミオシン頭部の運動に関する手掛かりを得ようと努力した。しかし残念なことに、ハクスレーらの研究は、ミオシン頭部の運動に存在する大自然の謎を解くことはできなかった。なぜなら、ミオシン頭部の運動は個々の頭部ごとにランダムに、非同期的におこるため、X線回折像からはミオシン頭部が収縮時に非同期的に動いていることを示す、ミオシンフィラメントの静止状態での周期を反映する反射ピークの強度の低下と、その幅の広がりが記録されるのみであった。この結果は、収縮中個々

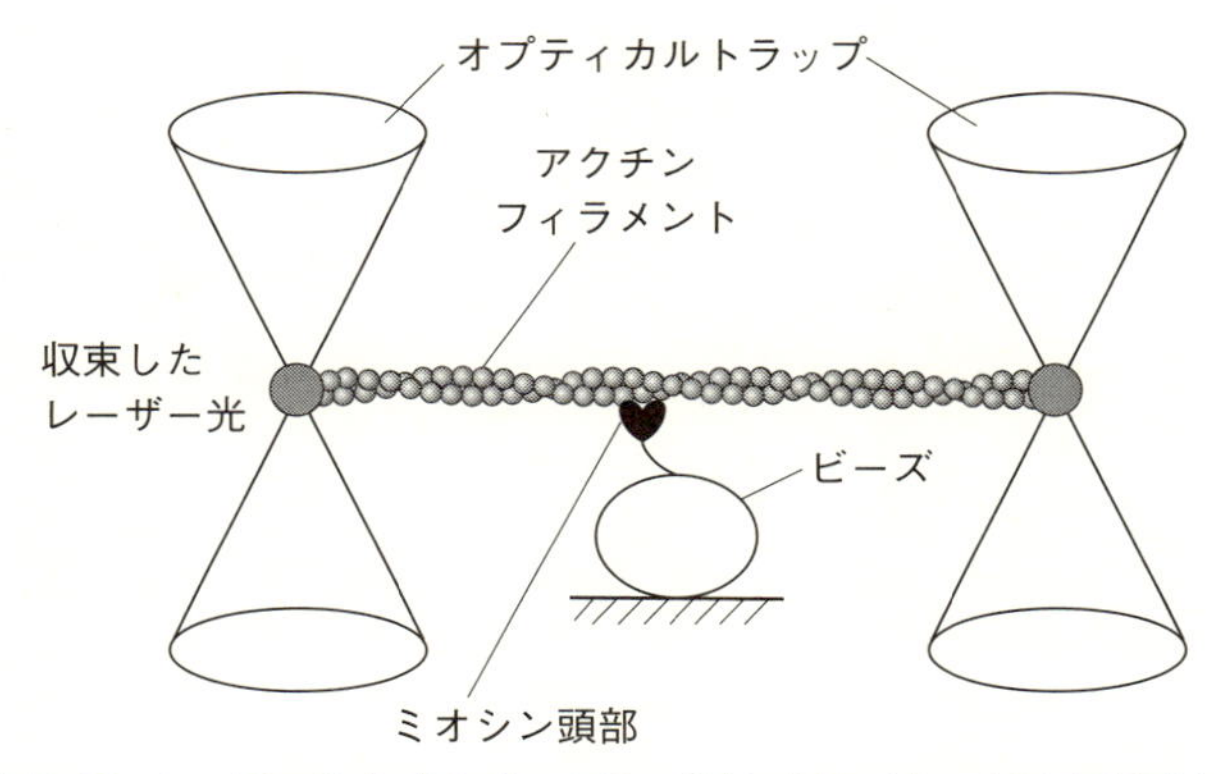

図2-12　レーザー光オプティカルトラップ法による、ビーズ上に固定されたミオシン頭部とアクチンフィラメントの反応を電気的に記録する装置

のミオシン頭部がランダムに動いていることを示すのみで、それ以上の情報は得られなかった。

一方筋肉生化学者たちは、ミオシン頭部に蛍光標識物質（蛍光プローブ）を結合させ、収縮時のプローブの運動記録からミオシン頭部の運動に関する情報を得ようとしたが、やはりミオシン頭部の運動がランダムなため、明確な結果は得られなかった。今一つの試みは、筋肉から分離抽出したミオシン頭部を１個のビーズ上に固定し、これに収束したレーザービームにより位置を調節可能な２個のビーズの間に張られたアクチンフィラメントを接触させてミオシン頭部にパワーストロークをおこなわせ、これを電気的に記録するという凝ったものである（図２-12）。これをレーザー光オプティカルトラップ法という。しかしこの研究法では、ビーズ上に固定されたミオシン頭部の向

図2-13　深見教授（中央）、江藤日本電子株式会社社長（左）と筆者（右）

きや固定部分が不明で、筋肉内のミオシン頭部とはかけはなれた状態である可能性を否定できない。事実、いろいろな研究者により報告されたミオシン頭部パワーストロークの振幅には著しいばらつきがあり、この方法の不確実性を反映している。

筆者はミオシン頭部の運動の可視化をめざして、生体試料を生きた（湿った）状態で電子顕微鏡下に観察・記録しうるガス雰囲気試料室の開発に成功された、日本大学文理学部の故深見章教授と共同で研究を開始した。このさい、快く筆者らの研究計画に賛同し、以後約20年にわたって激励と援助を惜しまれなかった、日本電子株式会社のご厚意は忘れることができない（図2－13）。

筆者らはまず、骨格筋から抽出したミオシン分子から、実験に適した巨大なミオシンフィラメントを合成し、このフィラメントから突き出たミオシン頭部を、抗

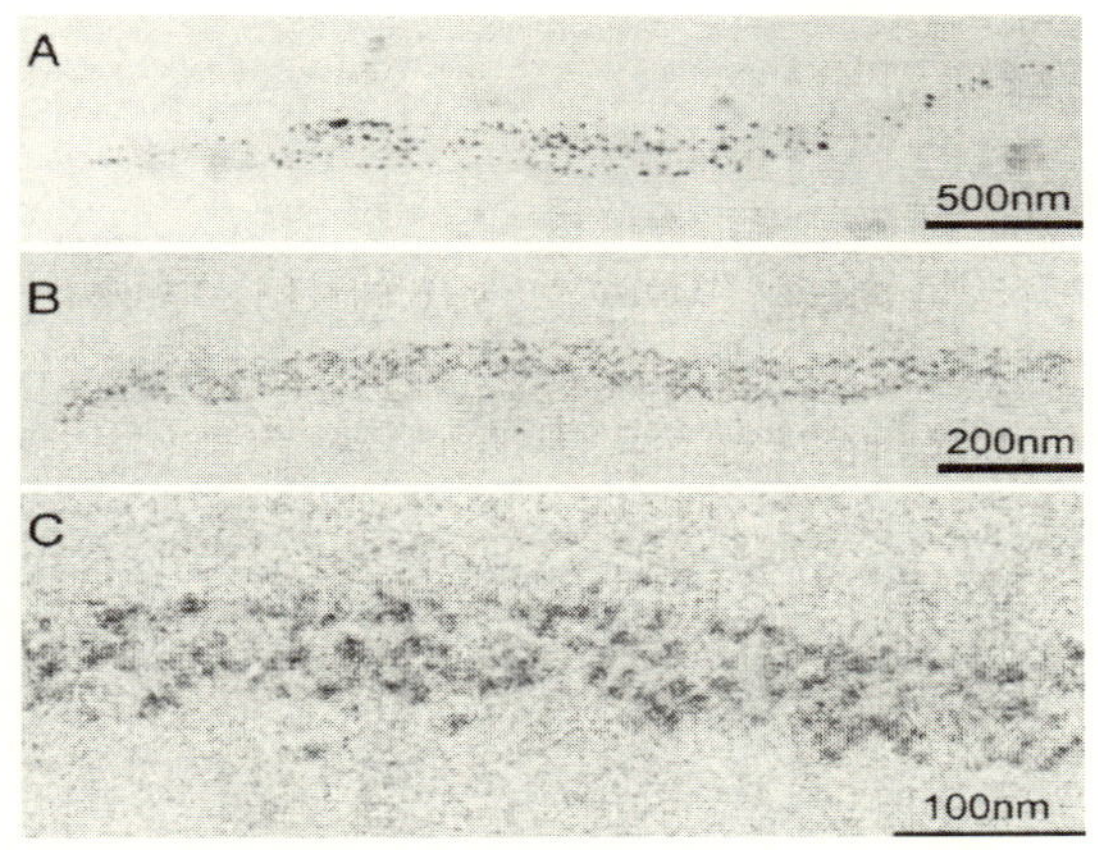

図2-14　抗体と金粒子で標識したミオシン頭部
杉ら（2008）PNAS105:17936

体を介して金粒子（直径15nm）で標識させることに成功した（図2－14）。筆者らの実験装置の時間分解能は、電顕下のミオシンフィラメント像を記録するカメラのシャッター露出時間である0・1秒に過ぎない。しかし筆者らはこれを逆手にとって、水溶液中の「生きた」ミオシンフィラメント上のミオシン頭部の性質を明らかにすることができた。

　試料の電子線損傷を防ぐため、試料の観察・記録に必要な全電子の量は1㎠あたり5×10^{-5}クーロン以下でなければならない。このため個々の金粒子がこの露出時間内に受ける電子の数は約十個に過ぎない。この結果、個々に記録装置に記録される金粒子の形は、図2－14に見られるようにさまざまな形をした数十個の小さな粒子の集まりである。しかしこの個々の金粒子の

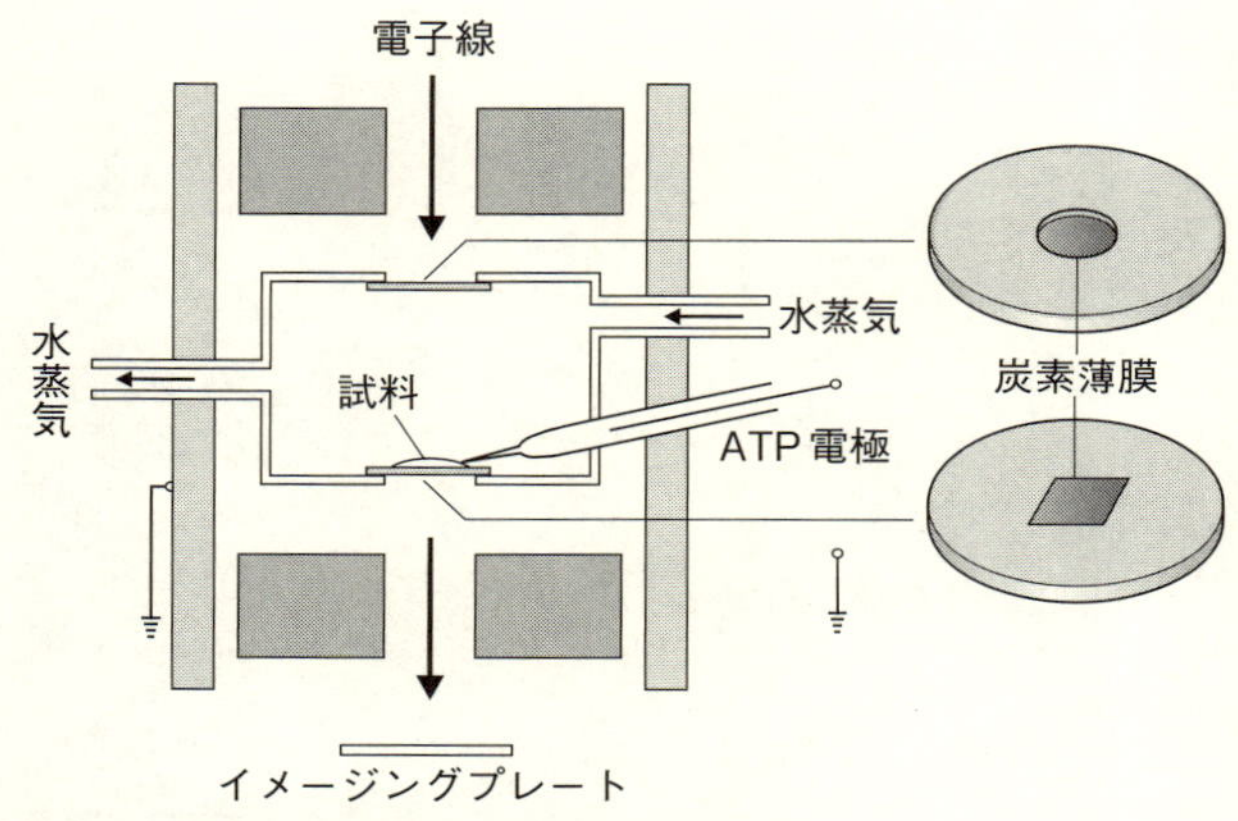

図2-15　ガス雰囲気試料室の模式図

重心位置、つまりミオシン頭部の位置は、時間とともに変化しないことがわかった。金粒子を付着させたミオシン頭部は、絶えず周囲の水分子の熱運動により揺れ動いている。したがって時間とともにミオシン分子の位置が動かないという結果は、ミオシン分子の0・1秒間の時間平均した位置は安定で、時間とともに変化しないのである。この安定したミオシン頭部の位置を平衡ポジションとよぶことにしよう。

次に筆者らは、ガス雰囲気試料室（図2-15）中のATP溶液を含むガラス微小電極に電流を流して、ATPをその先端から放出させた。この放出されたATPは実験液中を拡散してミオシンフィラメントに達し、ミオシン頭部と結合する。

こうしてミオシン頭部にATPが結合すると、平衡ポジションをとっていたミオシン頭部が一方

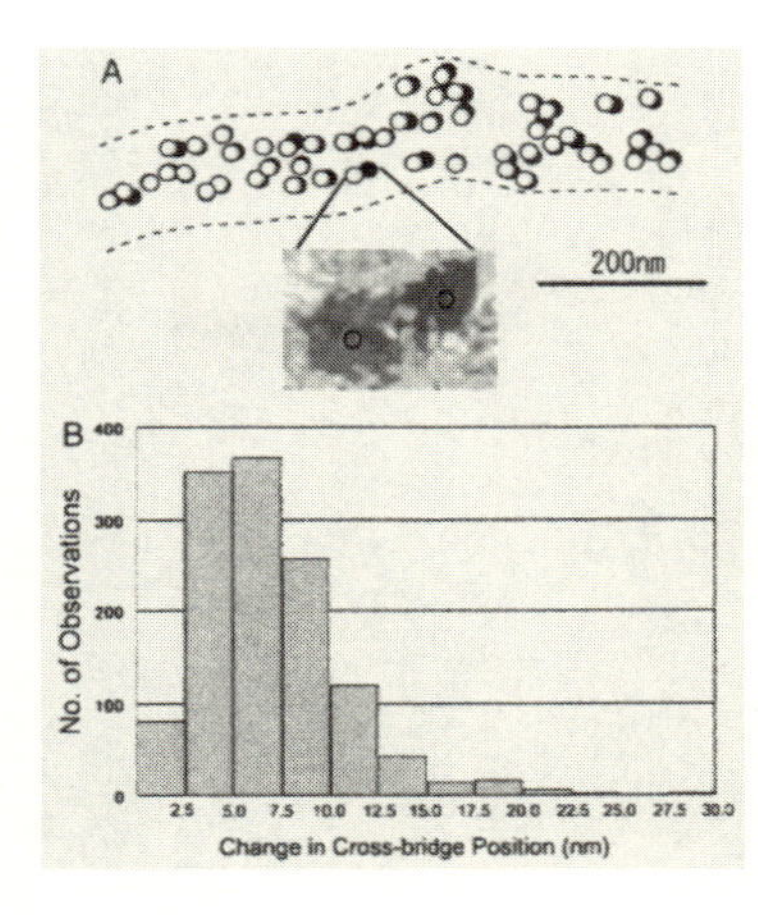

図2-16 （A）ミオシンフィラメント上の金粒子（ミオシン頭部）のATPによる運動記録 （B）ミオシン頭部の運動距離のヒストグラム

（A）はミオシン頭部のATPにたいする一方向の運動。○はATP投与前、●はATP投与後のミオシン頭部の位置。
杉ら（2008）PNAS 105:17396

向に平均６nm動くことが発見された（図２－16）。またフィラメント中央のベア・ゾーンの両側でミオシン頭部の運動を記録すると、ミオシン頭部がベア・ゾーンを境として、ベア・ゾーンからから遠ざかる方向に動くことが発見された（図２－17）。このミオシン頭部の運動は、その方向からみて、リカバリーストロークに相当する。このリカバリーストロークによって動いたミオシン頭部の０・１秒間の時間平均位置はやはり安定であった。そして実験液中のＡＴＰがすべて分解し消失すると、ミオシン頭部はもとの平衡ポジションにもどった。

こうして筆者らは、それまで誰も成功しなかった、ミオシンフィラメント個々のミオシン頭部のＡＴＰによる運動の可視化と測定に成功した。この成功にヒュー・ハクスレーは心から喜んでくれ

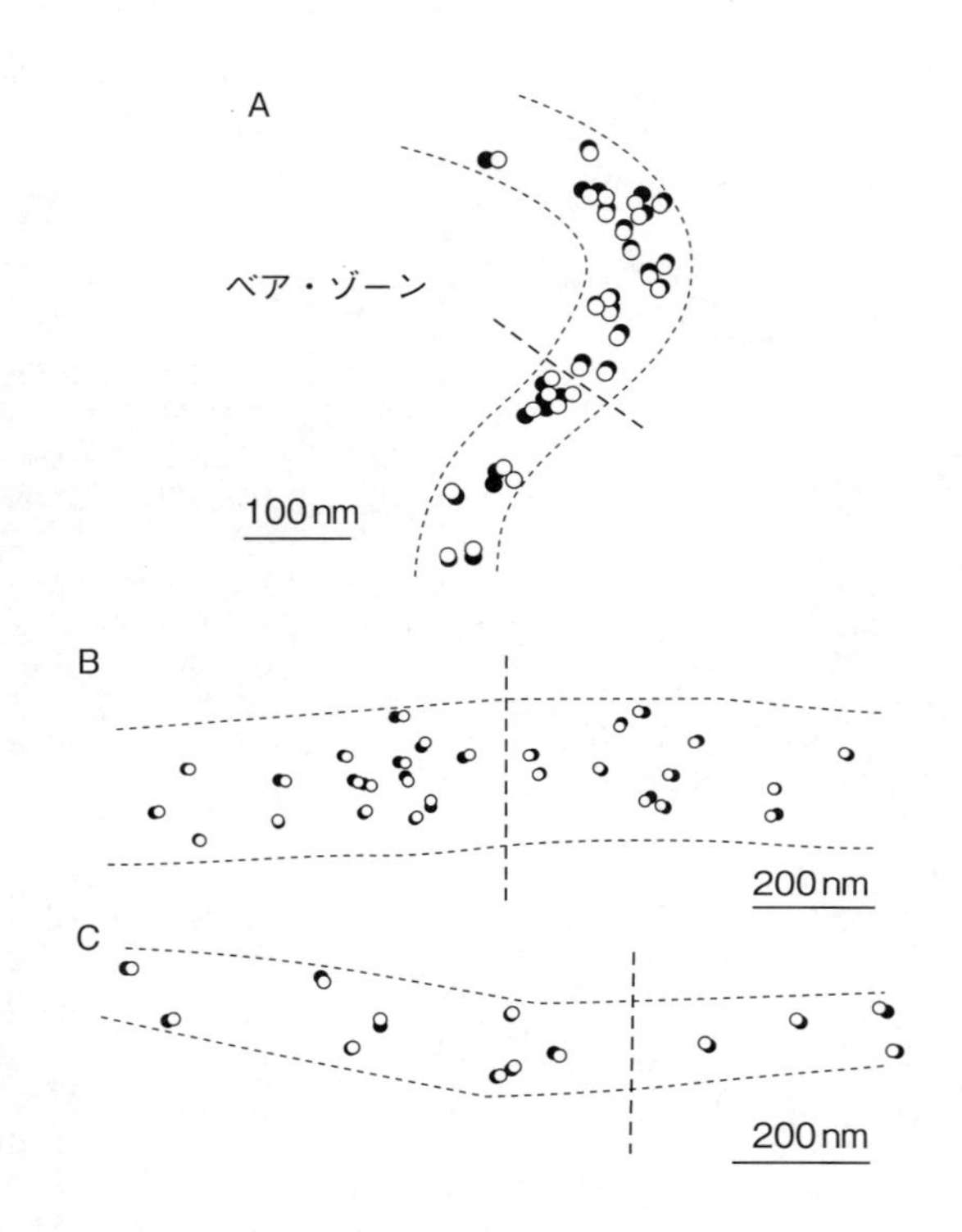

図2-17　ミオシンフィラメントのベア・ゾーン（ミオシンフィラメントと直交する破線）の両側でのATPにたいするミオシン頭部の運動

○はATP投与前、●はATP投与後。ミオシン頭部はベア・ゾーンから遠ざかる方向に動く。　杉ら（2008）PNAS 105:17396

た。筆者らの研究が、彼が洞察した個々のミオシン頭部の運動を初めて実態的に示したからである。なお余談ながら２００８年、筆者がこの研究を有名学術誌に投稿したさい、彼は論文審査の主査を務め、「この研究は杉にしかできない。したがってこれを受理し出版するのは反対である」との理不尽、不公正なある査読者の意見を拒否し、「こんなことを気にするな」と筆者らを励まし、論文は無事に受理、出版された。

なお、このような理不尽は世界の至る所でおこっている。例えば我が国の安藤敏夫（金沢大学）らが、世界で初めて原子間力顕微鏡により、細胞内で物質を輸送してアクチンフィラメント上を「歩く」単分子のミオシン分子の記録に成功したとき、有名雑誌から立て続けに論文発表を拒否され、国外の著名な研究者にこの論文を送って絶賛されると、有名雑誌は掌を返すように安藤らの論文を受理した。

このように、偉大な天才が切り開いた研究分野に群がる「ノーマルサイエンス」の研究者のなかには、他人の成功を認めず、これを葬り去ろうとする者が多い。このような行為は、「論文捏造」よりはるかに悪質で、科学の進歩を阻害するばかりか、優れた（若い）研究者の独創的な研究を闇に葬るのである。筆者は幸い、すでに国際的に著名となっており、ハクスレー氏とも親交があったので、論文が葬られるのを免れた。

なお筆者らはその後も研究を進め、２０１５年にアクチンフィラメントの存在下にミオシン頭部のパワーストロークの可視化と測定に成功した。ガス雰囲気試料室の実験では、頭部に微小電極を介して与えるATP量に制限があり、ミオシンフィラメントのごく一部のミオシン頭部しかATPを利用できず、他の頭部はアクチンフィラメントと結合したままである。このため各々のミオシン頭部の運動にたいする荷重は極めて大きく、わずかに隣接する筋フィラメント格子を引き伸ばすだけである。図2-18に模式的に示すように、パワーストロークの振幅は頭部先端で約3nm、その基部で約2・5nmに過ぎない。そしてこの結果から、ミオシン頭部はパワーストロークを打ち終わったとき、アクチンフィラメント（およびミオシンフィラメント）にたいして傾いていることがわかる（A）。これに対し、筋線維の発生する力を2倍に増大する低イオン強度下では、ミオシン頭部のパワーストロークの距離はその先端部でも基部でも約5nmに増大した。この結果は、ミオシン頭部がパワーストロークを打ち終わったとき、ミオシン頭部のアクチンフィラメントにたいする角度が直角であることを示す（B）。このようにミオシン頭部のパワーストロークの距離やミオシン頭部の運動様式が、ミオシン頭部にかかる荷重に依存して変化することが、筆者らの研究で明らかとなった。

これらの実験でも、パワーストロークを打ち終わったミオシン頭部の時間平均位置は安定で、実験液中のATPがすべて分解、消失するともとの平衡ポジションにもどった。なお、生きた筋線維中ではATP濃度が高濃度（約2mM）なので、ミオシン頭部は高頻度でパワーとリカバリー

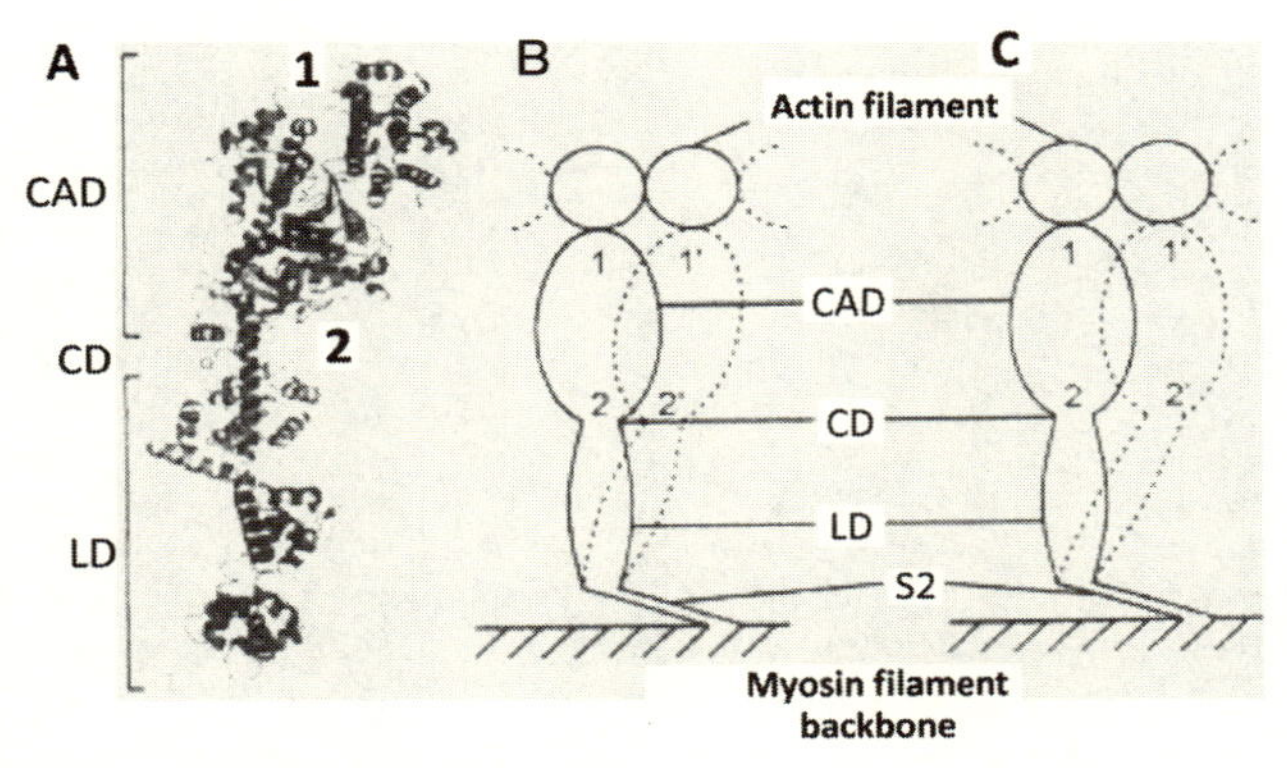

図2-18　ミオシン頭部のパワーストローク

（A）ミオシン頭部の構造（B）実験液のイオン強度120mM（C）実験液のイオン強度50mM　杉ら（2018）Sa.Rep.5:15700

ストロークを繰り返しているが、筆者らの実験系では微小電極からのATP放出量が限られているため、ミオシンフィラメントの周囲のATP濃度は10μM以下に過ぎない。このためパワーストロークを完了したミオシン頭部は、次のATP分子がやってくるまで0・5〜1秒待たねばならない。これが筆者らの実験装置の貧弱な時間分解能（0・1秒）でも、ミオシン頭部とATPの反応中の動的な動きを捉えられた理由である。

筆者らが以上の結果を得たとき、残念にもヒュー・ハクスレー氏はすでに死去されていた。彼は死去の1ヵ月前、筆者夫妻をボストン郊外の自宅に招待してくれていたが、残念にも彼と歓談する機会は永久に失われた。そして筆者は擁護者なしに、ノーマルサイエンティストたちの前に投げ出されたのである。果たして筆者がこれまで多くの論文を発表してきたいくつかの有名学術雑誌は、まるで申し合わせたかのように、筆者が投稿した論文にたいし「この論文は面白いが、われわれの雑誌にはもっと面白い論文が多数投稿されておりいそがしい。よってこの論文は受け付けられない」との理由で、何度も門前払いを食らった。しかし筆者に好意的な研究者もおり、結局筆者らの論文は幸いにも英国のある有名学術誌に受理出版された。

2-7 ミオシン頭部の性質

前節で説明した筆者らの研究は、種々の条件下でのミオシン頭部のストロークの振幅を明らかにしたばかりでなく、他の実験法では知ることができない、ミオシン頭部の基本的性質を明らかにした。以下これについて説明しよう。なぜならライフ・サイエンス分野のノーマルサイエンティストとは対照的に、以前からガス雰囲気試料室を無機物質の科学反応の「その場観察」(in situ observation)に使用してきた材料科学者たちは、筆者らをガス雰囲気試料室を有効に使用して生命現象の一端を解明した「先駆者」と見なしており、筆者は現在さまざまな学術誌の特集号に掲載する原稿を依頼されているからである。同じ科学者の世界でも何という違いであろうか。

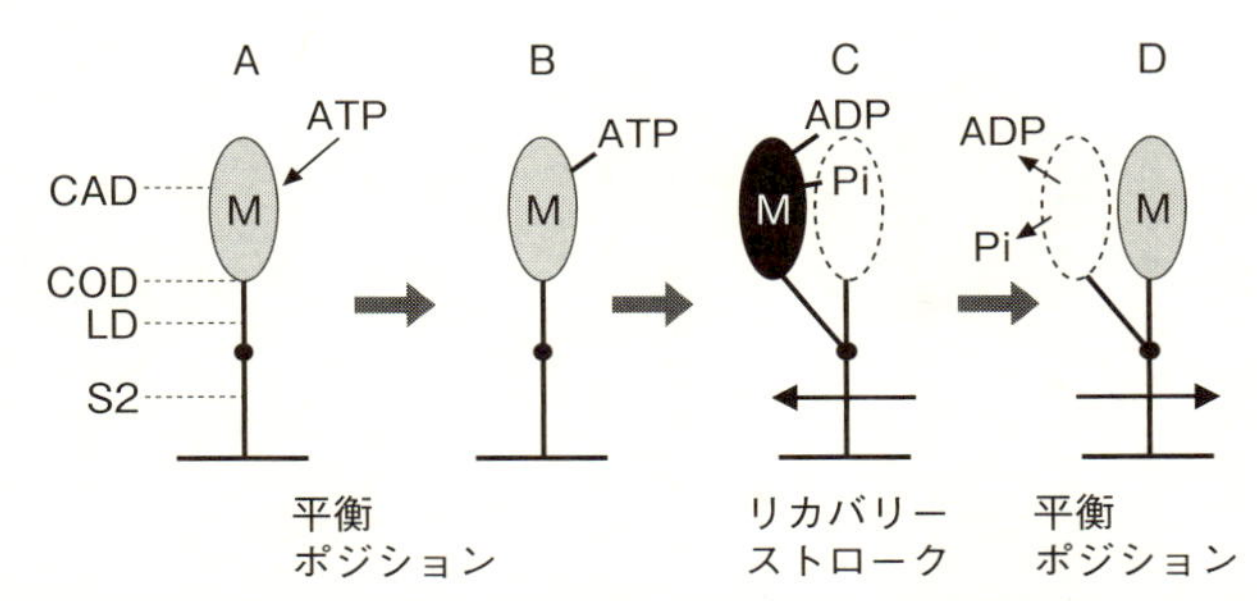

図2-19　アクチンフィラメントが存在しないときの、ミオシン頭部（M）のATPにたいするリカバリーストローク

黒色のMはチャージ状態を示す。　杉ら（2018）Int.J.Mol,Sci,in press

まずアクチンフィラメント（以下Aと略称する）が存在しない場合のミオシン頭部（以下Mと略称する）の示す性質からはじめよう。ATPが与えられないとき、MはミオシンフィラメントにたいしてÎ立した平衡ポジションをとり、熱運動で振動しているが、その時間平均位置は一定で変化しない（図2－19A）。

ATP分子がやって来ると、Mはこれと結合し（図2－19B）、このATPをADPとPiに分解する。このMはATPの分解産物と結合してM-ADP-Piとなっており、ATP分解により生じたエネルギーをその内部に蓄えている。この状態をチャージ状態とよぶことにする。

チャージ状態となったM-ADP-Piは、蓄えたエネルギーを使って必ず運動する。Aが存在しない場合、この運動はミオシンフィラメント中央のベア・ゾーンから遠ざかる方向におこる（図2－17、2－19C）。つまりリカバリーストロークである。

リカバリーストロークを完了しエネルギーを失ったM-ADP-PiからはＡＤＰとPiが離れてＭとなり、もとの平衡ポジションにもどる（図２‐19Ｄ）。なお、ミオシン頭部からのＡＤＰとPiの分離は極めてゆっくりおこるので、リカバリーストローク（ＲＳと略称する）完了後のＭの位置、つまり後ＲＳポジションもしばらく安定で、明瞭に記録装置に記録される。

次にＡが存在する場合を考えよう。筆者らの実験系では、まずＡＴＰが存在しないときにアクチン、ミオシンフィラメントを混合するので、Ｍはアクチンフィラメントと結合している（図２‐20Ａ）。ここでＡＴＰ分子がやって来てＭと結合すると、まずＭはＡから離れ（図２‐20Ｂ）、ついでＡＴＰを分解してチャージ状態M-ADP-Piとなる。

ここから後の段階は、筋線維中でおこっていることと同じである。M-ADP-PiはＡと結合し（図２‐20Ｃ）、蓄えたエネルギーを使ってパワーストロークをおこなう（図２‐20Ｄ）。つまりＭはＡと結合状態か否かをみずから認識し、そのストロークの方向を決める能力を持つのである。パワーストローク完了後エネルギーを失ったＭは、ＡＤＰとPiを放出してＭとなり、Ａと結合したまま、別のＡＴＰ分子がやって来るのを待つ（図２‐20Ｅ）。筆者らの実験では、Ｍの周囲のＡＴＰ濃度は10μM以下なので、ＡＴＰがやって来るには時間がかかり、パワーストローク完了後のＭの位置はやはり筆者らの記録装置で明瞭に記録される。つまり、パワーストローク（Ｐ

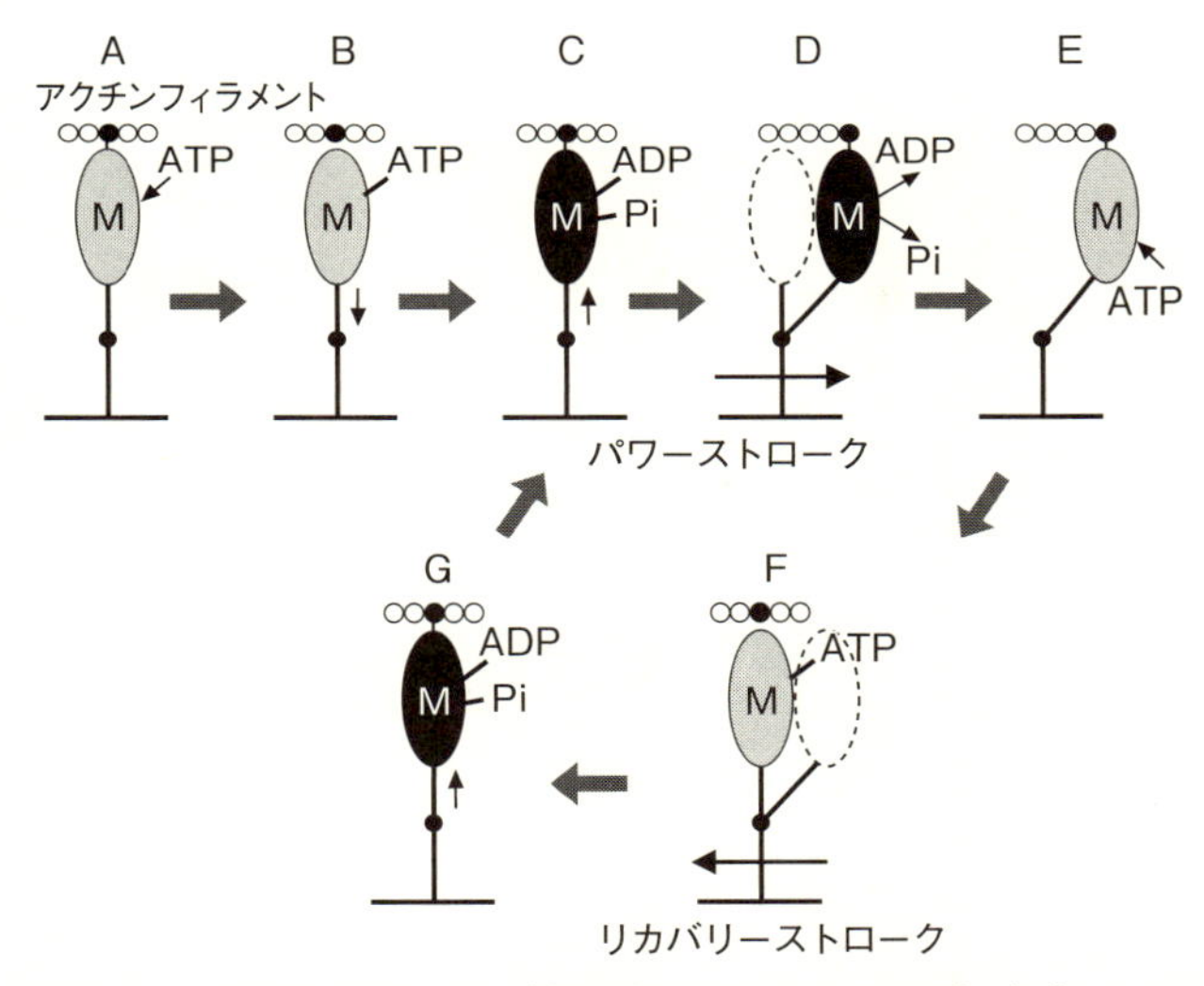

図2-20　アクチンフィラメントが存在するときのミオシン頭部（M）のATPにたいするパワーストロークと、これにつづくリカバリーストローク

杉ら（2018）Int.J.Mol,Sci,in press

S）完了後のMの位置、後PSポジションもしばらく安定なのである。やがてATPがやって来てMと結合すると、MはAから離れ、リカバリーストロークをおこない、もとの平衡ポジションにもどる（図２‐20F）。このMはATPを分解してチャージ状態、M-ADP-Piとなり再びAと結合する（図２‐20G）。以下この反応サイクルが続く。

ヒュー・ハクスレーが指摘したのは、従来アクチンフィラメントは単なるミオシン頭部が滑るレールなどではなく、みずから構造変化をおこしてMの運動を作り出し誘導するのであろう、と広く予想されてきたことであった。しかし筆者らの研究により、チャージ状態のミオシン頭部（M-ADP-Pi）こそが自身の状態を感知し、そのストロークの方向を決定する能力を持つことが示されたのである。なお、アンドリュー・ハクスレーも同様な意味で、筆者らの研究が新しい知見をもたらしたことを賞賛してくれた。筆者らの発見は、二人の巨人に認められたのである。

2-8 なぜわれわれは自由意志で筋肉を動かせるのか

本章ではもっぱら筋肉リニアモーターを駆動する超微小エンジン、ミオシン頭部についての研究を紹介、説明してきた。本章最後には記述対象を替えて、筋肉の収縮・弛緩を調節するしくみの解明史について説明する。というのは、収縮・弛緩を高頻度で繰り返すことで発音する、ある種の魚類についてあとで説明するからである。

話は1930年代に遡る。当時のセント・ジェルジのアクトミオシン糸のATPによる収縮の発見にたいし、生理学者の多くは懐疑的であった。筋肉の構造がアクトミオシン糸では破壊されているからである。セント・ジェルジは生理学者を納得させるため、筋線維をグリセリンで処理し、グリセリン抽出筋線維を作製した。このグリセリン筋線維では、物質の細胞内外への移動を妨げている細胞膜が、グリセリンに溶けて除去されている。セント・ジェルジは、このグリセリ

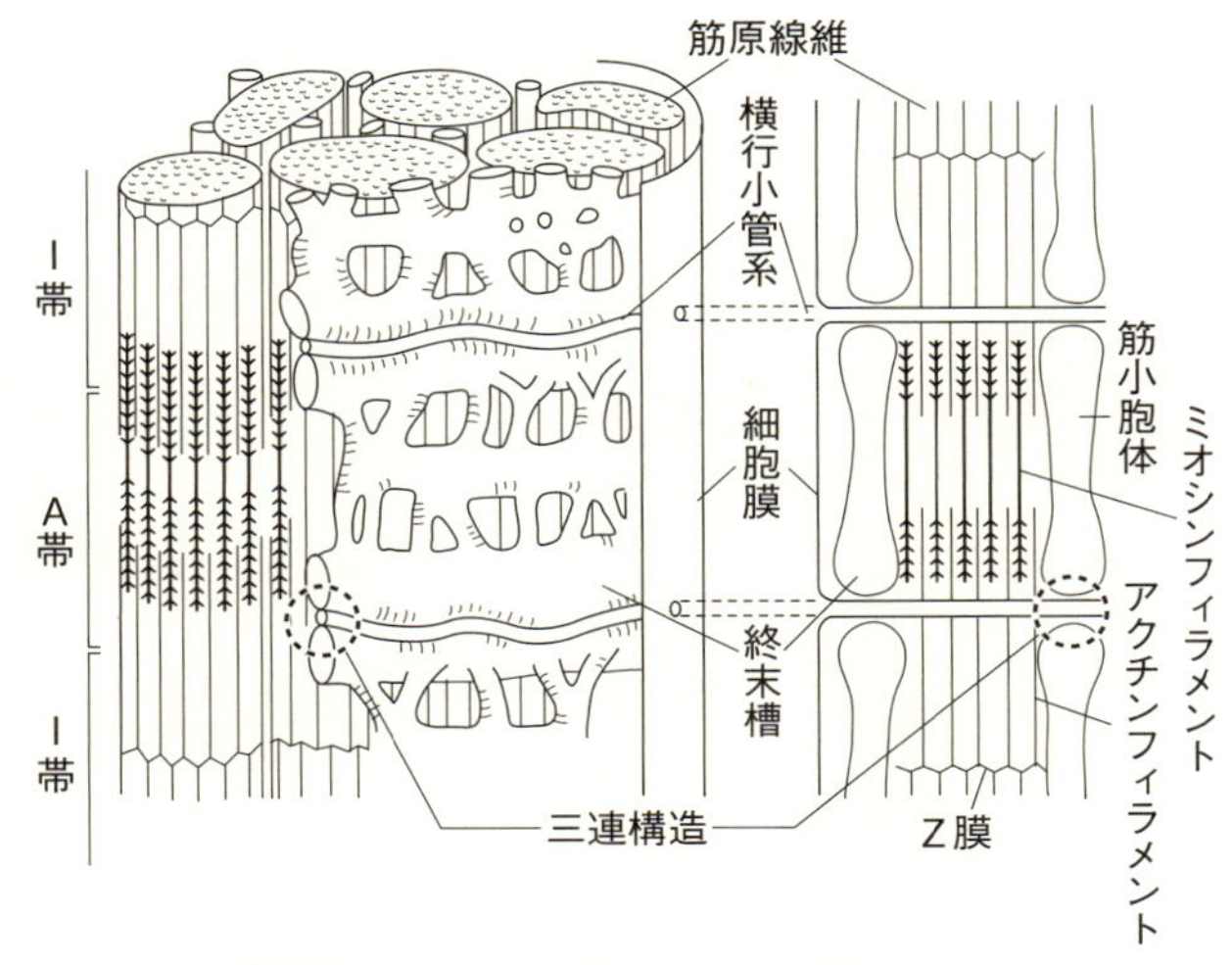

図2-21　筋原線維をかこむ筋小胞体と横行小管系
温血動物の筋線維では横行小管系はA帯とI帯の境界部にある。

ン筋線維にＡＴＰを作用させると筋線維が収縮することを示した。

ところで、ＡＴＰにより収縮した筋線維は弛緩してもとの静止状態にもどることがない。そこで世界各国の研究者が、ＡＴＰにより収縮した筋線維を弛緩させる物質、弛緩因子を探し求めた。東京大学の江橋節郎は筋肉の搾り汁が、収縮した筋線維を弛緩させることを見出した。したがって弛緩因子はこの筋肉の搾り汁のなかに含まれている。江橋は米国ニューヨークのロックフェラー研究所に留学し、弛緩因子を探し求めた結果、それが細胞膜のような膜成分であることを確かめた。これがきっかけとなって、この研究分野に

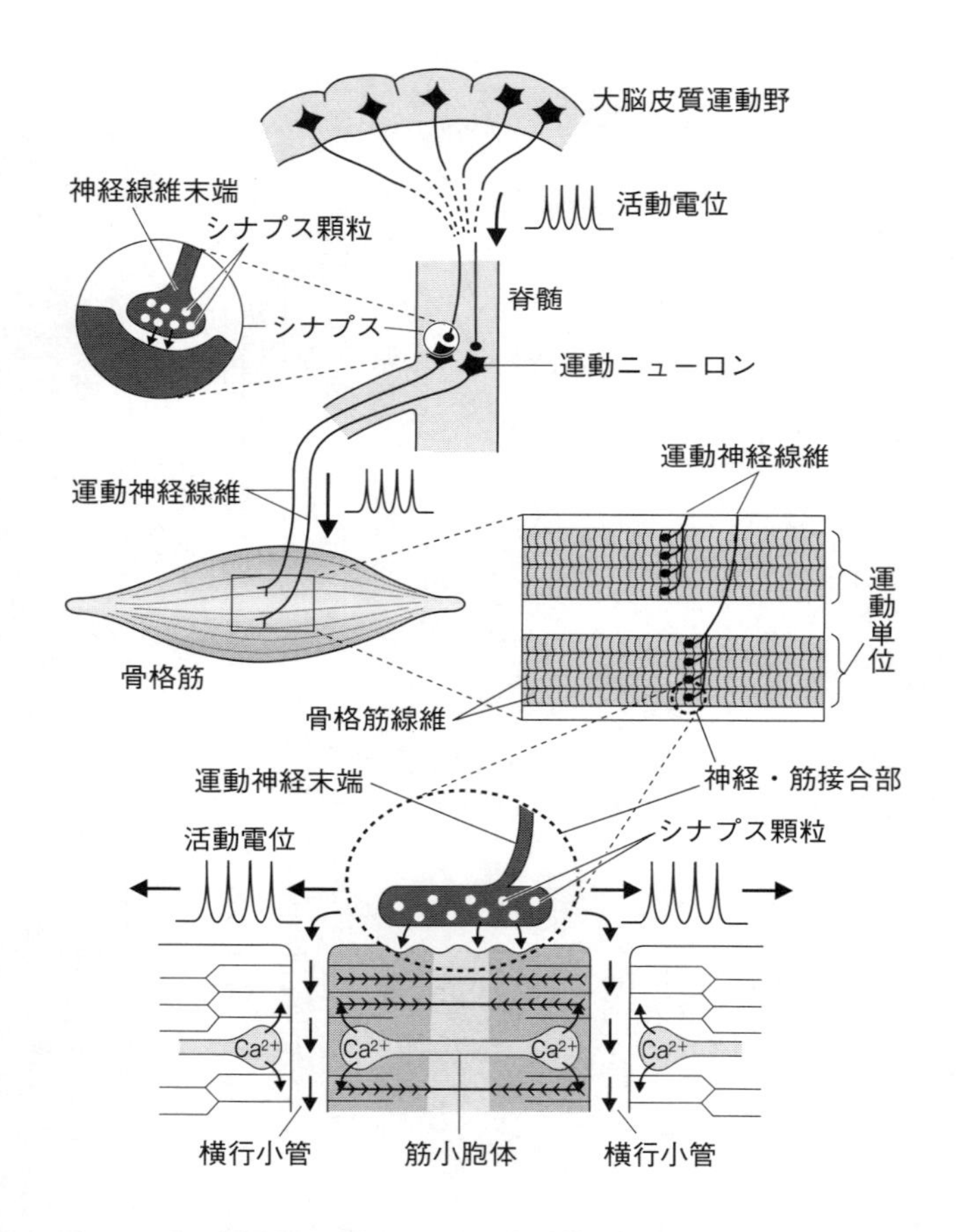

図2-22　大脳皮質運動野のニューロンが脊髄を下行し、運動ニューロンを介して筋線維の収縮を制御するしくみ

杉ら（2016）

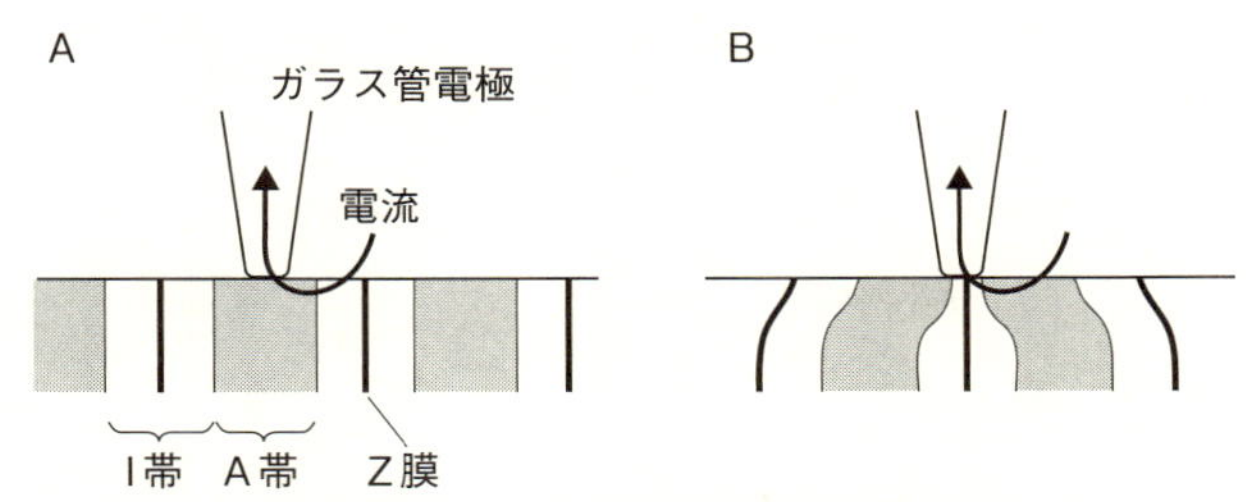

図2-23　(A) ガラス管電極下にA帯があるときは収縮がおこらない
(B) ガラス管電極下にZ膜があるとき、この両側で収縮がおこる

多くの研究者が参入して、この分野の研究が発展した。

ここでは現在知られている筋線維の収縮・弛緩のしくみを簡潔に説明する。まず筋肉の収縮・弛緩状態を決めるのは、細胞内のカルシウム（Ca）イオン濃度（以下pCaで表す）である。弛緩状態の筋線維では細胞内液のpCaが9以上で、極めて低く保たれている。これは江橋が弛緩因子として得た膜成分、つまり筋線維内の各々の筋原線維を包むようにして存在する袋状の膜構造である筋小胞体が、ATPのエネルギーにより能動的に周囲のCaイオンをその内部に取り込むためである。各々の筋原線維のA帯とI帯の中間部では、筋線維の細胞膜が管状に内部に陥入して筋小胞体に密接している。この管状構造は筋線維内部まで網目状に入り込んでおり、これを横行小管系という。つまり横行小管系の膜は細胞膜と繋がっている（図２－21）。

図２－22は、人体が自由意志により骨格筋の収縮・弛緩を調節するしくみである。骨格筋に収縮を命令する信号は、大脳皮質運動野にあるベッツ細胞という大型の神経細胞（ニューロ

図2-24　一番右がアンドリュー・ハクスレー、その隣が筆者

ン）から出発する活動電位である。この活動電位はベッツ細胞から出る太い軸索（神経線維）に沿って脊髄を下行し、脊髄内の運動ニューロンに伝えられ、さらにこの軸索に沿って各々の筋線維上の神経・筋接合部に達する。ここで筋線維の細胞膜に活動電位が発生し、筋線維細胞膜に沿って伝わるとともに、横行小管系に沿って筋線維内部にも伝えられ、隣接する筋小胞体からCaイオンを放出させる。このCaイオン放出は、小胞体膜の穴を塞いでいたプラグに相当する物質が、活動電位によって電気的に動かされ穴が開くためと考えられる。この結果、筋線維内のCaイオン濃度は急激に増大しpCaは４〜５となる。

横行小管系が細胞膜の電気変化を筋線維内部に伝え、収縮をおこすことは、１９５８年、アンドリュー・ハクスレーらによって発見された。彼らはカエ

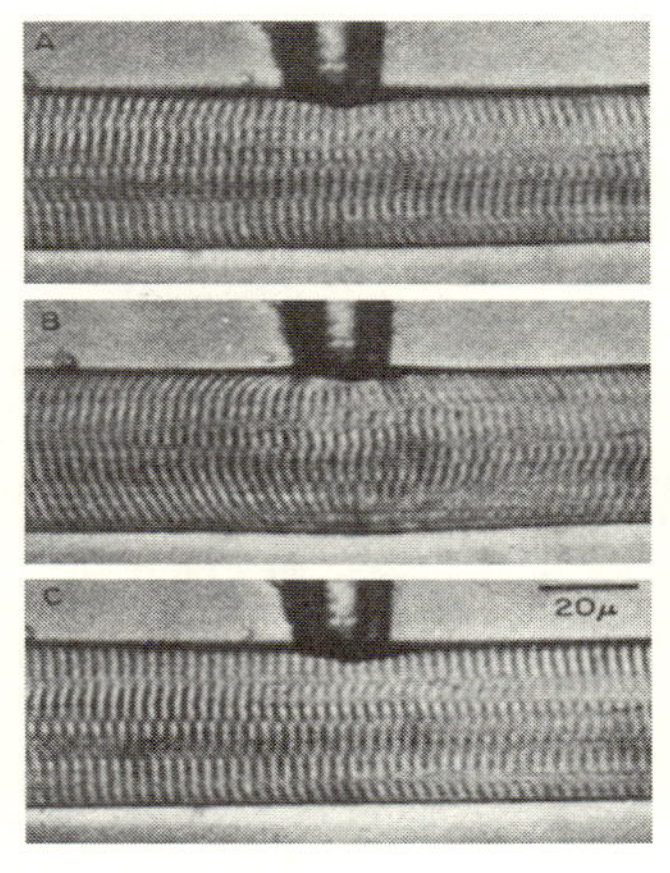

図2-25　カエル筋線維に大きなガラス管をあてて局所脱分極した際の、筋線維の全周に広がる局所収縮

（上）脱分極前（中）脱分極中（下）脱分極終了後　杉、大地(1967) J.Gen,Physiol.50:21671

ル骨格筋の筋線維の表面に直径１μmのガラス管を押し当てこれに電流を流すと、電極の下に筋線維の横紋のZ膜があるときのみ、電極の下にI帯が短縮することを観察した（図２－23）。つまりカエル筋線維では、横行小管がZ膜のレベルで筋線維細胞膜に連絡しているのである。

筆者らが太いガラス管をカエルの筋線維に押し当てて電流を流すと、電極下のいくつかの筋節が局所的に収縮し、この収縮は筋線維の反対側まで達した（図２－25）。この結果は、横行小管の膜が活動電位を発生する証拠として、英国の教科書にも記載された。筆者はまずこれを１９６５年東京でおこなわれた国際学会でアンドリュー・ハクスレーの面前で発表し、これに感銘を受けたハクスレーは、早速翌日筆者の研究室を訪問され、筆者の実験結果を検討された（図２－24）。以後筆者はハクスレー氏とも40

年にわたって親交を結ぶこととなった。

放出されたCaイオンは、アクチンフィラメントのピッチごとに存在するトロポニン分子に結合すると、ミオシン頭部とアクチンフィラメント間の反応を妨げていたトロポミオシンの位置が変わり、それまでミオシン頭部にたいして隠れていた、アクチンフィラメントのミオシン頭部にたいする結合部位が現れる。こうして筋フィラメント間の収縮反応（図2－7参照）がはじまり筋肉は収縮する。

運動ニューロンからの活動電位が停止すると、筋小胞体膜のCa取り込み作用によりCaイオンは急激に筋小胞体に取り込まれ、トロポニンからCaイオンが離れ、トロポミオシンはもとの位置にもどり、筋線維は弛緩する。

第2部

われわれの筋肉、その驚異

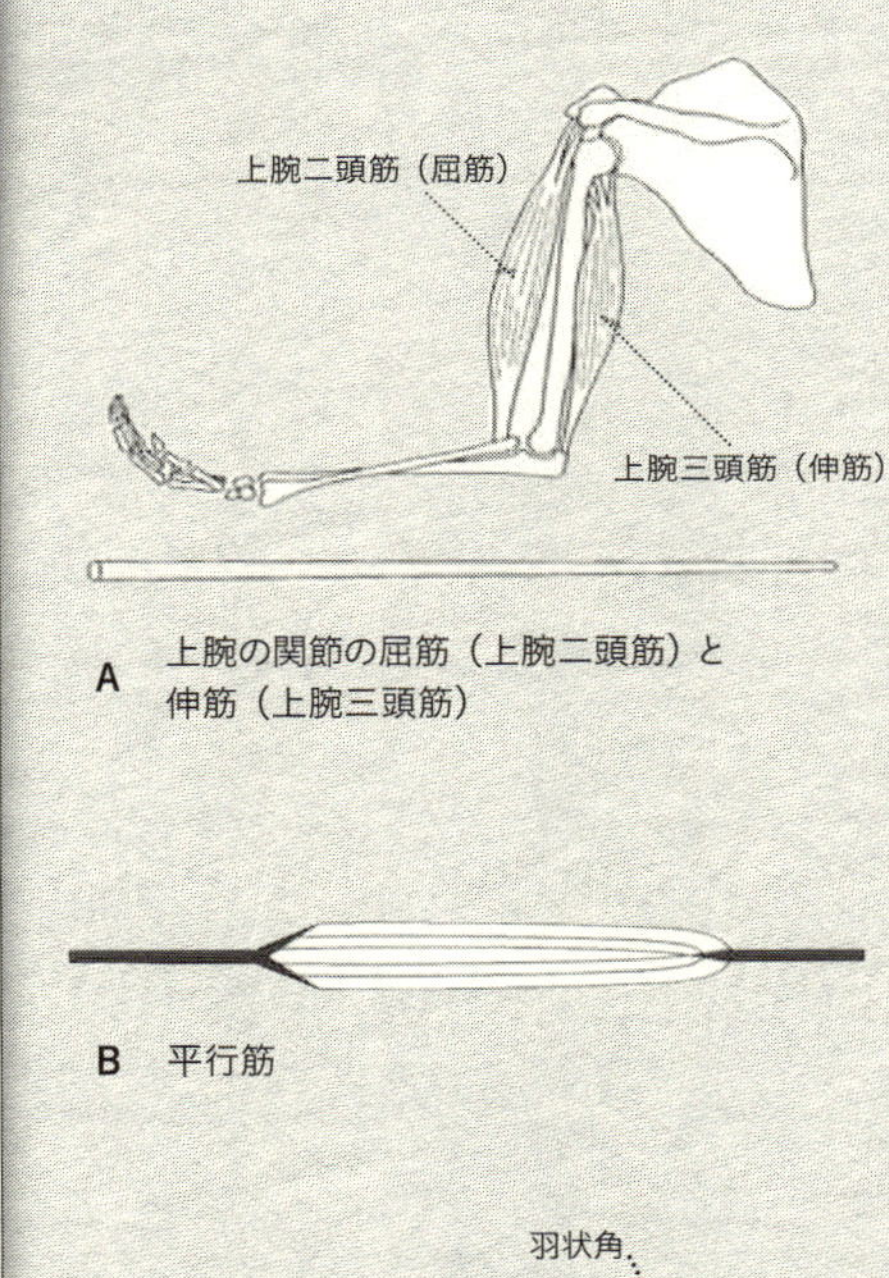

図3-1

本書の第1部では、天然のリニアモーターである筋肉と、これを駆動する超微小エンジンであるミオシン頭部の発見史の概略を説明した。筆者自身がこの分野の研究に深く関わってきたため、他の入門書とは異なって記述が生々しいものとなり、さらに筆者自身がしばしば登場することになった。しかしこのような書物も、たまにはあってよいであろう。

第2部第3章では、人体内で筋肉がいかにその機能を発揮しているかを具体的に説明する。文字どおり身体の骨格（つまり骨）に付着する骨格筋は、収縮によって関節の角度を変え、関節の先の腕や足を動かす。つまり関節から離れた手や足が、てこの原理で増幅された身体運動をおこなうのである。この目的のため、骨格筋の構造は基本的に「力発生器」である。

これにたいし、われわれの身体の血管や、胃・腸などの消化管は、その直径を変化させることで血流の調節、あるいは胃腸における食物の移動の調節をおこなう。

このような目的には、大きな力発生は必要でなく、筋肉の長さを大きく変えることが必要である。この目的に適う（かな）よう、血管系、消化器系の筋肉は、骨格筋とは全く異なる構造を持つ。なお本書では「力」と「張力」を場合によって使い分けるが、両者の意味は同じである。

第3章

骨格筋の驚異の高性能

3-1　力発生器としての骨格筋

われわれの身体には約650に及ぶ骨格筋がある。図3-1A（103ページ）はヒトの腕の関節運動をおこす筋肉である上腕二頭筋と上腕三頭筋の、腕の関節での配置を示す。上腕二頭筋は関節の内側に、上腕三頭筋は外側に張られており、前者が収縮すれば関節は曲がり、後者が収縮すれば関節はまっすぐになる。われわれは作業や運動をするとき関節を曲げる。作業するとき関節を伸ばすことはまずない。したがって関節を曲げる筋肉＝屈筋は、関節を伸ばす筋肉＝伸筋より大きな力を発生する。

一般に伸筋では筋線維が全長にわたって平行に走っており、これを解剖学では平行筋という

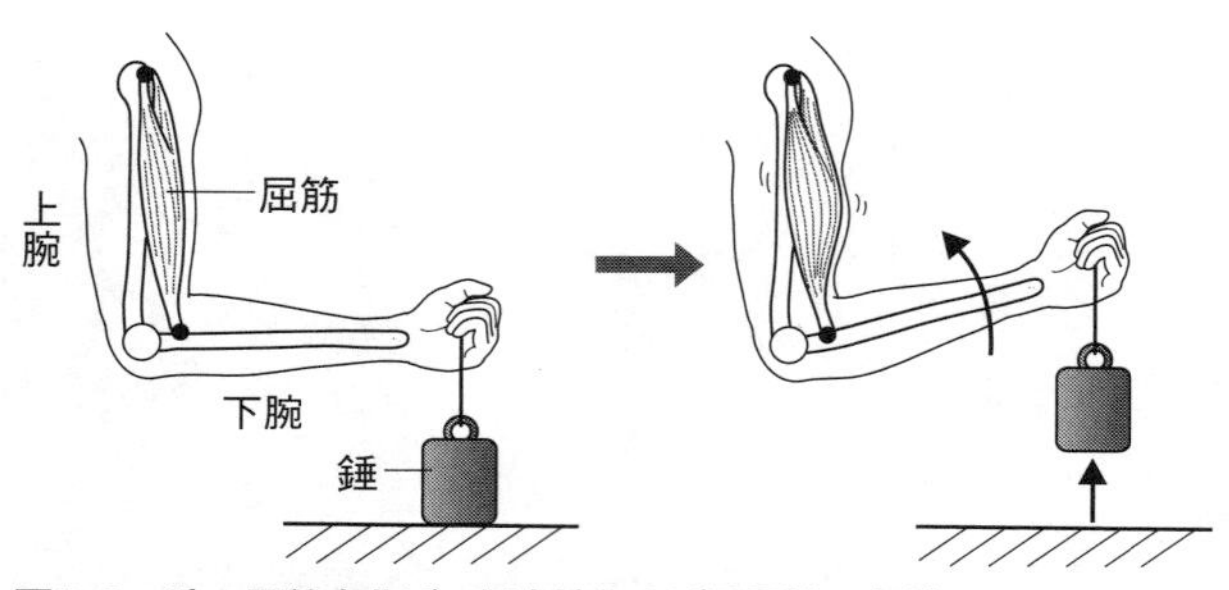

図3-2　腕の関節を曲げて錘を持ち上げる屈筋の収縮

（図3－1B）。これに対し屈筋の筋線維は短い筋線維が、長く伸びる腱に沿って斜めに配列しており、これを羽状筋という（図3－1C）。筋線維が収縮して張力を発生するとき、筋線維内に直列に繋がった各々の筋節が発生する力は同じで、互いに釣り合っているので長さは変わらない。つまり筋肉の発生する力は、筋肉内の筋線維の総断面積で決まり、筋肉の長さとは無関係である。したがって筋肉の大きさが同じであれば、発生しうる力は羽状筋のほうが平行筋よりはるかに大きい。つまり伸筋と屈筋の構造の違いは、関節運動の目的に適っているのである。

関節運動はすべて関節を中心とする回転運動である。われわれは腕の関節を曲げる（回転させる）ことにより、重い物体を持ち上げ仕事をおこなう（図3－2）。この作業をおこなう屈筋がどのような条件下で活動するか説明しよう。屈筋は上腕と下腕の骨の間に、肘の関節をまたぐように張られている（図3－3）。関節運動のさい、上腕は動かず下腕が関節の周りを回

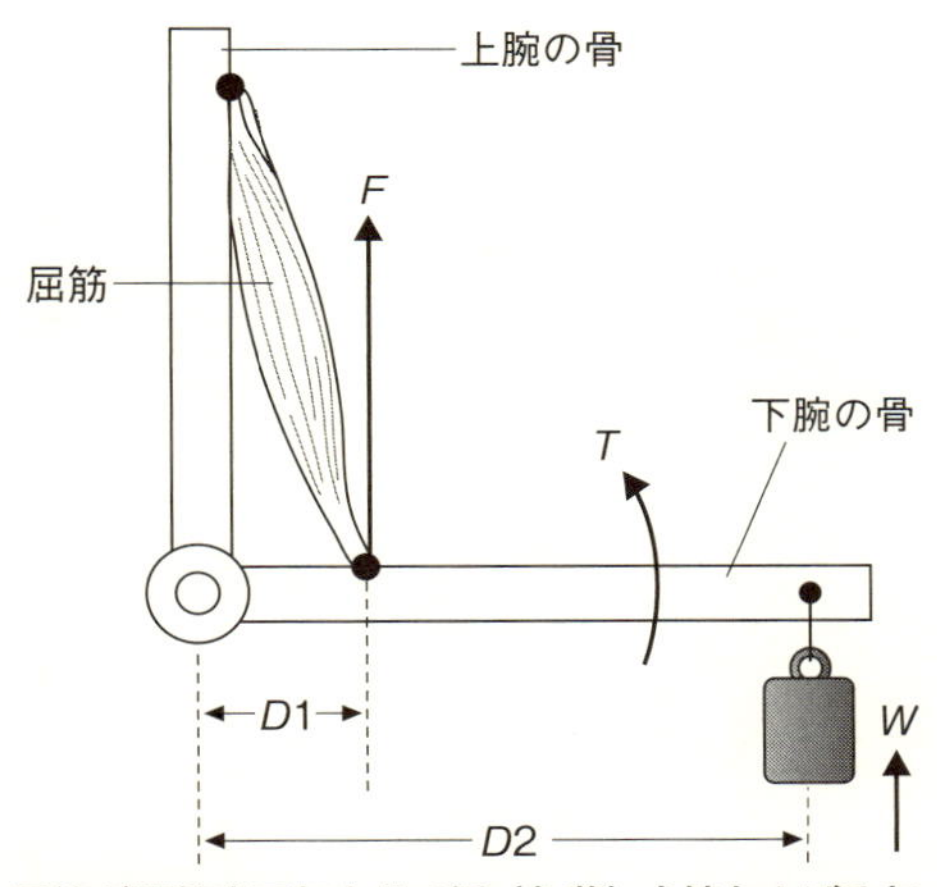

図3-3　屈筋が関節を回転させて錘（負荷）を持ち上げるさいのトルク（回転力）の説明図

転する。この回転力、トルク（T）は、

$$T = F \times D1 = W \times D2 \quad (1)$$

で表される。ここでFは、下腕の骨への付着点に加えられる屈筋の力のベクトルの垂直成分、D1は関節の回転軸から屈筋の付着点までの距離、Wは下腕の骨の先端に加えられる負荷（錘）の重量である。なお、屈筋の付着点は関節の回転軸に近いので、Fは屈筋がその長さ方向に発生する力にほぼ等しい。

実際のわれわれの身体では、D1の値、つまり肘の関節から屈筋の付着点までの距離は約2㎝である。一方肘関節から錘までの距離は、成人で30㎝を超えるので、D2はD1の15倍以上である。したがって、われわれが4㎏の錘を持ち上げるとき、屈筋は60㎏、つまり普通の成人の体重にあたる力を出しているのである。これに対し、例えば錘を20㎝持ち上げたとき、屈筋の短縮する距離はわずか約2㎝で、この値は屈筋の長さの数%に過ぎない。以上の説明から、骨格筋の主要な機能は力を発生することであり、短縮することではないことが理解されるであろう。

3-2 骨格筋がはたらく筋節長の範囲

図3-4は、筋線維の筋節の長さと筋線維が発生する張力の関係を示したもので、筋節長・張力曲線という。この図の上部(A)には筋線維の筋節長と発生する力の関係を、図の下部(B)にはいろいろな筋節長でのアクチンフィラメントとミオシンフィラメントの位置関係を模式的に示している。まず筋線維が3・65μmに引き伸ばされて、筋節内で両フィラメントが互いに向き合う(あるいは重なり合う)部分がなくなった状態(状態1)では、ミオシン頭部はアクチンフィラメントと反応できず筋線維の発生する力はゼロになる。これにたいし筋節長2・25μmではすべてのミオシン頭部がアクチンフィラメントと反応できるので、筋線維の発生する力は最大となる(状態2)。したがって、筋節長2・25μmから3・65μmの間では、筋節長が増大するにつれ筋線維が発生する力は減少する。この部分を筋節長・張力曲線の下降脚という。

また筋節長2・25μmから2・05μmの間では、力を発生するミオシン頭部の数は変わらない

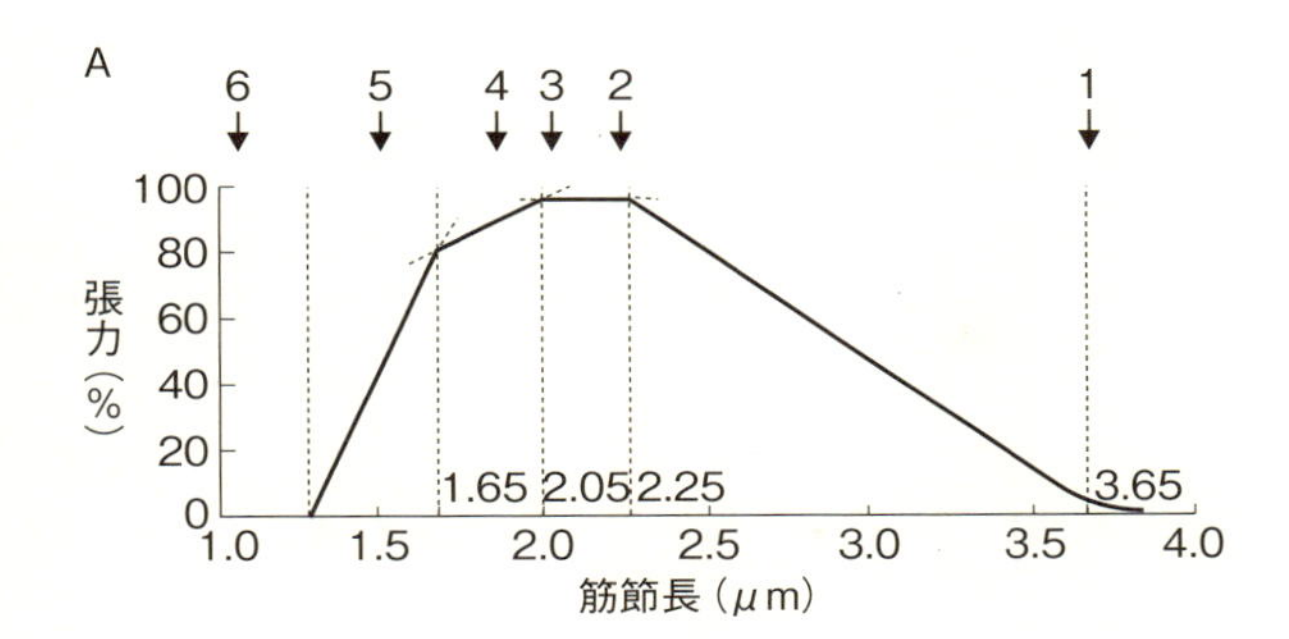

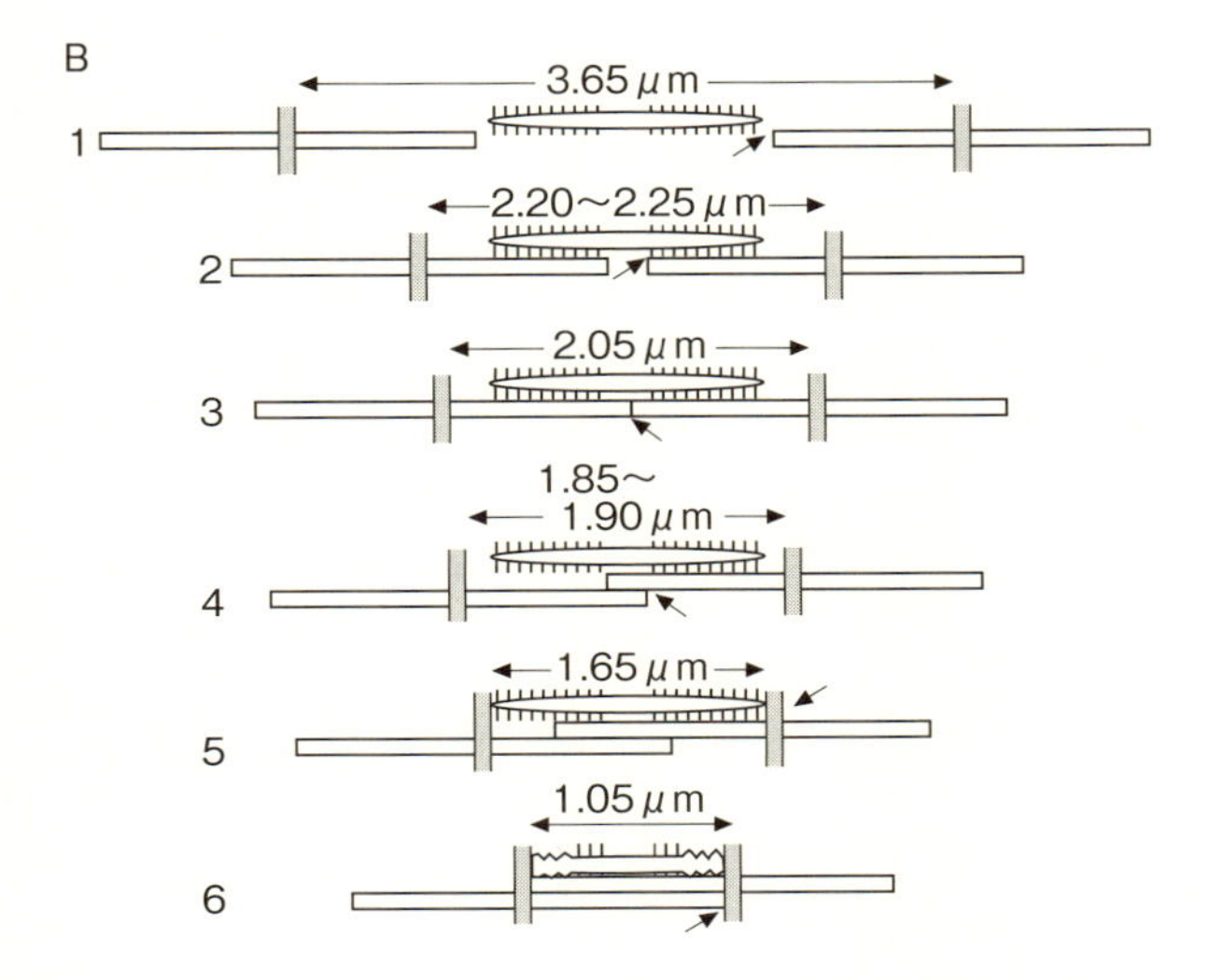

図3-4　筋線維の筋節長と発生する力の関係。(A) 筋節長・張力曲線 (B) 筋節長と筋フィラメントの配置を示す模式図

ので、筋線維の発生する力は最大で変化しない。この部分を筋節長・張力曲線の頂点部という（状態2から状態3）。

筋節長がさらに2・05μmより短くなると、筋フィラメントの二重の重なり合いや、Z膜の構造への衝突がおこり、筋線維の発生する力は急激に減少してゆく（状態4、5、6）。この部分を筋節長・張力曲線の上昇脚という。しかし関節の骨格筋は関節の解剖学的制約により、筋肉の筋節長が筋節長・張力曲線の上昇脚の部分まで短縮することはない。このため筋肉は、筋節長・張力曲線の頂点部（状態2から状態3）付近の筋節長で張力を発生し関節運動をおこしている。

なお、動物の体内から取り出した骨格筋を刺激して、筋節長が上昇脚の範囲に入るまで短縮させると、骨格筋は刺激を止めてももとの長さにもどらなくなる。これは筋フィラメントの二重の重なり合いやZ膜構造への衝突が、筋フィラメント格子構造を損傷するためと考えられる。しかしあとで説明するように、筋節が何分の一にも著しく短縮しても筋フィラメント格子が損傷しない筋肉も存在する。

さて、筋肉の力を発生する超微小エンジンであるミオシン頭部は、筋線維1本あたりどのくらいの数が存在するのであろうか。まず1本のミオシンフィラメントは300のミオシン分子から成る。ミオシン分子は2個の頭部を持つので、1本のミオシンフィラメントには600個のミオシン頭部がある。

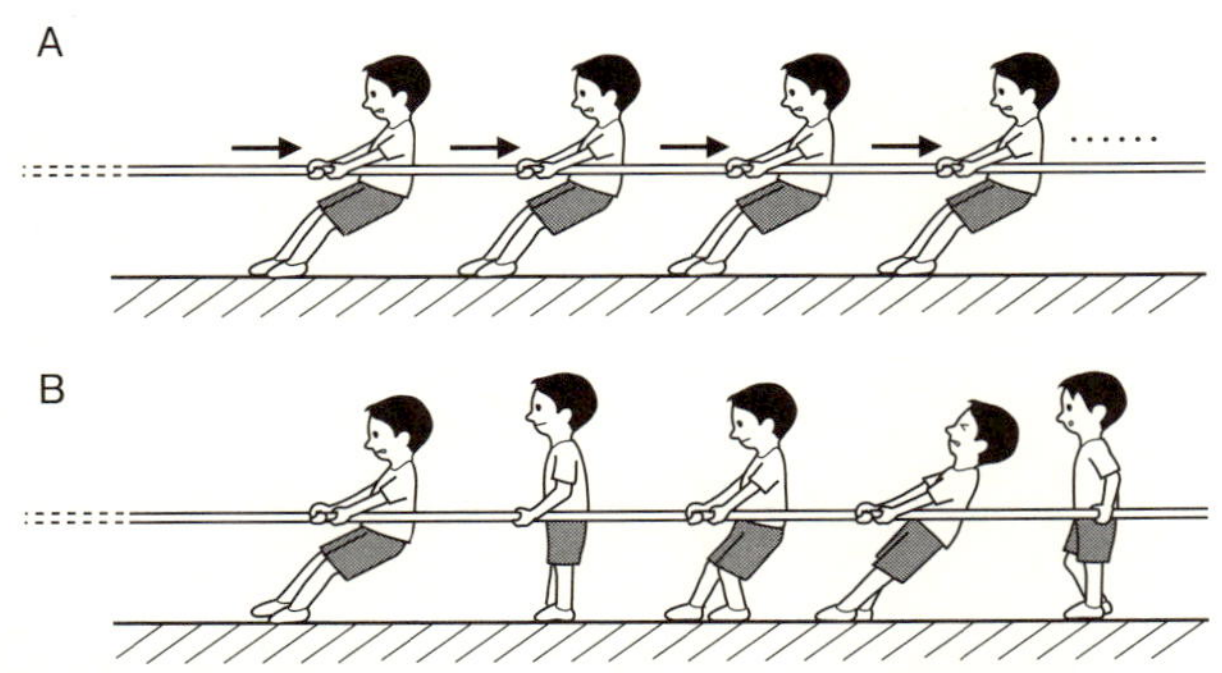

図3-5　(A) 綱引きをしている人々。すべての人が綱を引く力を出している　(B) 筋肉の力を出すミオシン頭部を綱引きに喩えると、力を出している人と出していない人がいる

筋節長を2μmとすると、長さ1㎝の筋線維には(1cm／2μm＝5×10^3)の筋節が直列に繋がっている。また筋フィラメント格子構造から、直径60μmの筋線維の横断面には2×10^6本のミオシンフィラメントが存在すると見積もられる。これらの値から、長さ1㎝、直径60μmの筋線維中に含まれるミオシン頭部の数は、$600\times5\times10^3\times2\times10^6=6\times10^{12}$個、つまり約6兆個という天文学的な数になる。そして個々のミオシン頭部の発生する力は1〜5×10^{-7}gと考えられている。

つまり個々のミオシン頭部は、自己の重量の1億倍以上の力を発生するのである。

ミオシンフィラメントのミオシン頭部は、綱引きの綱を引いている人々に喩えられる(図3－5)。綱引きをしている人は、地面を支点として身体の力を出して綱を引っ張る。綱に掛かる力は個々の綱を引く人の力を足し合わせた値になる（Ａ）。一方筋肉では、力を出すミオシン頭部の運動はランダムに、非同期的におこる。これは綱引きでいえば、綱を引いている人と、綱から手をはなして「怠けて」いる人が入り交じっていることに相当する（Ｂ）。しかしすでに説明したように個々のミオシン頭部は、アクチンフィラメントと結合したパワーストロークと、これから離れたリカバリーストロークを交互におこなっているので、「怠けている」ミオシン頭部はない。骨格筋には筋線維以外の血管や結合組織が含まれているが、骨格筋がその断面積１㎠あたり発生する張力は４～５kgと見積もられ、全身の骨格筋の断面積に５kgを掛けると約20ｔにも及ぶ。

3-3 ミオシン頭部エンジンとトレーニング

野生動物は、絶えず食物を探し、天敵の攻撃から逃れるなど、絶えず体の筋肉を活動させている。したがって彼らの筋肉と運動とのバランスはよく保たれている。一方われわれ人類は文明の発達により、遠い祖先が生存のため続けてきた激しい運動をおこなう必要がなくなってしまった。これに加えて交通機関の発達により、われわれは長距離を歩くことさえほとんどおこなわない。

医学の発達によりわれわれの寿命が著しく延びるとともに、右記の「大自然の摂理に逆らう文明生活」にたいする報いとして、いろいろな生活習慣病という疾患や、骨折などによる運動障害に悩まされることになった。特に大脳皮質の萎縮による認知症の発生は、人間らしい「精神生活」を破壊する深刻な問題である。

このような問題を克服して健康寿命を保つ最良の方法は、骨折、運動障害のもとである身体の骨格と筋肉を鍛え、頭脳を活発に使って「知的活動」をおこなうことである。ここでは骨格と筋肉を鍛える運動トレーニングのしくみについて簡潔に説明しよう。なおトレーニングの詳細については拙著『やさしい運動生理学』（南江堂）などを参照していただきたい。

われわれの身体の組織・器官を構成する分子は、絶えず新しいものに置き換えられている。したがって筋肉の筋フィラメントも、何ヵ月かするとすべて新しくなる。この構成分子の置き換わりは、ある組織・器官が活発に使用されると盛んになり、組織・器官は発達して大きくなり機能も増大してゆく。これに対して、組織・器官が使用されない状態が続くと、これらは徐々に萎縮してゆき、機能を果たせなくなってゆく。この組織・器官の使用・不使用はどのようにして身体に感知されるのであろうか。また筋肉を駆動するミオシン頭部エンジンのすごさ、素晴らしさは、トレーニングにより、より高性能のエンジンに変化することにもうかがえる。自動車のガソリンエンジンの改良に多額の費用と時間を要することを考えると、みずからモデルチェンジをおこなうミオシン頭部エンジンはまさに驚異である。

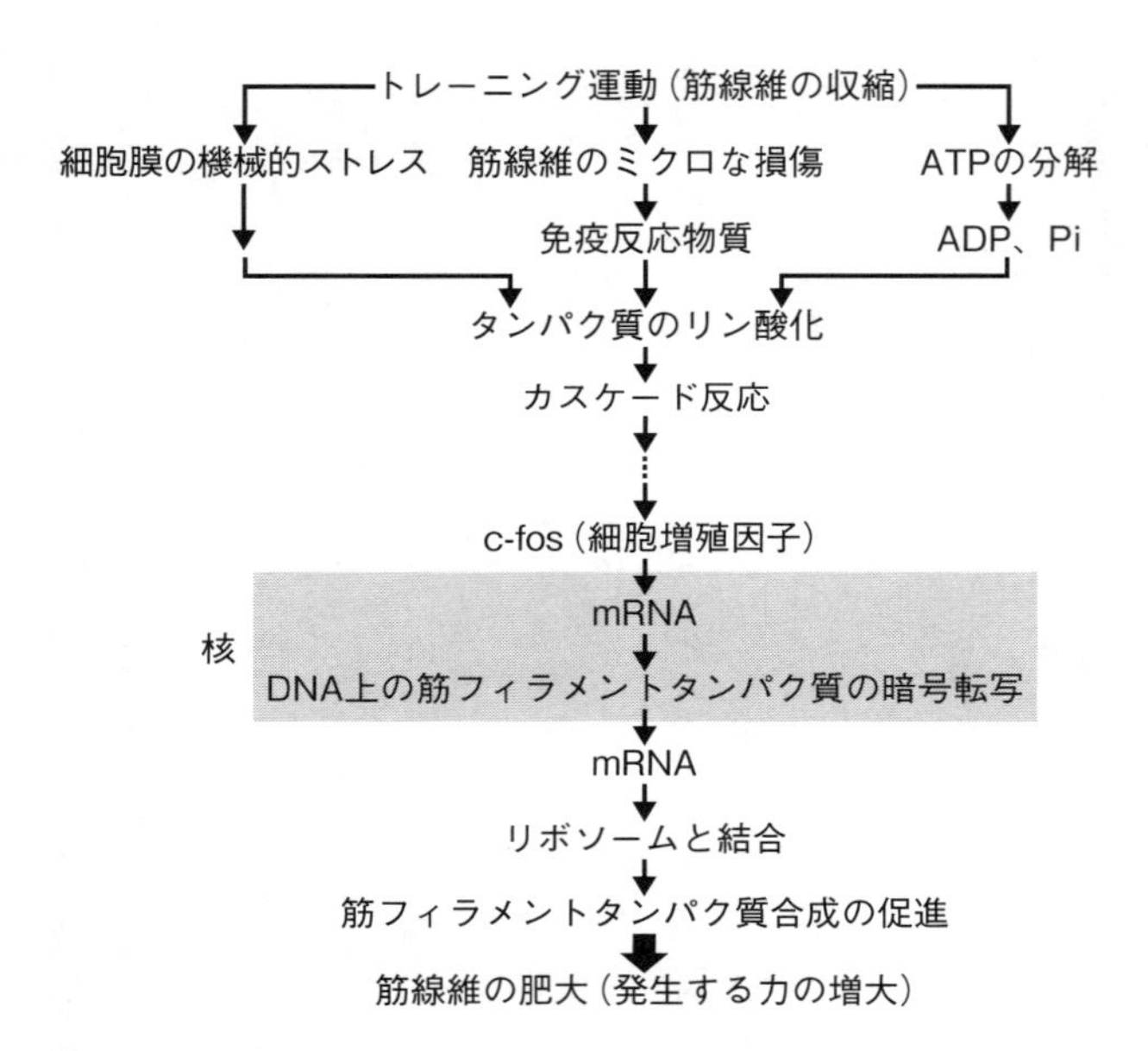

図3-6　トレーニング効果発現のしくみ

図3－6は、トレーニング効果の発現のしくみを簡単にまとめたものである。これは遺伝情報の発現を司る遺伝子によっておこなわれる。まずトレーニング運動により、筋肉が激しく使用されると、以下の現象がおこる。⑴筋肉内の筋線維のミクロなレベルでの損傷による免疫物質の放出。⑵筋線維細胞膜の機械的ストレスによる物質の放出。⑶ATPの分解産物ADPとPiの放出。

この結果、筋線維の細胞質で「カスケード反応」という一連の連鎖反応がおこり、最終的に細胞増殖因子が生成され、これが筋線維の核の中に入り込んで、核内でメッセンジャーＲＮＡ（mRNA）を活動させ、核酸（ＤＮＡ）に刻まれている筋タンパク質（アクチン、ミオシンなど）の暗号を写し取らせる（転写する）。

筋タンパク質の暗号を転写したmRNAはぞくぞくと核の外に出て、タンパク質の製造工場であるリボソームに結合する。ここでmRNAがＤＮＡから転写された暗号にしたがって、筋タンパク質を合成する。つまりトレーニングによる筋肉の激しい活動（１）→活動の生産物の放出（２）→カスケード反応（３）→細胞増殖因子の出現と核内への進入（４）→mRNAのＤＮＡ暗号の転写（５）→mRNAの核の外への移動（６）→mRNAのリボソームへの結合（７）→筋タンパク質の大量生産（８）、という過程により、トレーニング運動による筋肉の発達や機能の増進がおこるのである。なお、核内のＤＮＡには10種類に近い、異なった性能を持つミオシン頭部エンジンの設計図が存在し、トレーニング運動の種類に応じて、最も適した性能のミオシン頭部エンジンが生産される。例えば短距離走者なら瞬発力に富むエンジンが選ばれ、長距離走者なら持久力に優れたエンジンが選ばれる。また筋肉トレーニングにより、筋肉にエネルギーを供給する心肺機能も増大し、筋線維に酸素を供給する毛細血管も発達し、さらに筋線維のミトコンドリアでＡＴＰを作り出す酵素の量も増加する。

図３－７はトレーニングによる種々の身体機能の増大と、トレーニングを中止したときの減少を示したものである。トレーニングを持続して身体機能が最大限に発達するには１年、あるいは

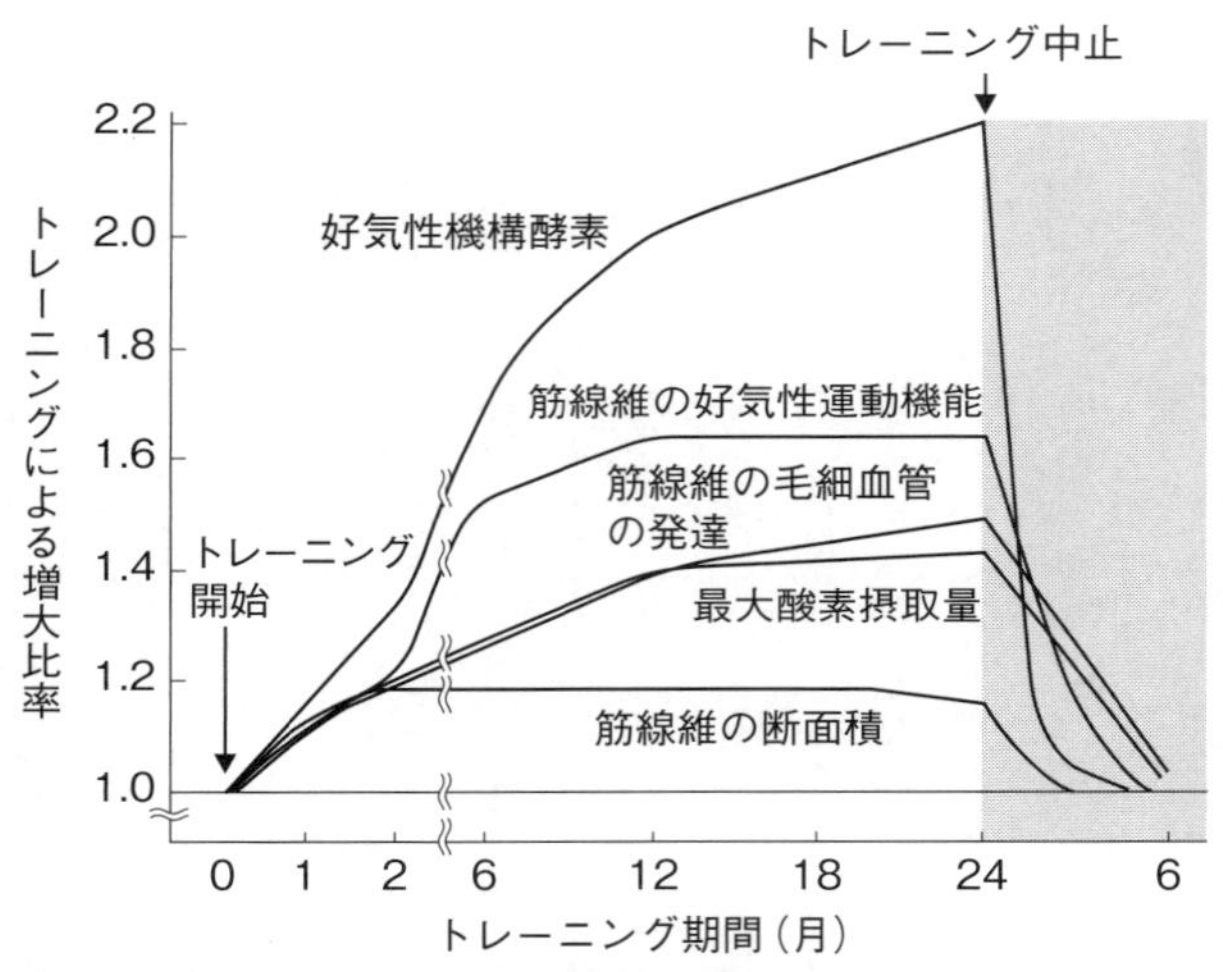

図3-7　有酸素トレーニングによる身体機能の増大と、トレーニング中止による減少

それ以上かかるのにたいし、トレーニングを中止すると、身体機能は短期間でトレーニング以前の状態にもどってしまうのである。「継続は力なり」という格言がトレーニングによくあてはまる。

さらにトレーニング運動は、筋肉が付着する関節の骨に力が加えられるので、骨を強化し、骨粗鬆症（こつそしょうしょう）を防止する。骨粗鬆症による大腿部や脚部の骨折は、患者を車椅子生活、あるいは寝たきり生活に陥れ、健康寿命の大敵である。図３－８は、健常者と骨粗鬆症患者の骨格のＸ線写真で、骨粗鬆症患者の骨の厚みが健常者にくらべ恐ろしく薄いことがわかる。骨の成分はリン酸カルシウムで、血液中のリン酸とカルシウムから作られる。運動により骨に加えられる

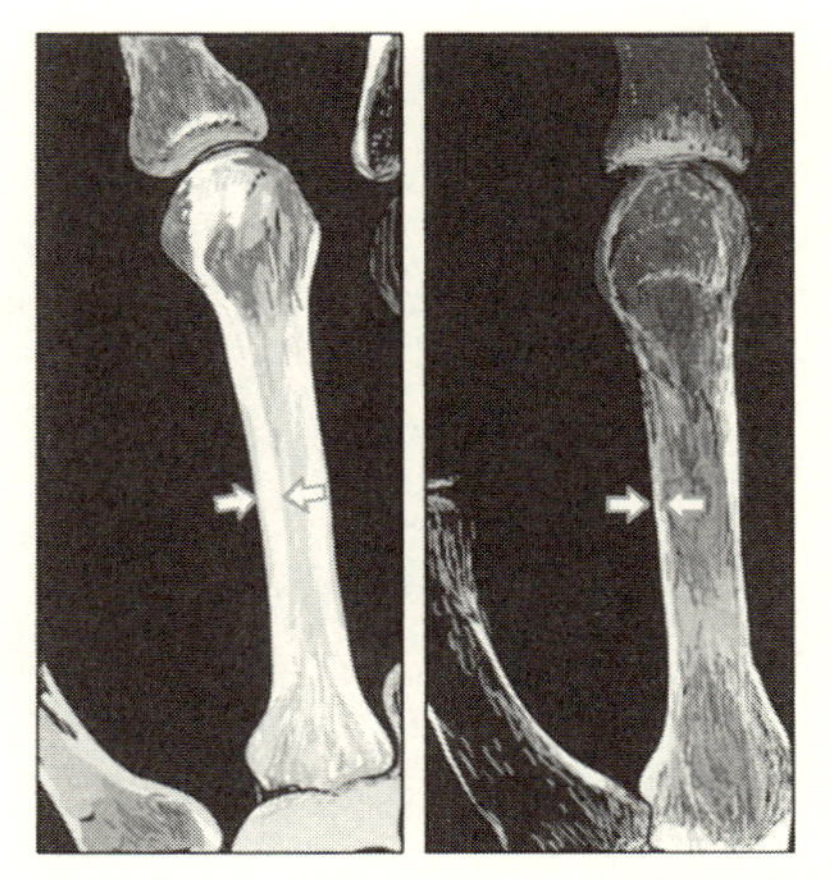

図3-8　健常者（左）と骨粗鬆症患者（右）の骨のX線写真
骨の厚みを矢印で示す。

力（ストレス）は、骨のリン酸とカルシウムの吸収を盛んにし、骨の厚みを増すと考えられる。

第4章 生涯はたらき続ける心筋

4-1 心臓の構造と機能

われわれの心臓は、握りこぶし大の器官で、血液を全身に循環させるポンプとしての機能を生涯にわたって続けており、骨格筋のような静止状態はない。したがって心筋細胞内には、筋原線維と密接して、細胞内ATP製造工場であるミトコンドリアが多数存在し、筋原線維のミオシン頭部エンジンが燃料切れ（ガス欠）になるのを防止している（図4-1）。心筋は骨格筋と同じく横紋筋であるが、そのサイズははるかに小さく、枝分かれして互いに接着して網状構造を形成している（図4-2）。心臓は心筋の網状構造から成る袋である。

図4-3に示すように、われわれの心臓は二つの心房と二つの心室から成る。心臓のポンプ作

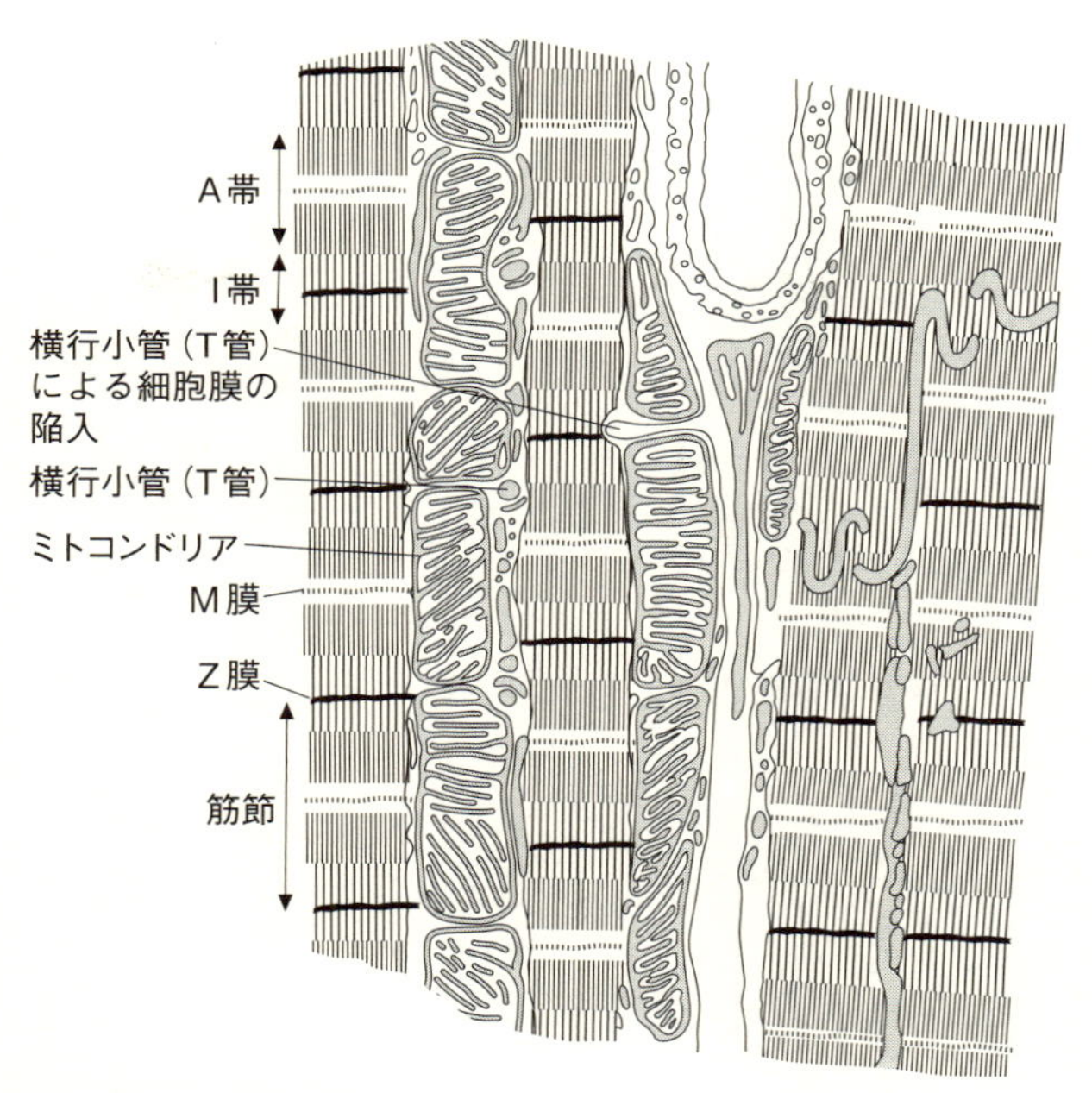

図4-1　心筋細胞内の構造

用による血液循環には、肺臓で酸素と二酸化炭素のガス交換をおこなう肺循環と、全身に血液を送り出す体循環とがある。肺循環をおこなう右心室にかかる負荷は小さいが、左心室には全身の血管による極めて大きな負荷がかかる。したがって左心室は右心室よりはるかに多数の心筋細胞を含んで肥厚し、大きな負荷に逆らって大きな力を出し血液を大動脈へ送り出す。

ここで図３－４の骨格筋の筋節長・張力曲線を考えてみよう。骨格筋はこの曲線の頂点、つまりすべてのミオシン頭部エ

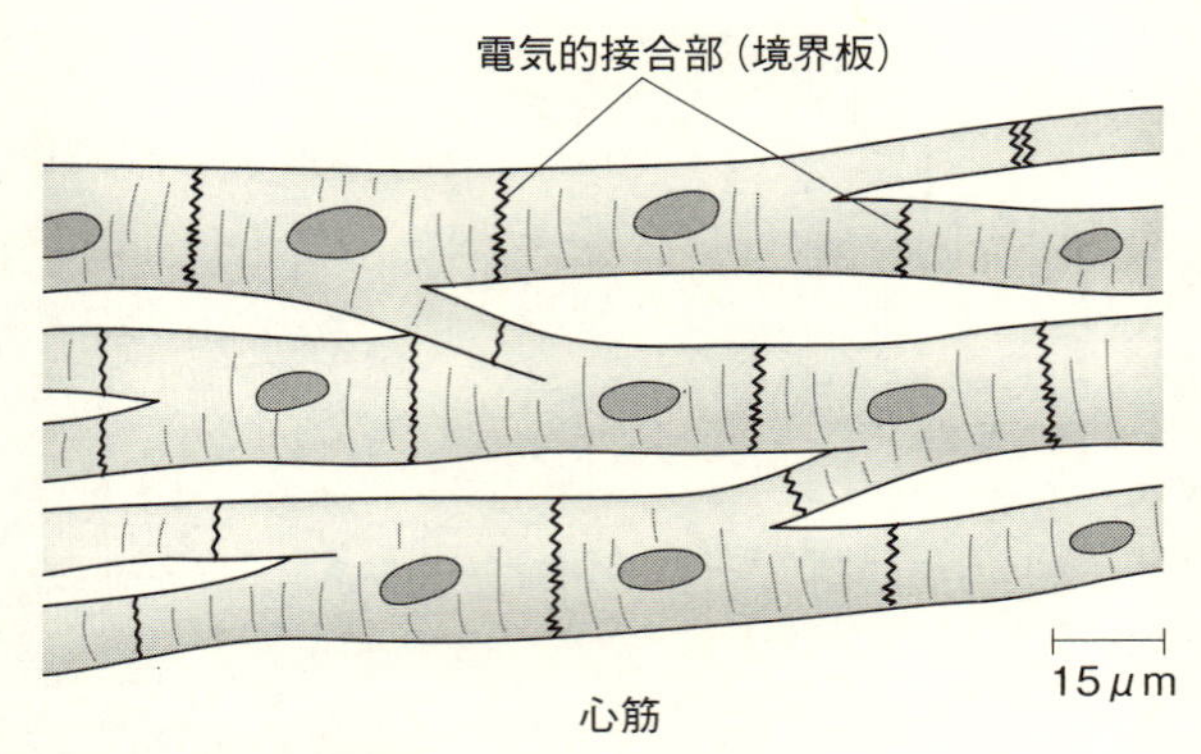

図4-2　心筋の網状構造

ンジンがアクチンフィラメントと向き合い、最大の力を発生する状態ではたらいている。

心筋も横紋構造を持つので、この骨格筋で得られた筋節長・張力曲線が心筋にもあてはまるはずである。しかし、もし心筋が骨格筋と同様に、この筋節長・張力曲線の頂点あたりではたらいているとすると、それは大変危険なことなのである。なぜなら、もし身体の血管の一部に血栓が詰まり血行が停止したら、心臓は左心室に充満した血液をすべて大動脈に送り出せなくなる。すると左心室にはどんどん左心房から血液が送り込まれるので、左心室に血液が溜まり、左心室は血液の圧力で風船のように膨らんでゆくだろう。この事態により個々の心筋細胞は引き伸ばされて筋節長が増大してゆく。この事態を筋節長・張力曲線からみると、心筋細胞の筋節長増大はこの曲線の下降脚に沿って発生張力が直線的に減少してゆくことである。この

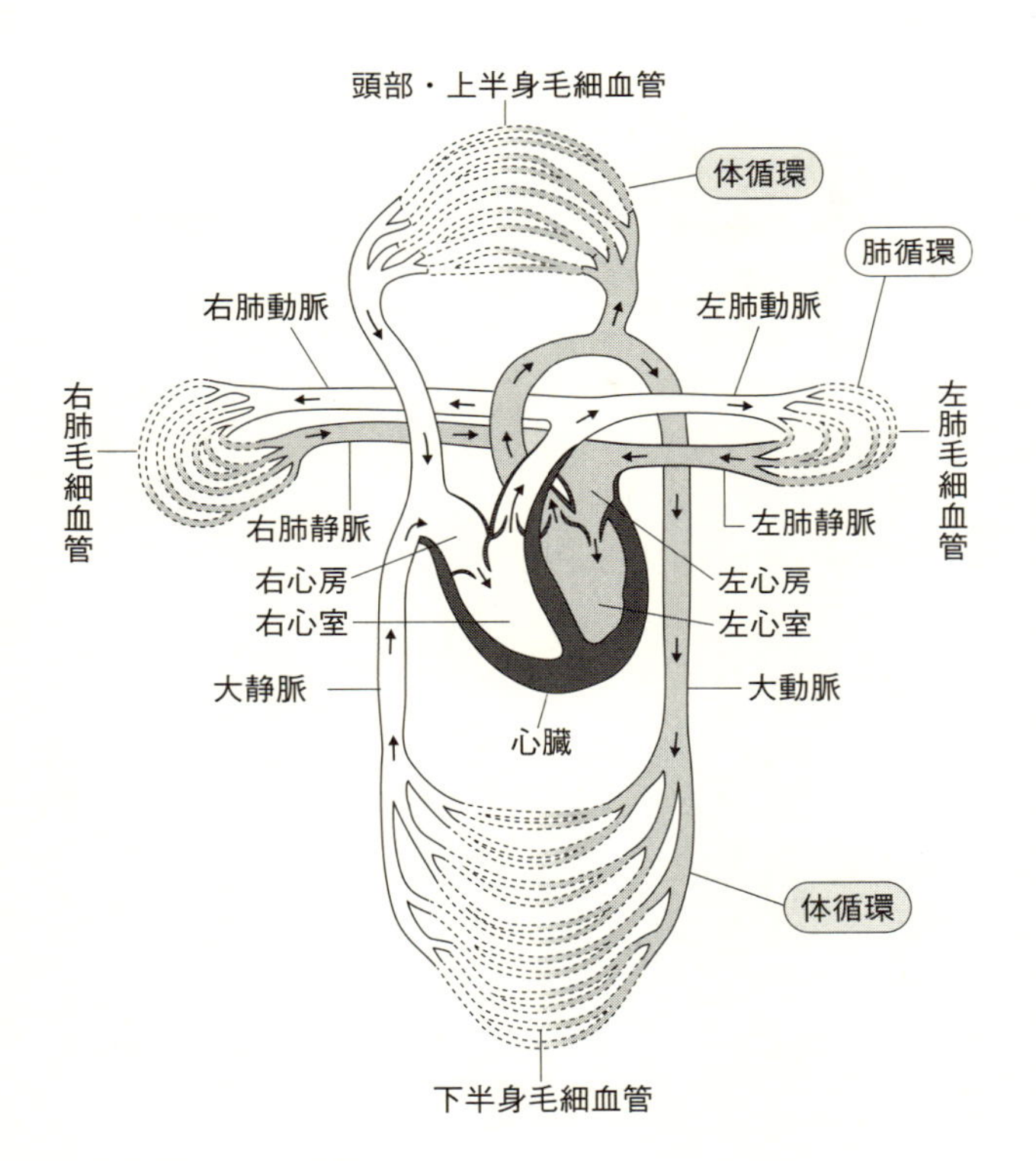

図4-3　心臓からみた血液循環

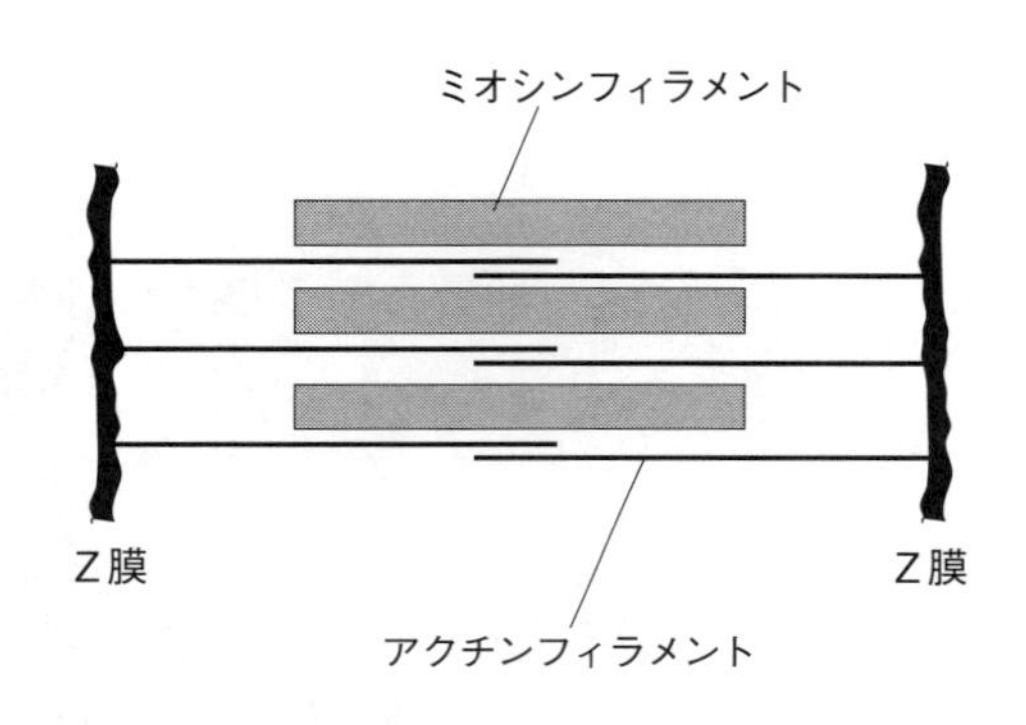

図4-4　心筋の長いアクチンフィラメント

結果、血液で膨らんだ心室は、その発生する力が減少するため血液を送り出すことが不可能となる。これは死を意味する。

4-2　心筋の二重の安全装置

幸いなことに大自然は、われわれの血行が滞っても簡単に死んだりしないように、心臓に二重の安全装置を施してくれた。一つは、心筋細胞のアクチンフィラメントが骨格筋よりも長く、静止状態でも筋節の左右からA帯の中心を突き抜けて重なり合っていることである（図4-4）。これは筋節が筋節長・張力曲線の下降脚部分に引き伸ばされても、アクチンフィラメントと向き合うミオシン頭部エンジンが容易にゼロにはならない安全装置である。

今一つの、そして最も効果的な安全装置は、心筋

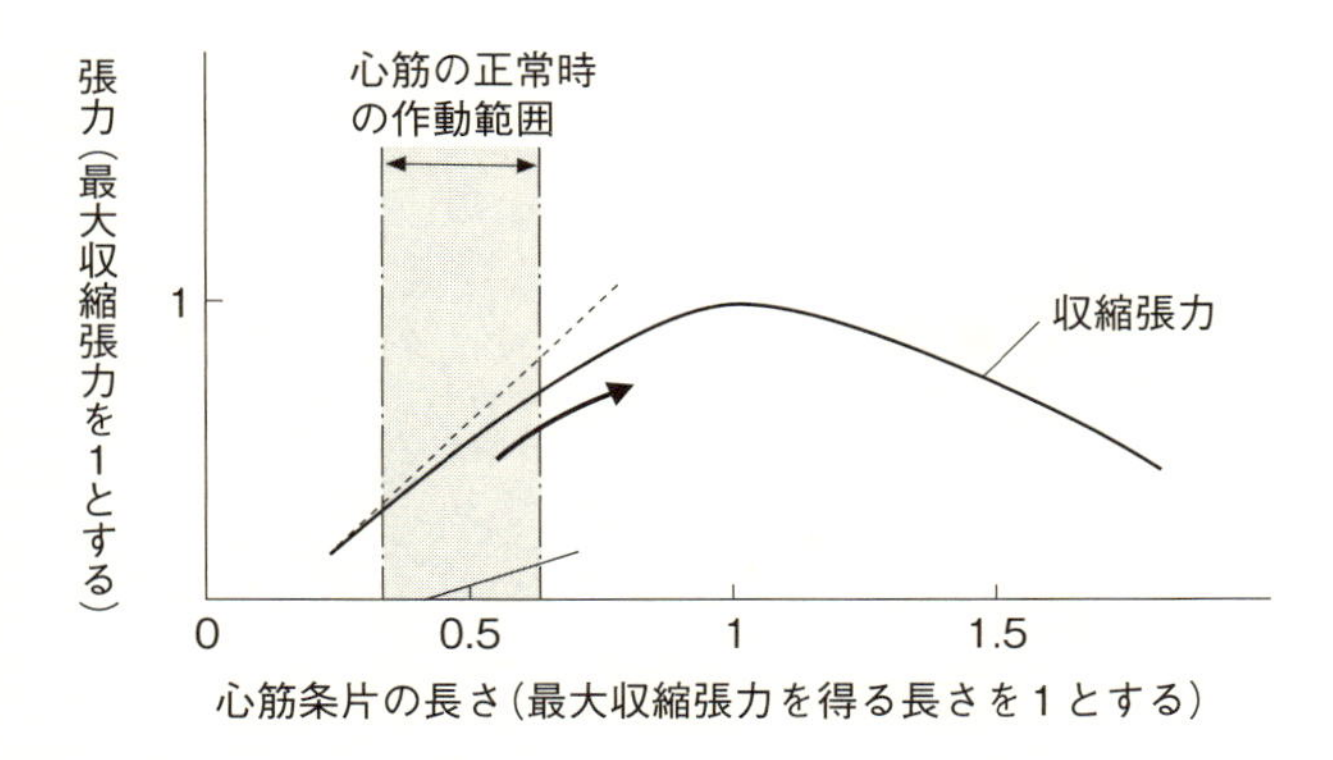

図4-5　心筋条片の長さと収縮張力との関係　心筋細胞の正常時のはたらきは筋節長・張力曲線の上昇脚でおこなわれる。

細胞の正常時のはたらきが骨格筋とは異なり、筋節長・張力曲線の上昇脚の部分でおこなわれていることである（図４－５）。このしくみにより、心筋細胞は正常時に最大の力を発生せずに収縮し血液を送り出し続けており、もし血行障害により血液が左心室に溜まり心室が拡張されれば、心筋細胞の筋節長はこの筋節長・張力曲線の上昇脚に沿って増大するため、ますます大きな力を発生し、血行障害に打ち勝って血液を送り出すのである。

ヒュー・ハクスレーが筋節構造を発見するはるか以前、研究者たちは実験動物から取り出した心臓の心室が実験的に大量の血液を送り込んで膨らませても、膨らんだ分の血液をやすやすと大動脈に送り出すのを見て驚き、以来この現象はフランク－スターリングの心臓の法則とよばれる。この法則は「心筋の発生するエネルギーは、その長さに比例して増大する」というもので、その理由は当時は謎とされたものであった。この謎は、心筋細胞が筋節長・張力曲線の上昇脚ではたらいていることによったのである。

なおすでに述べたように、骨格筋線維は筋節が上昇脚の部分まで短縮すると損傷してしまうが、心筋細胞は筋節内で筋フィラメントが二重に重なり合っても、その機能は影響を受けない。この現象はあとで説明する節足動物の筋肉ではさらに著しく、筋収縮により筋節が数分の一に短縮して筋節構造が折り重なっても、筋が弛緩すると完全にもとにもどり、筋肉の機能に何の影響もない。

第5章 生命を支える血管平滑筋と消化管平滑筋

5-1 血液循環の精巧な調節機構

われわれの身体の主な平滑筋には、血管平滑筋と内臓平滑筋がある。本節では教科書のような羅列的説明を避け、身体の血液循環を調節する血管平滑筋についてのみ説明する。平滑筋細胞は紡錘形の小型の細胞で、互いに接着して層をなし（図5-1）、血管壁を環状に取り巻いている（図5-2）。したがって血管平滑筋が収縮すると血管が細くなり、弛緩すれば血管は拡張する。

平滑筋細胞内では、筋フィラメントの配列がランダムで筋節構造は存在しない。アクチンフィラメントは、横紋筋のZ膜に相当するデンスボディという構造から伸び出ており、ミオシンフィラメントはこの近傍に不規則に存在している（図5-3）。したがって平滑筋細胞は顕微鏡下に

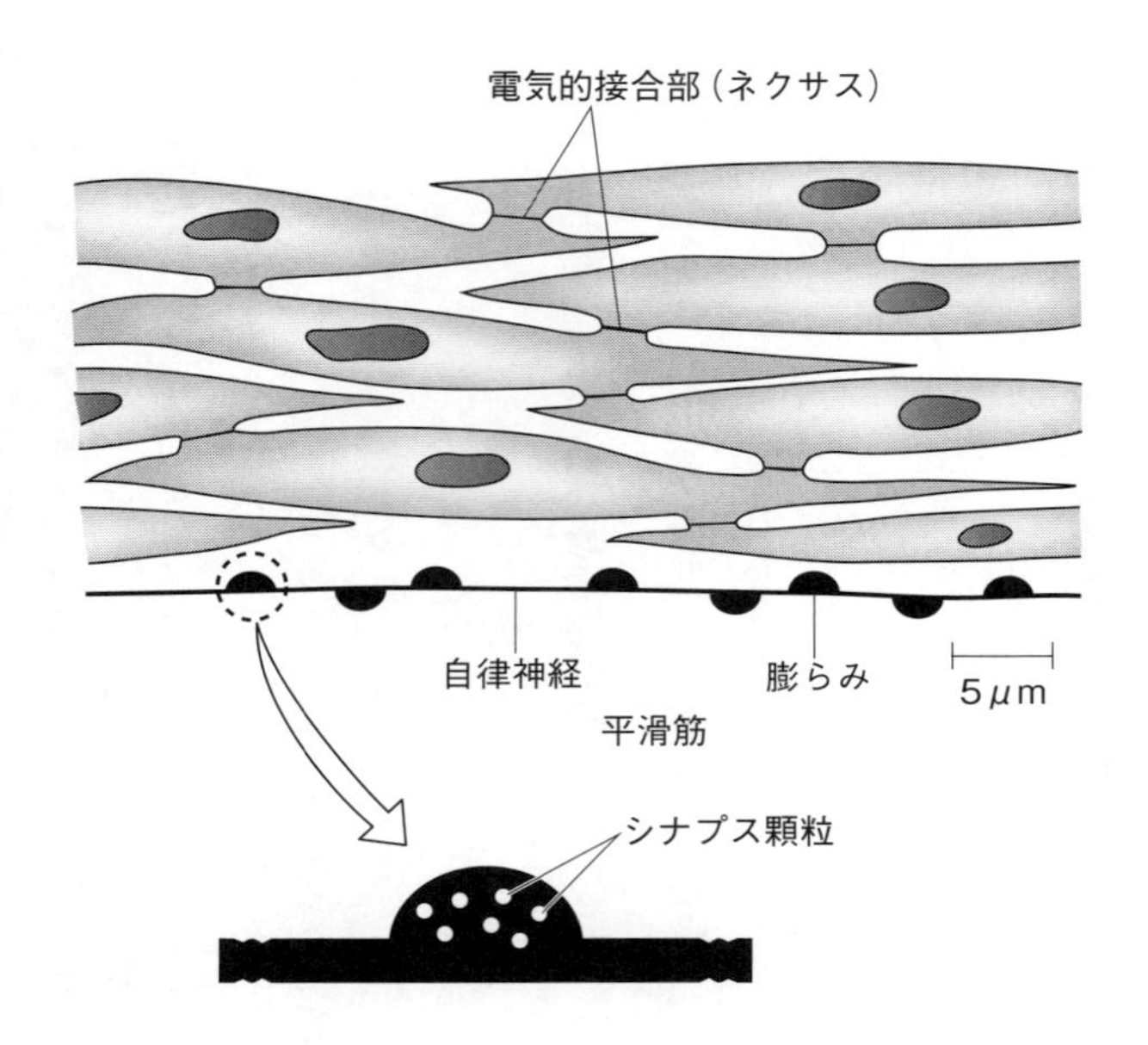

図5-1　平滑筋細胞の接着

横紋がみられないので平滑筋とよばれる。平滑筋には筋フィラメント間の滑りを制約するZ膜構造がないので、収縮により著しく短縮できる。つまり平滑筋は、著しい短縮を必要とする組織・器官のために大自然がデザインした筋肉である。

血管平滑筋の収縮・弛緩は、われわれの自由意志とは無関係に自律神経系により調節されており、例えば皮膚の下を走る血管の筋肉は、外気温度が低い時は収縮して体温の発散を防ぎ、運動により体温が上昇すると弛緩して血管を拡張させ、体温の

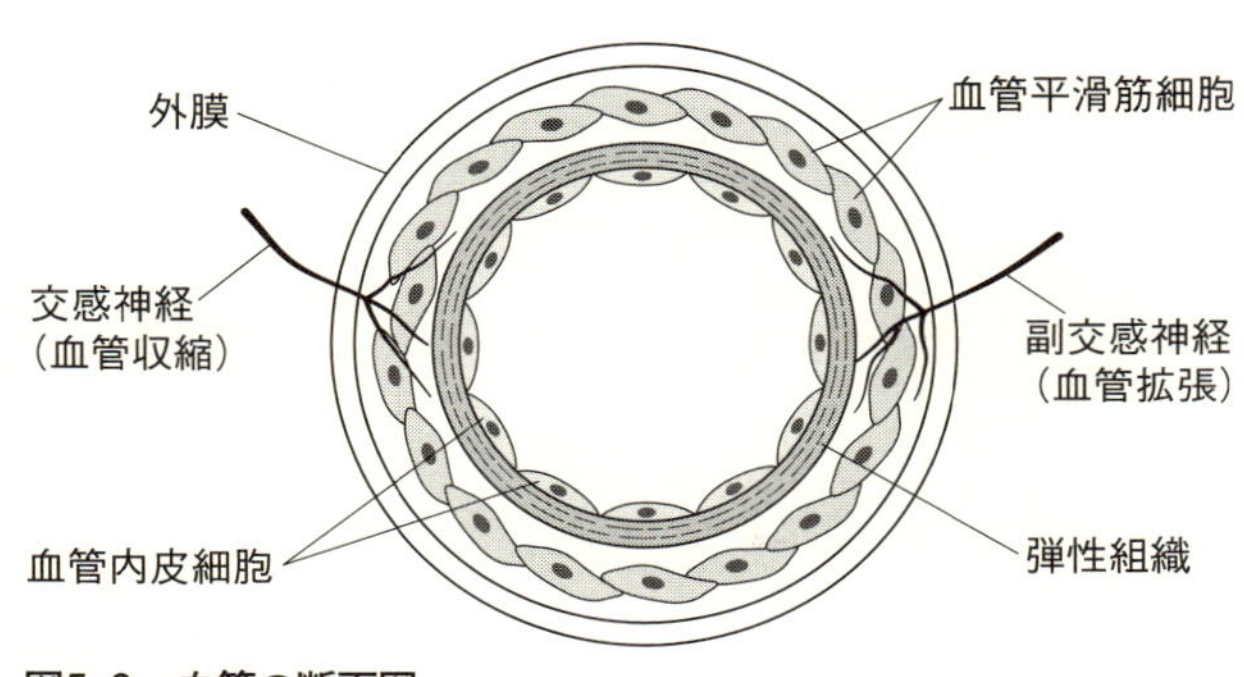

図5-2　血管の断面図

外気への発散を促す。

また安静時の身体の組織・器官への血流は、自律神経により最適な値に保たれている。この身体各部への血流調節（あるいは血流の配分）は、図５‐４のようなしくみでおこなわれる。心臓から出る大動脈は身体内を進むにつれて次第に細くなり、細動脈となる。これから先は毛細血管となり身体の各々の細胞に酸素を供給し、二酸化炭素を回収する。身体の毛細血管の総延長距離は10万㎞に達する。毛細血管は身体組織を通過したのち、細静脈に入り、最後は大静脈で心臓に帰ってくる。細動脈と毛細血管の境界では前毛細血管括約筋という血管平滑筋が血管を取り巻いており、これが収縮すれば毛細血管への血流が止まり（A）、拡張すれば毛細血管への血流が盛んになる（B）。

このように血管平滑筋は、心筋と同様にわれわれの生命維持のため絶えずはたらいている。身体安静時には、各々の血管平滑筋の多くは中程度に収縮した状態にあり、これ

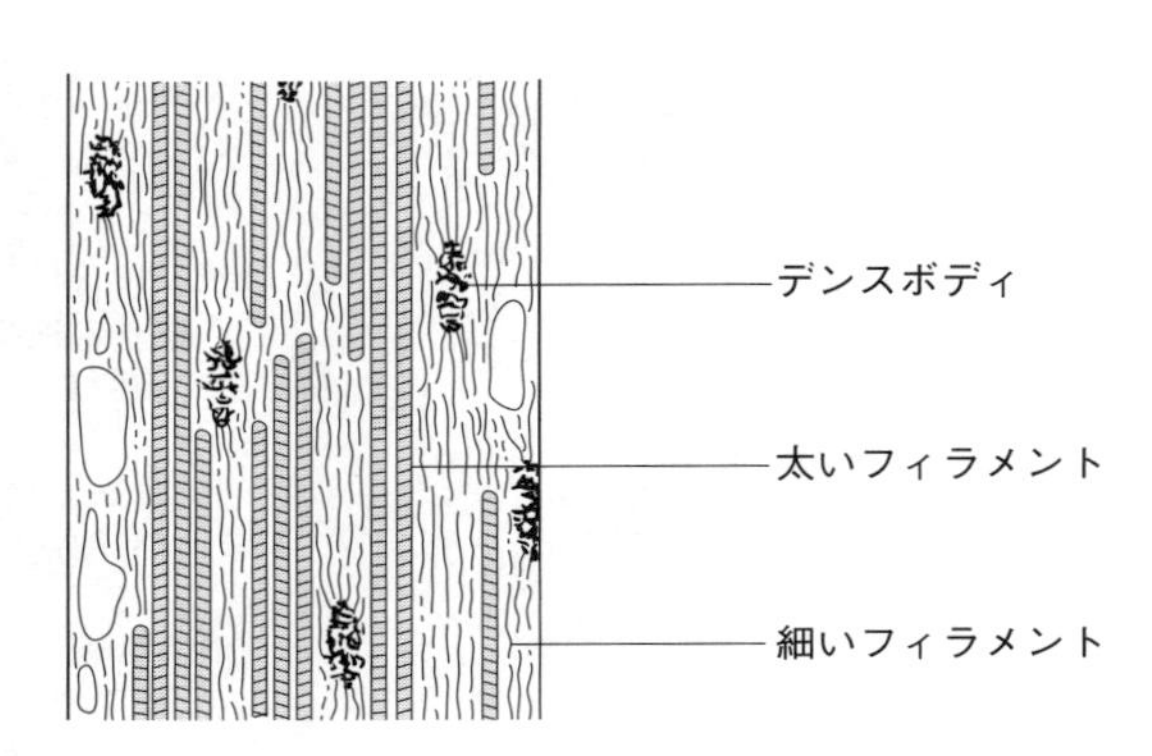

図5-3　平滑筋の構造

は、必要なエネルギーを節約するため、血管平滑筋にはエネルギーを消費せずに負荷を支えるラチェットのようなしくみがあるのではないかと想像されている。このしくみをラッチ機構というが、まだよく研究されていない。このしくみがよく研究されているのは、第11章で詳しく説明する軟体動物の二枚貝の筋肉である。

図５－５は、安静時と種々の運動時との間で、血管平滑筋によりいかに身体各部分での単位時間あたりの血流量が変化するかを示したものである。ここで単位時間あたりの総血流量の激しい増加は、血液を送り出す心臓の拍動頻度（心拍数）の増大によるものである。この図にみられるように、筋肉以外の組織・器官への血流量は減少しているが、脳への血流量は運動により変化せず、一定に保たれており、血流の調節がいかに精妙におこなわれているかがわ

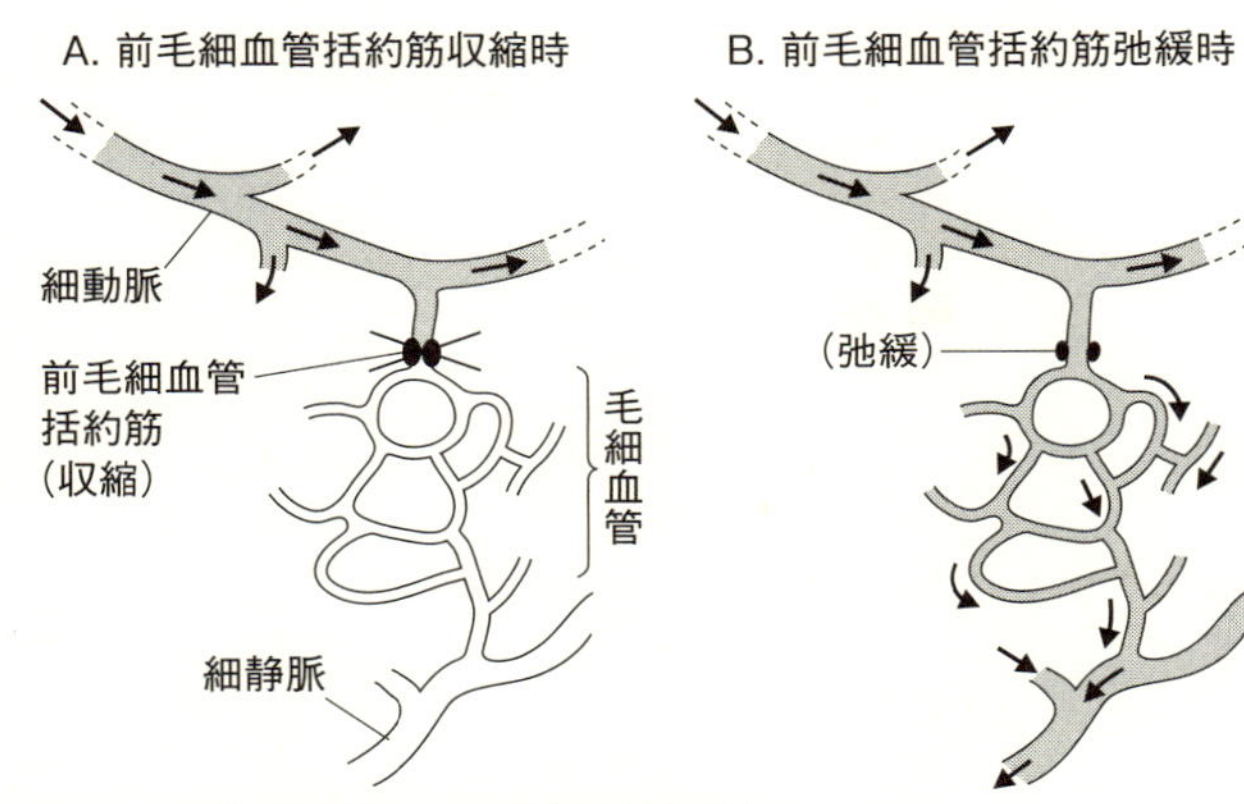

図5-4　血管平滑筋による組織の血流調節

かる。もし運動により脳血流量が減ったら、われわれは運動中に失神してしまうだろう。

5-2　消化管平滑筋と精神的ストレス

われわれが食物を消化液により分解し、栄養素を体内に吸収する消化・吸収作用は、主として小腸でおこなわれる。図５－６に示すように、小腸の最内側には消化・吸収作用をおこなう粘膜層があり、その外側に輪状平滑筋および縦走平滑筋がある。またこれらの平滑筋層の間には、これら平滑筋の活動を調整する自律神経の網状構造（アウエルバッハ神経叢とマイスナー神経叢）がある。

これらの神経叢の調節により、消化管は2種類の運動をおこなう（図５－７）。一つは蠕動運動で、縦走筋と輪状筋の収縮がある部位でおこり、これが

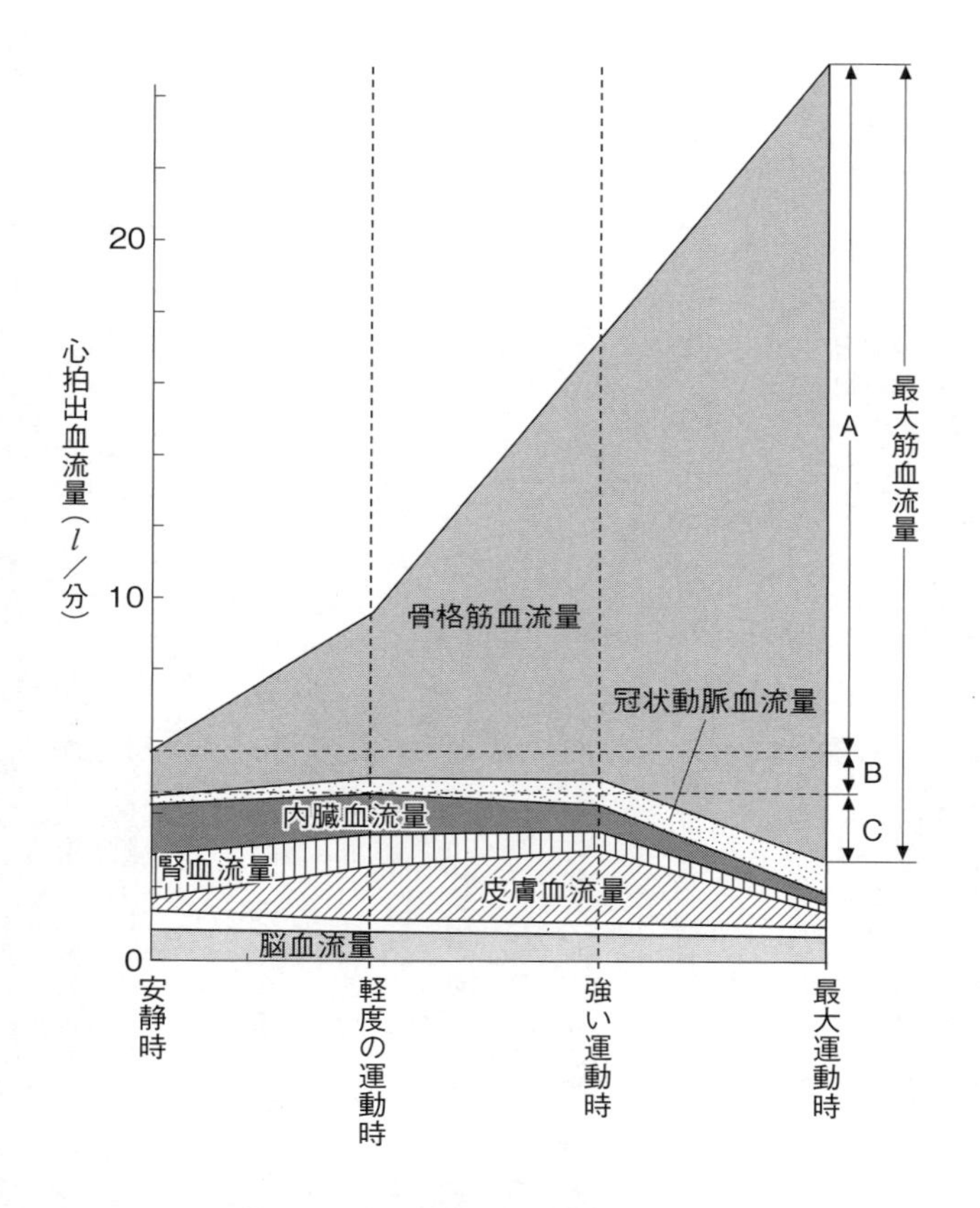

図5-5　運動の強さと身体の諸器官への血流の分布

(A) 心拍出血流量増加による運動時の筋血流量増加　(B) 安静時の筋血流量　(C) 筋以外の諸器官への血流量の減少による筋血流量の増加

ウェードら（1962より改変）

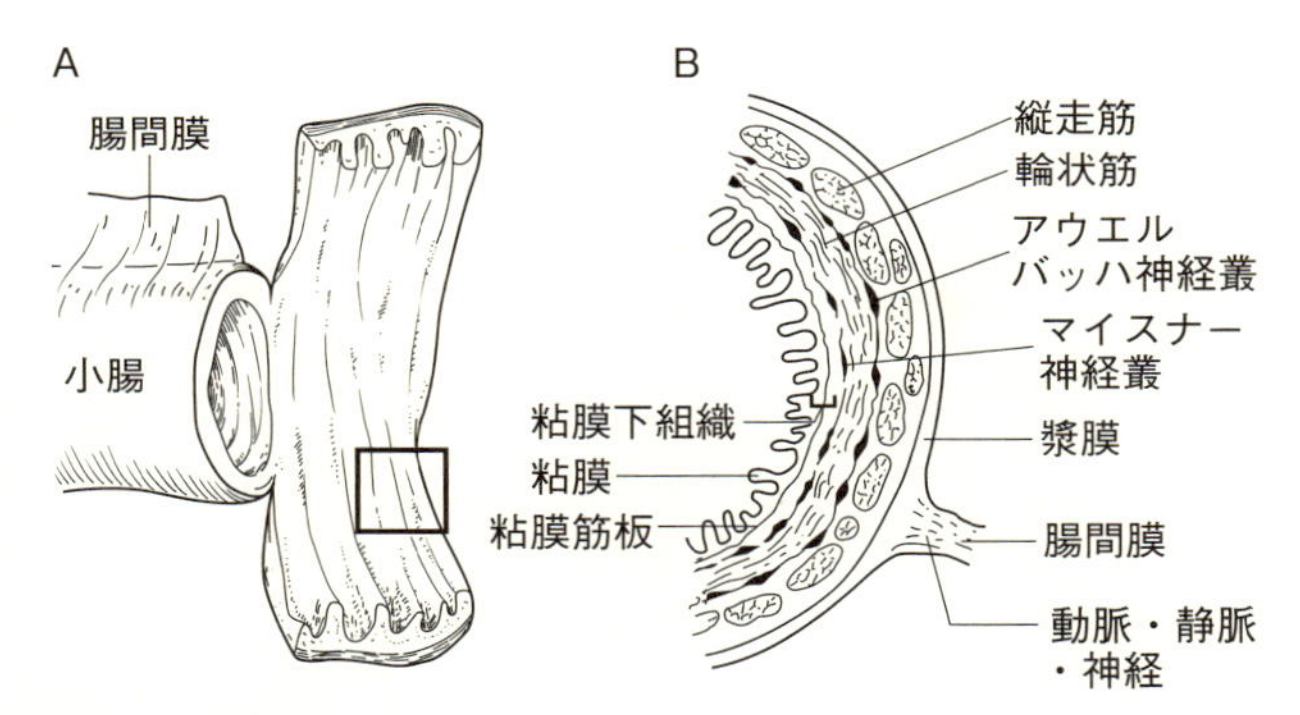

図5-6　小腸の断面図

Aの□の部分を拡大した模式図をBに示す。胃、小腸、大腸はほとんど同じ構造をもつが、食道や直腸下端では漿膜や腸間膜がない。

胃→小腸→大腸の方向に移動していく（A）。この蠕動運動により食物が消化管に沿って送られていく。今一つは分節運動で、同一箇所で輪状筋が収縮と弛緩を繰り返す（B）。この運動により消化管から分泌される消化液と食物が攪拌（かくはん）される。

もし誤って有毒な物質を食べ、これが胃に入ってくると、胃のなかの物質の種類を感知する感覚器がこれを感知し、胃の平滑筋を急激に収縮させて胃の内容物を口から吐き出させる。これが嘔吐である。また有毒物質が胃を通過し小腸に入ってくれば、やはり小腸の感覚器がこれを感知し、急速な蠕動運動により有毒物質を排除する。これが下痢である。このように消化管平滑筋は、体内に入った毒物を排除しわれわれの健康を守っている。

物事をくよくよ思い煩っていると、胃腸の正常なはたらきが阻害され、しばしば消化管の潰瘍（かいよう）をおこ

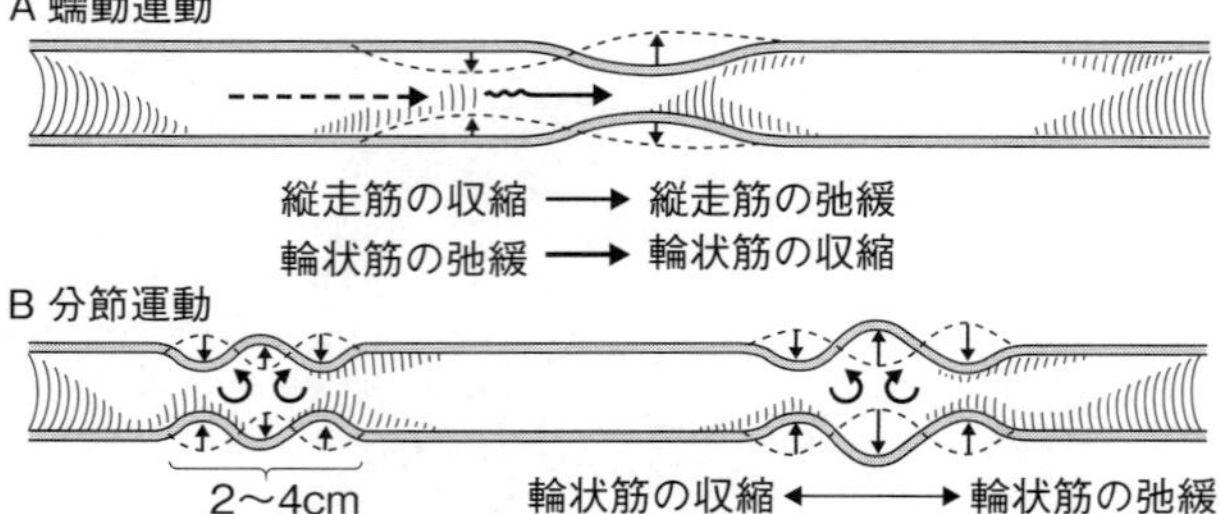

図5-7　蠕動および分節運動の模式図

（A）蠕動運動は腸管壁の収縮と弛緩が同時に生じて伝播する。（B）分節運動は、収縮と弛緩を交互に繰り返しながら糜汁（びじゅう）を混合する。

することが知られている。このため、胃潰瘍などは精神の病であるともいわれる。胃潰瘍の原因は、胃の粘膜が胃の分泌する消化液の作用により損傷する現象で、消化液から粘膜を守っている粘液の分泌が、自律神経系の精神的ストレスによる変調のため減少し、この結果胃の粘膜が直接消化液に曝されるためにおこるのである。胃潰瘍が精神的疾患と見なされるのはこのためである。

精神的ストレスが消化管の運動を阻害することは、イヌでもおこることが知られている。イヌの腹部の皮膚を部分的に除去し、この部分にプラスティックの板を取り付けると消化管の活動が観察できる。イヌに精神的ストレスを与えると、食物摂取後の消化管の運動が著しく不活発になる。この現象は、知能の発達したイヌでは、精神的ストレスが容易に自律神経系を変調させ、消化管平滑筋のはたらきを阻害することを示している。

第6章 健康寿命のために、日常の身体運動

6‐1 文明社会による精神的ストレスと、運動不足による生活習慣病

近年の我が国の平均寿命の延長は著しく、１００歳以上の長寿者の数は6万人を超えるに至った。この現状を反映して健康寿命の延長が叫ばれるようになっている。健康寿命とは、「健康上の問題で日常生活が制限されることなく生活できる期間」を指す。また、他人の介助を必要とせずに生活でき、認知症とは無縁な、活発な精神活動を維持する状態であると考える。

認知症の原因は現在のところ不明であり、これを予防する最善の道は、すでに本書で触れたように、自分の仕事、あるいは趣味に打ち込み、充実した精神活動を続けることに尽きる。充実した精神活動の実態は文字どおり十人十色である。使用しない器官の機能が衰え退化・縮小する

「廃用萎縮」現象は、あらゆる器官にあてはまる真理であり、精神活動を司る大脳皮質の神経回路も例外ではあり得ない。ここでは健康寿命の大敵として、精神的ストレスと生活習慣病の予防について考えることにしよう。

精神的ストレスは、大自然を征服し文明社会を築いた人類特有の疾患である。野生動物が好ましくない環境や天敵の襲来などから逃れるには、身体の骨格筋を使って移動、あるいは逃亡すればよい。しかしわれわれ人類は、例えば好ましくない上司の「いじめ」を受けても会社からおいそれと逃亡することはできず、精神的ストレスを抱え込む。この精神的ストレスの最大の害悪は、われわれの身体の「免疫反応」が長期間衰えることである。この結果、例えばガンや感染症などの疾病を発症するウイルスや、その他の有害生物が身体に取り付いてもこれを速やかに排除できず、不治の疾患に罹(かか)れば健康寿命が根底から断ち切られてしまう。

胃潰瘍は典型的な精神的ストレスの産物で、これが悪化すれば消化管に穴が開き、生命は危機に瀕する。精神的ストレスの原因も十人十色なので、自身が努力してこれを消滅させるほか解決法はない。

一方生活習慣病の根源は、文明社会の交通機関の発達、人力に代わる機械の開発などによる「運動不足」→肥満→生活習慣病、という道筋である。この生活習慣病の最終段階は、動脈硬化→心筋梗塞・脳卒中による死亡、である。しかしこの生活習慣病の原因は運動不足、栄養の摂り

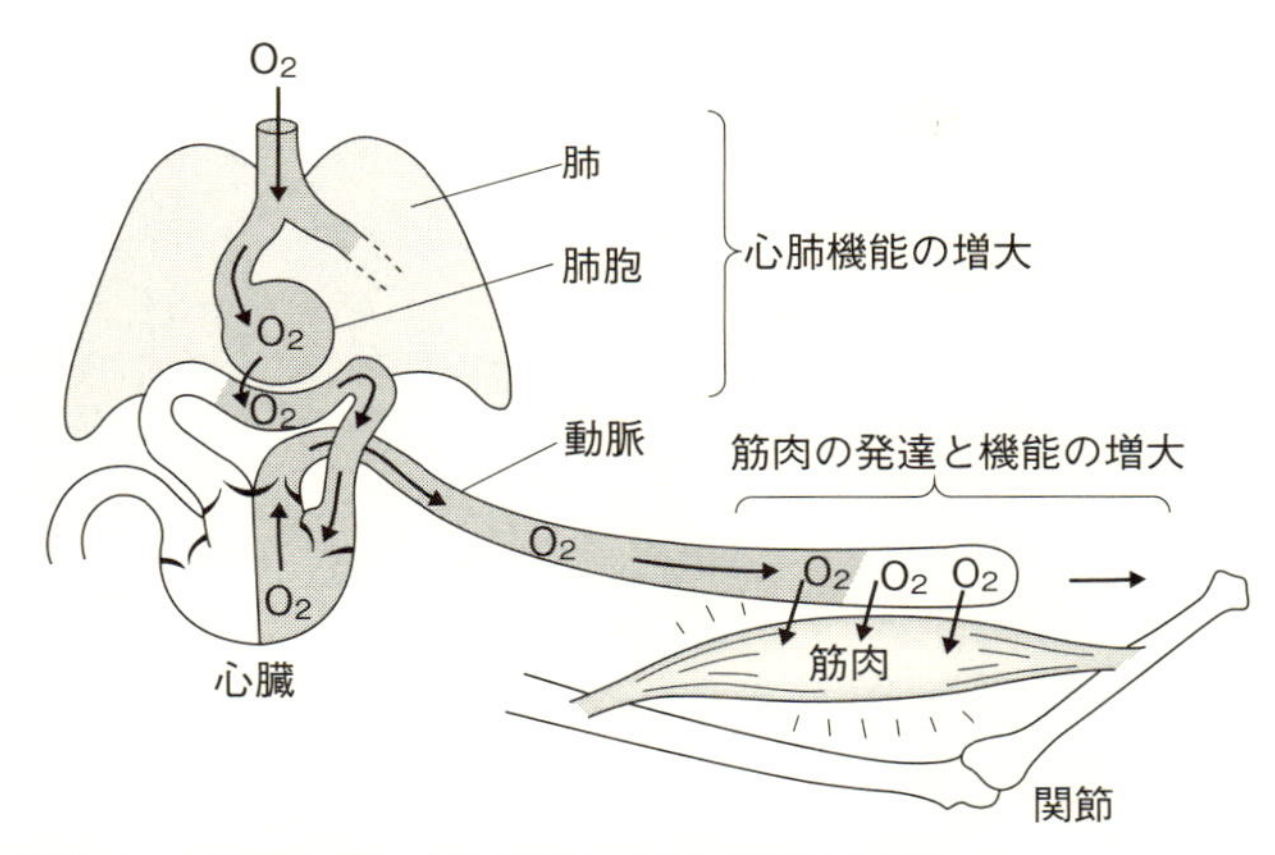

図6-1　有酸素運動による筋肉および心肺機能の増大

すぎにあるので、日常生活に身体の運動を取り入れればこれらをある程度は予防することができる。

　誰もがフィットネスクラブなどを利用して運動ができるとは限らない。一般の人々にとって容易に実行可能なのは、毎日20〜30分あるいはもっと、散歩やジョギングをおこなうことである。これらの運動は呼吸をしながら、つまり酸素を取り入れ、これを燃焼させながらおこなう「有酸素運動」なので、下半身の筋肉を発達させるばかりでなく、呼吸により酸素を取り入れ、この酸素を血液循環により筋肉に供給する「心肺機能」も同時に増進する（図６－１）。

　直立歩行する人類では下半身の静脈の血圧はゼロであり、血液の逆流を防ぐ弁がある。下肢の筋肉が収縮し太くなると静脈が圧迫され、血液は上方に絞り出される。このため下肢の筋肉を「第二

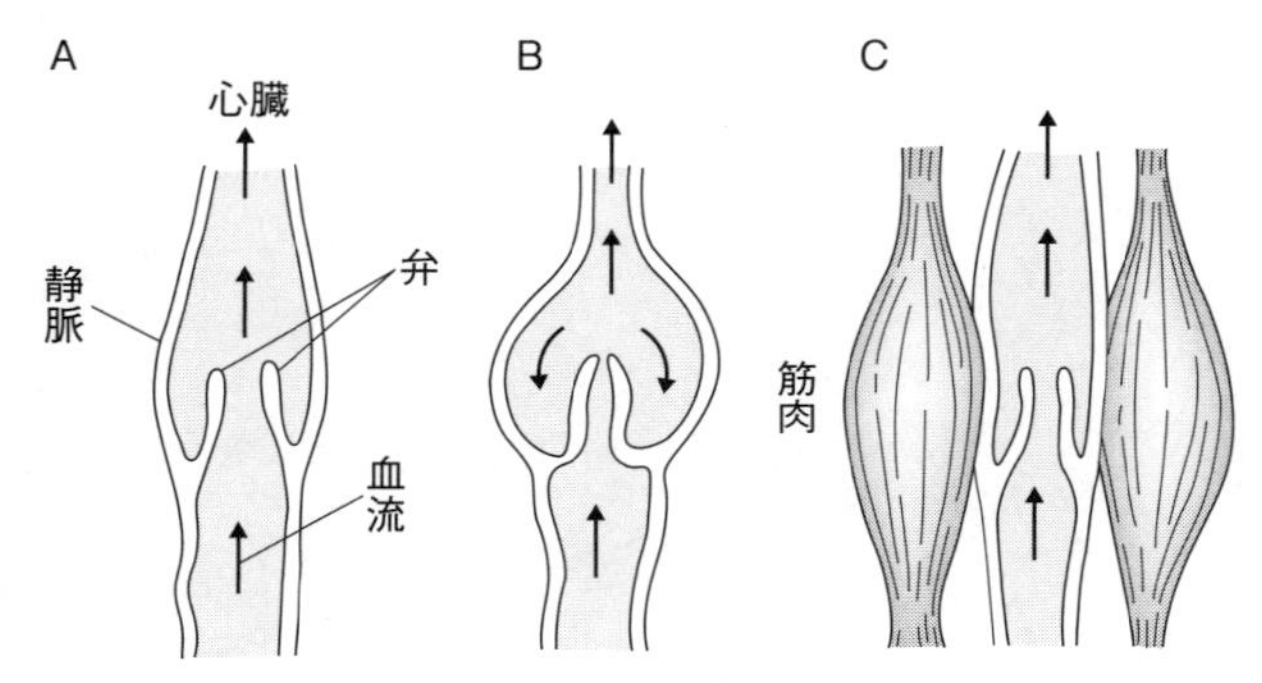

図6-2　下肢の静脈の弁による血液の逆流の防止（A、B）と、下肢の筋肉の収縮による静脈血流の促進（C）

の心臓」といい、これにより直立時の下半身の血液循環を促進する（図6－2）。

さらに身体運動はエネルギーを消費するので、運動をしなければ体内に蓄積され肥満の原因となる「身体の脂肪」を減少させる。図6－3に示すように、激しい運動ではもっぱらブドウ糖などの炭水化物が燃焼してエネルギーを供給するが、中程度の運動では炭水化物とともに脂肪も燃焼するので、体脂肪を減少させ肥満を防止する。ここで中程度の運動とは「続けていても苦痛がなく、運動が楽しくなる」運動である。この定義は曖昧であるが、体力、持久力の著しい個人差を考えると、このような表現になってしまうのである。より詳しく運動とエネルギー消費について知りたい方は、拙著『やさしい運動生理学』を参照していただきたい。運動はまた骨を発達させ、次に説明する骨粗鬆症の防止にも役立つので、いいことずくめである。

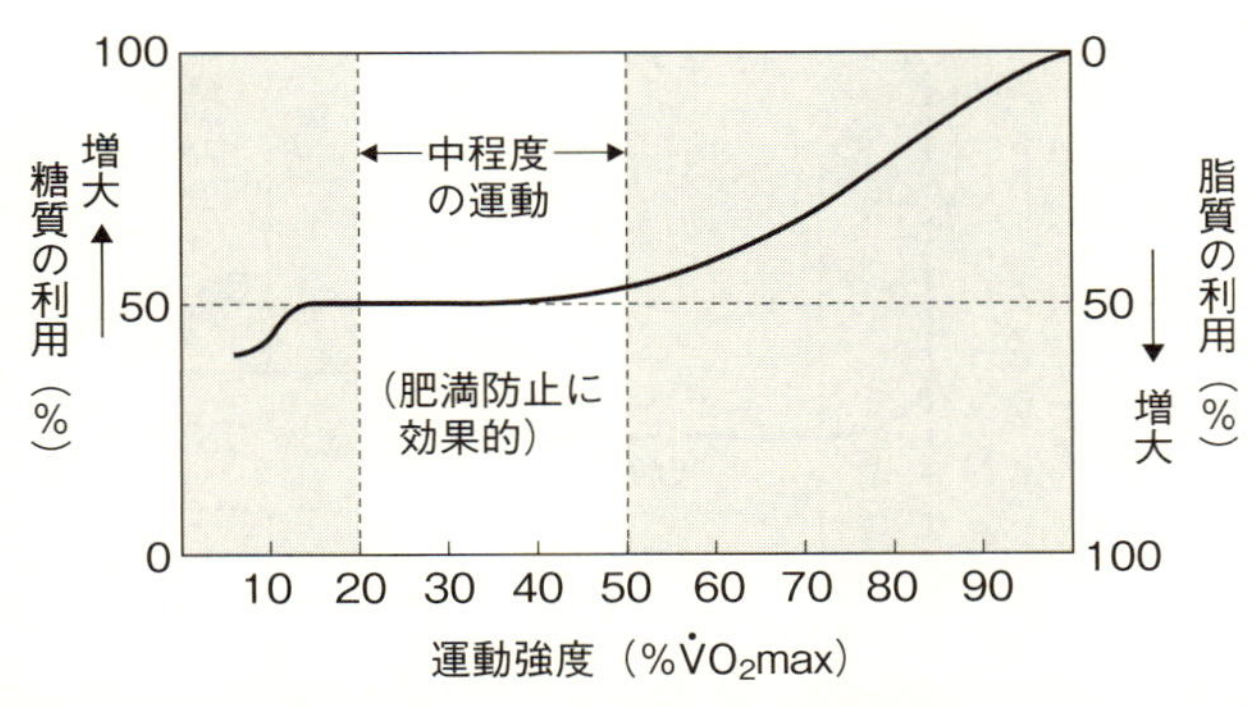

図6-3　運動強度と好気性エネルギー産生機構によるエネルギー供給時の糖質および脂質の利用比
オストランド（1967）より改変

6-2　車椅子生活に直結する骨粗鬆症

「歴史の父」といわれる古代ギリシャのヘロドトスはある日、エジプトの古戦場を訪れ、散乱している頭蓋骨に二通りあることを発見した。一つは叩けばすぐ粉々になり、今一つは叩いてもなかなか割れないのである。不思議に思った彼は、付近の住人にこの理由を尋ねた。答えは「エジプトの兵士は日光の下で帽子をかぶらないが、ペルシャの兵士は頭にターバンを巻いているから骨が脆（もろ）いのだ」であった。この答えは現在からみても正しかったのである。

骨は一旦できあがると、そのまま変化しないと思われるがこれは誤りで、骨は絶えず新生と消滅を繰り返す動的な組織なのである。

図6-4は身体のCaの動きを示す模式図である。

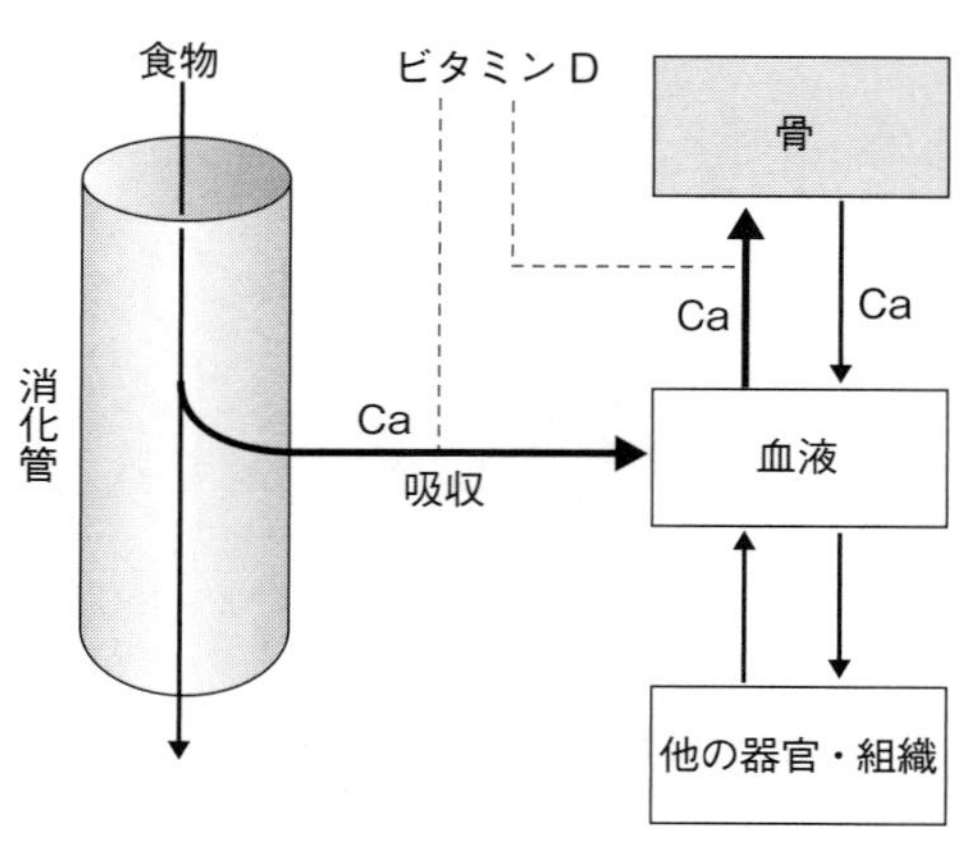

図6-4　身体内のCaの動き

骨の材料であるCaは、まず食物として摂取され、消化管から体内に吸収される。この過程にはビタミンDが必要である。体内に取り込まれたCaは血液中に入り、骨の形成に利用される。この過程にもビタミンDが必要である。Caは血液凝固など、身体の種々の機能にも必要なので、もし血液中のCa濃度が低下すれば、骨を形成するCaは逆に血液中に溶け出し、血液中のCa濃度を一定の値に保つ。

　このように骨のCaと血液中のCaは動的平衡状態にあり、骨のCaは身体のCaが不足したときこれを補う、Ca貯蔵庫の役割をもっている。つまり血液のCa濃度が高ければ、Caは骨に取り込まれるので骨はより太く厚くなり、逆の場合には骨のCaが血液に溶け出し、骨は細く薄くなる。以上の説明からわかるように、Caを多く含む食物（骨ごと食べられる小魚など）の摂取を心掛けることが、骨粗鬆症の予防に必要である。

また身体の骨は、これに加えられる力によりCaの取り込みが盛んになる。つまり日常の歩行あるいはジョギング運動により、下半身の骨に力が加えられることも骨粗鬆症の予防につながるのである。

ビタミンDは皮膚に日光の紫外線があたることにより皮膚でつくられる。したがって、帽子をかぶらず日光の紫外線を受けるエジプト人兵士の頭骨は厚く頑丈になり、そうでないペルシャ人の兵士の頭骨は薄く弱くなったのである。

骨粗鬆症は女性に多く、下半身を骨折すれば車椅子生活を余儀なくされ、健康寿命は損なわれる。特に高齢の女性はCaを多く含む食事をとり、日光の下で（熱中症などに注意しながら）運動するよう心掛けねばならない。

第3部

さまざまな動物の筋肉の驚異

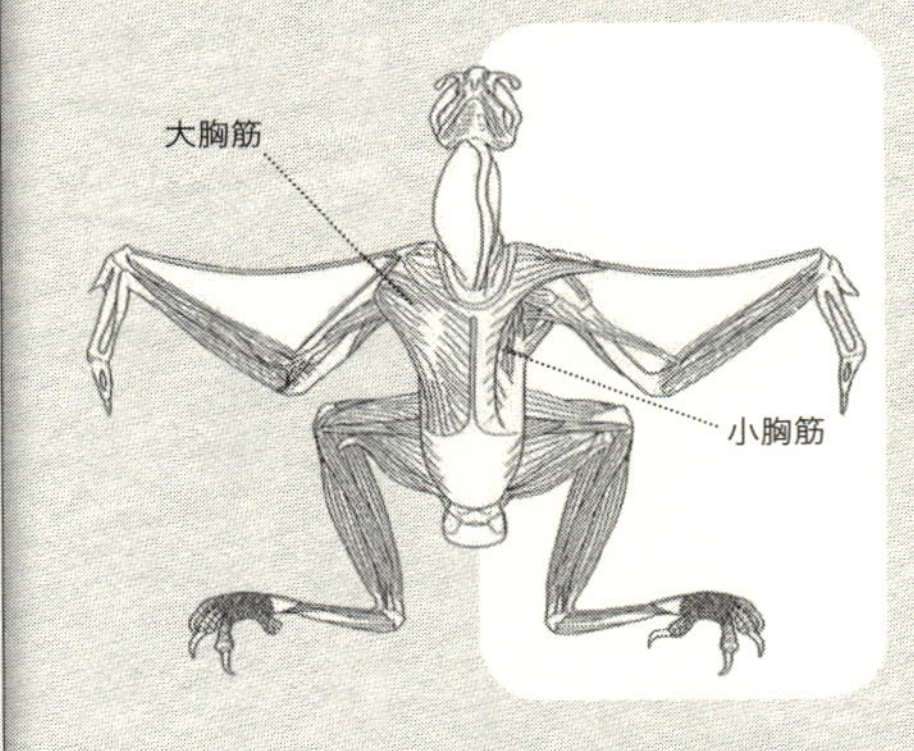

図7-1　タカ科の猛禽類の筋肉
図の右側は小胸筋がみえるように、大胸筋を除去している。
スタルク（1982）

本書の第1部ではまずわれわれの身体運動をおこす骨格筋の横紋の謎の解明史から筆をおこした。天才ヒュー・ハクスレーによる横紋構造の実態の解明により、筋肉が天然のリニアモーターであることが明らかとなった。そして、このリニアモーターとしての筋肉を構成するアクチン・ミオシンフィラメントの構造と機能が研究された結果、ミオシンフィラメントから突き出たミオシン頭部こそが、筋肉リニアモーターを駆動する超微小エンジンであることがわかった。

続く第2部ではわれわれの身体内の、骨格筋による関節運動、心筋による心臓のポンプ作用、血管平滑筋による血流の調節などに焦点を絞って説明してきた。なお、ここまで筋肉の直列弾性要素、筋節長・張力曲線など、一般の解説書には取り上げられない専門的な項目の説明をおこなった。その理由は、この第3部で扱う種々の動物の環境への驚異的適応が、一般読者には耳慣れないこれらの筋肉の性質を利用あるいは改変することで、成し遂げられている場合があるからである。

第7章 天空を征服した鳥類の飛翔筋

7-1 飛翔筋が発生する驚異的な力

地球の歴史上、最初に空中を飛ぶ能力を獲得したのは昆虫であるが、大型の動物で初めて天空を飛翔したのは、太古の翼竜である。この翼竜のうち大きなものは翼を広げた長さが10m以上に達した。この大型翼竜が果たして自由に地面から舞い上がれたのか、については議論があるが、筆者は力発生器としての筋肉の性能からみて、大型翼竜は問題なく自由に飛翔できたと考える。理由はあとで説明する。

地球への大隕石の衝突により翼竜を含む巨大な恐竜は滅亡した。このとき生き残った、恐竜に起源を持つ鳥類から、現生の鳥類が進化したといわれる。この鳥類の体は小型となり、体温を一

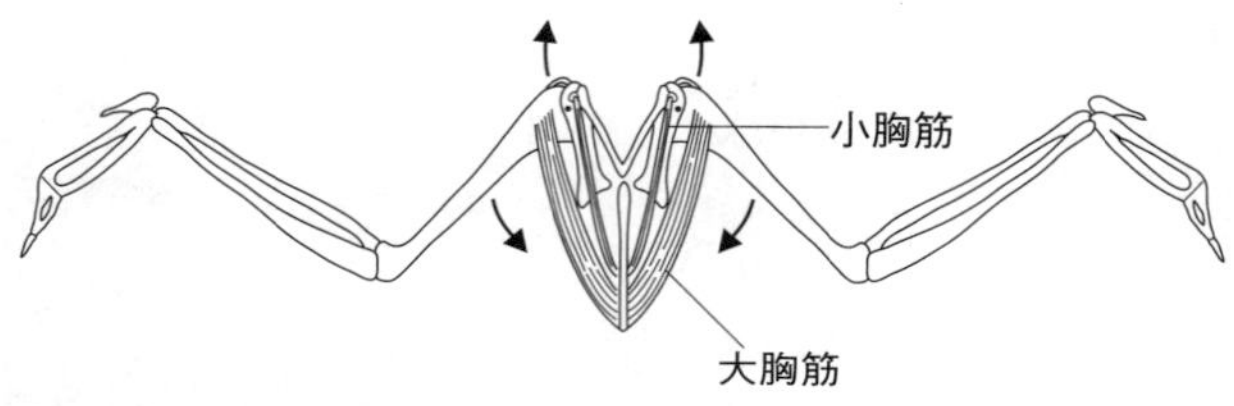

図7-2　翼を上下する大胸筋

スタルク（1982）

定に維持する恒温動物となり、また保温にも空中の飛翔にも有効な羽毛で体を覆うようになった。その結果鳥類は、氷河期など地球の環境の激変期を乗り切ったのである。変温動物で、巨大な体の保持に多大のエネルギーが必要な恐竜は、隕石の衝突がなくても氷河期を乗り切れなかったであろう。

図7－1（141ページ）は飛翔力の発達したタカ科の鳥（ノスリ）の体の筋肉を示したものである。胸部の大半は大きな大胸筋で覆われている。大胸筋の後ろに隠れて、細い小胸筋（烏口上筋とも
いう）がある。これらの飛翔筋の重量は、タカのような猛禽類では全体重の25％にも達する。

鳥は前肢が変化した翼を動かすため、翼を下に打ち下ろす強力な大胸筋と、翼を上に上げる小胸筋とが翼の付け根の翼と胴体を繋ぐ関節の両側に付着している（図7－2）。したがってわれわれの身体の関節運動と同様に、翼はその付け根の関節を中心とする回転運動をおこない、トルクを発生する。本書の第2部で、われわれの腕の関節で屈筋の発生する力を計算したように、鳥類が地上から舞い

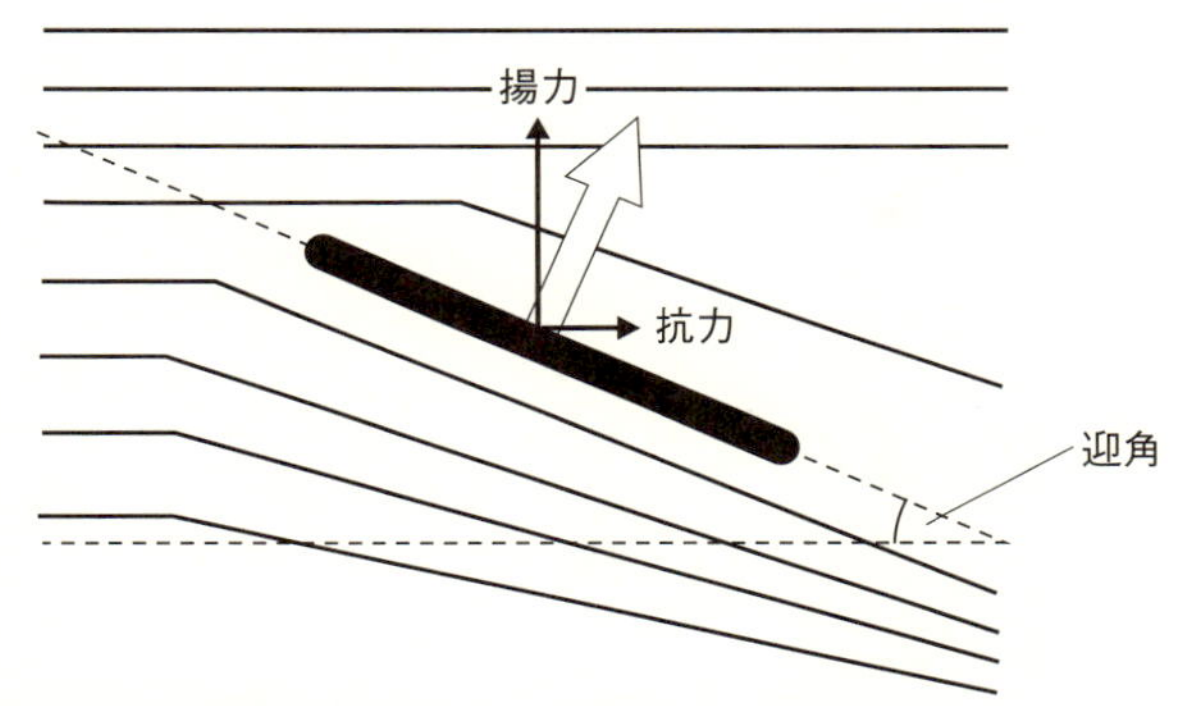

図7-3　板を空気の流れに斜めに置いた時の揚力

上がるため翼を打ち下ろすさい、大胸筋が発生する力を考えてみよう。しかしこれには、いくつかの前置きの説明が必要である。

鳥の翼は複雑精妙にできており、翼を打ち下ろすさい、翼内の筋肉のはたらきにより、翼の断面の形状ばかりか羽毛の方向まで変化させて、翼に沿って前方から後方へ向かう空気の流れを作り出し、鳥を空中に浮上させる揚力を作り出している。これは鳥が舞い上がるとき、ヘリコプターのように垂直に上がるのではなく、斜め上方に昇ってゆくこと、大型の鳥は飛び上がるさいにしばしば助走をすることからも理解される。つまり翼のはたらきは、鳥の体を前方に動かし空気の流れを作ることにある。一旦空気の流れができれば、大自然のデザインした翼が揚力を作り出してくれるのである。

板を図７－３のように、空気の流れのなかに斜めにおくと空気の流れが乱され、板は太い矢印の方向に空気の

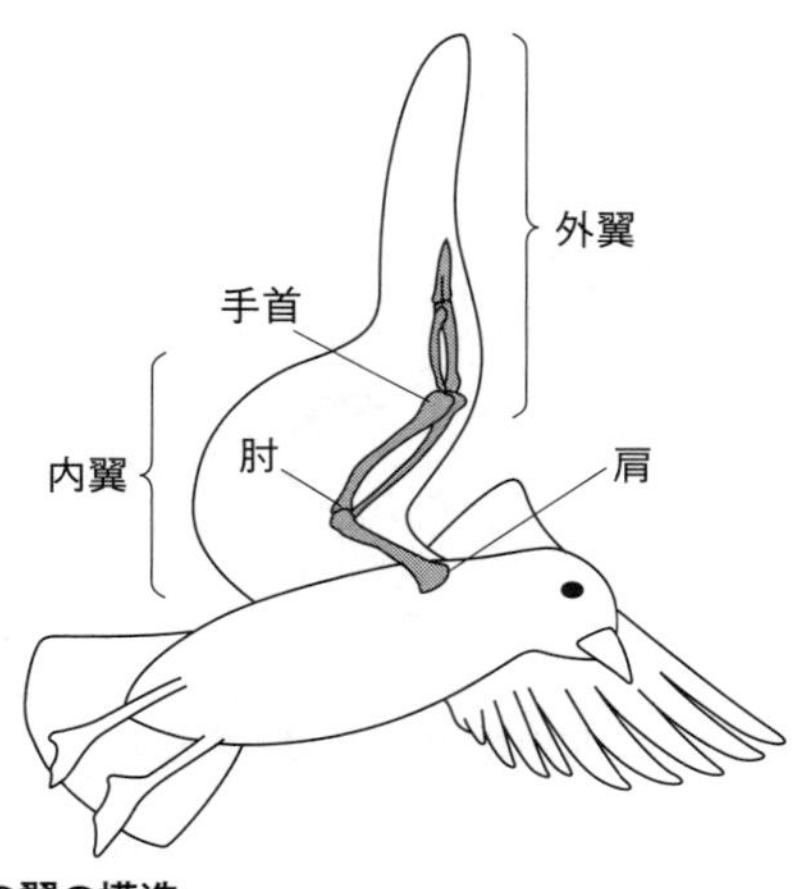

図7-4　鳥の翼の構造

『エアロアクアバイオメカニクス』（2010）より

力を受ける。この力の垂直成分が揚力、水平成分が抗力である。また板が空気の流れに対してなす角度を迎角という。ドイツのオットー・リリエンタールは、この板の断面や形状と揚力との関係を研究し、鳥の滑空のしくみの秘密に迫ってゆく。

図7－4は鳥類の翼の構造を示したものである。翼には3ヵ所の関節がある。まず鳥の胴体と羽の間の関節（関節1）は翼が羽ばたく支点で、われわれの腕の肩の関節に対応する。次の関節（関節2）はわれわれの腕の肘の関節に対応し、最も先端の関節（関節3）はわれわれの手首の関節に対応する。翼の付け根の関節1から関節3までの部分を内翼、これより先の部分を外翼という。この外翼には骨が少なく、大部分は初列風切羽（かざきりば）という長い羽で占められてい

る。風切羽は翼の先端で空気の流れをおこし、鳥を空中に持ち上げる揚力を発生させるはたらきを持つ。したがって風切羽を取り除くと、鳥は羽ばたいても飛ぶことはできない。

一方内翼は羽ばたきをおこし、鳥の体を動かすトルクを発生する。鳥の飛行中の翼の先端の運動を記録すると、図７－５のような軌跡で動いている。この軌跡がつくる図形の長軸を翼のストローク面という。このストローク面は斜めに傾いており、羽ばたきにより鳥に加えられる平均的な力の方向はストローク面にたいし直角、つまり斜め上方である。この力により羽ばたき中の動きの少ない内翼に、鳥を持ち上げる揚力が発生する。

ここで翼を動かす大胸筋のはたらきに話をもどす。翼がその付け根の関節の周りに回転するトルクはもちろん翼の部位によって異なる。しかし翼各部で発生するすべてのトルクの平均値T_{av}を、その関節からL m離れた点で発生するトルクに置き換え得ると考えよう。このトルクの値は、$T_{av} = X$ (kg) $\times L$ (m) である。体重４kgのコウノトリの翼の長さは約60cmなので、Lをその内翼部分の長さ40cmとする。リリエンタールはXの値を、左右の翼にそれぞれコウノトリの体重と等しい４kgが必要と考えた。しかし現在の考えでは、鳥類が地上から飛び上がるのは、翼を打ち下ろす際に空気から受ける反作用によるものではなく、翼の運動が作り出す空気の流れから生ずる揚力を利用しているのである。したがってリリエンタールの見積もりは過大である。

ここでは仮に、コウノトリが飛び立つさい左右の翼がそれぞれ発生するXの値を、コウノトリ

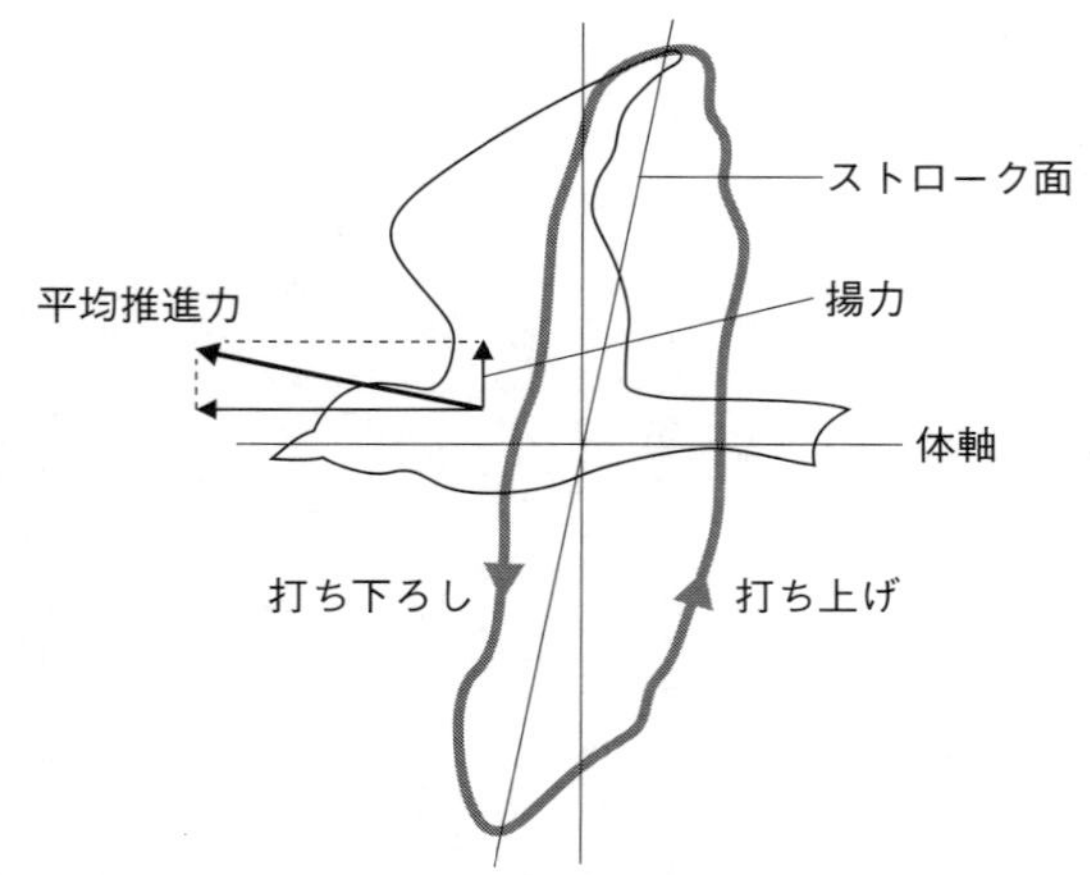

図7-5　鳥がはばたいているときの、翼先端の運動軌跡
『エアロアクアバイオメカニクス』(2010) より

の体重4kgの半分の2kgと考えよう。大胸筋が翼の骨の関節から2cmのところに付着していると仮定すると、てこの原理により、翼の付け根で大胸筋の発生する力は、2kg×40cm/2cm＝40kg、つまりコウノトリの体重の10倍である。この値を、われわれの骨格筋の単位断面積あたりの発生力、5kg／cm²で割ると、大胸筋の断面積は8cm²となり、一辺が2・8cmの正方形の面積に等しい。この値はコウノトリの大胸筋のサイズからみて大きすぎるようである。したがって、大型鳥類の飛翔筋の筋線維の単位断面積あたり発生する力は、われわれの骨格筋よりかなり大きいらしい。ミオシン頭部エンジンの筋節あたりの数が多い、つまり筋節長が長いこと、個々のミオシン頭部エンジンがATP分解のエネルギーをより効率よく力に変換していること、などの可能性が考えられる。

　ここで、筋節長と筋線維が単位断面積あたり発生する力との関係を説明しておこう。すでに説明したように、筋線維が長さを一定に保って力を発生するとき、各々の筋節の間で発生する力は釣り合っている。つまり筋線維の単位断面積あたりの力は筋線維の長さとは無関係である。さらに個々のミオシン頭部エンジンの発生しうる最大の力が一定であると仮定すれば、個々の筋節が発生する力は、筋節内に含まれるミオシン頭部の数に比例する。図7－6はこれを説明したものである。筋節Aの長さは筋節Bの長さの2倍である。したがって筋節Aのミオシンフィラメントの長さも、ここから突き出るミオシン頭部の数も、筋節Bの2倍である。したがって、筋線維の単位断面積あたり発生する力も2倍になる。

　一方、筋線維が短縮する速度は、ミオシン頭部が筋フィラメント間の滑りをおこす速度が同じなら、筋節Bからなる筋線維の短縮速度は、筋節Aからなる同じ長さの筋線維の短縮速度の2倍になる。なぜなら、前者の筋線維には後者の筋線維の2倍の筋節が直列に繋がっているからである。つまり動物のある部位の筋肉がどんな（静止状態での）筋節長を持つかは、その筋肉が要求される機能で決まってくる。例えばザリガニやロブスターなどの甲殻類のハサミを閉じる閉筋は、筋節長約8μmである。この結果ハサミの力は強大で、われわれの指を切断しうる。このため店頭に並ぶ生きたロブスターは、我が国では厳重にハサミを緊縛してあり、筆者が暮らした米国

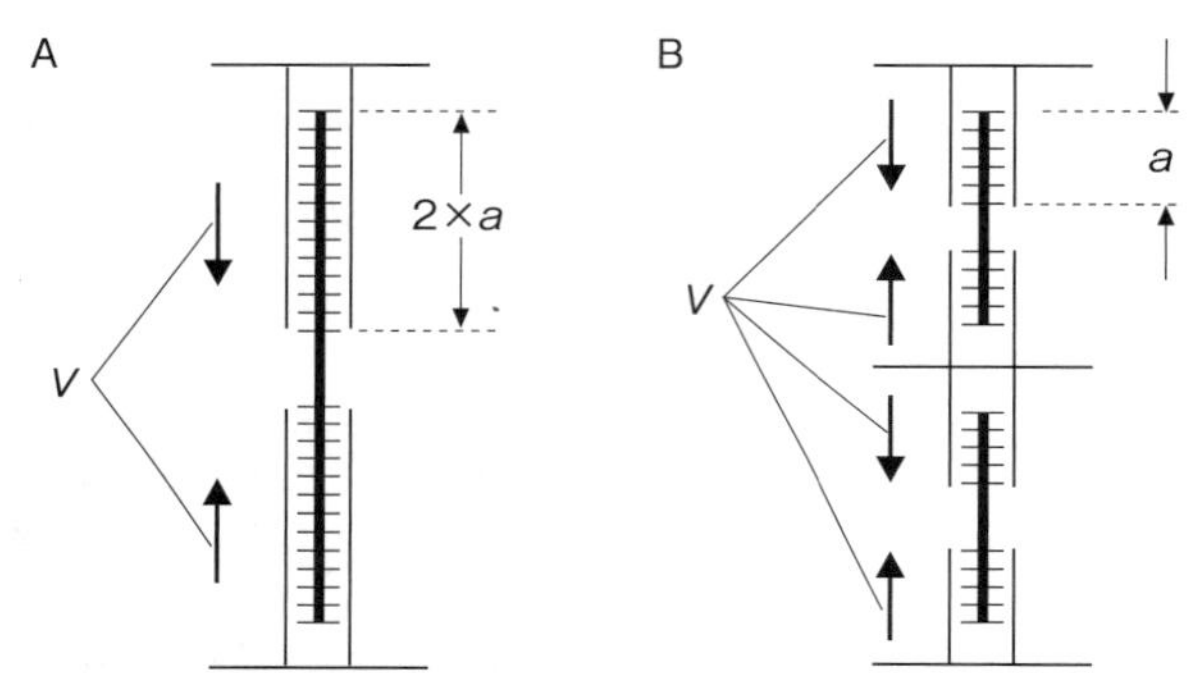

図7-6　筋節の長さと筋肉の短縮速度および発生張力の関係
Aの筋節は、Bの筋節の2倍の長さを持つ。

ではハサミの関節に木栓を打ち込み、閉筋の腱を切断してある。

話が脱線したが、もし鳥類の大胸筋の静止状態の筋節長が約8μmなら、その単位断面積あたりの発生張力は約17kg／cm²に増大し、40kgの力を発生するサギの大胸筋の断面積は約2・4cm²となる。これは一辺1・5cmの正方形の面積で、実際の大胸筋のサイズと矛盾しないだろう。なお筆者が調べた限りでは、小型鳥類の大胸筋の筋節長はわれわれのそれと同じく約2μmである。しかし大型鳥類の大胸筋の筋節長の資料が見当たらない。筆者は機会があったら自分でこれを調べたいと思っている。

ハーバード大学のビエウナー（Biewener）らは、ハトを実験室で羽ばたきによる水平飛行させ、ハトが翼を打ち下ろすさい、翼の付け根の関節で大胸筋が発生する力を測定した。図7－7に示すように、大胸筋の発生す

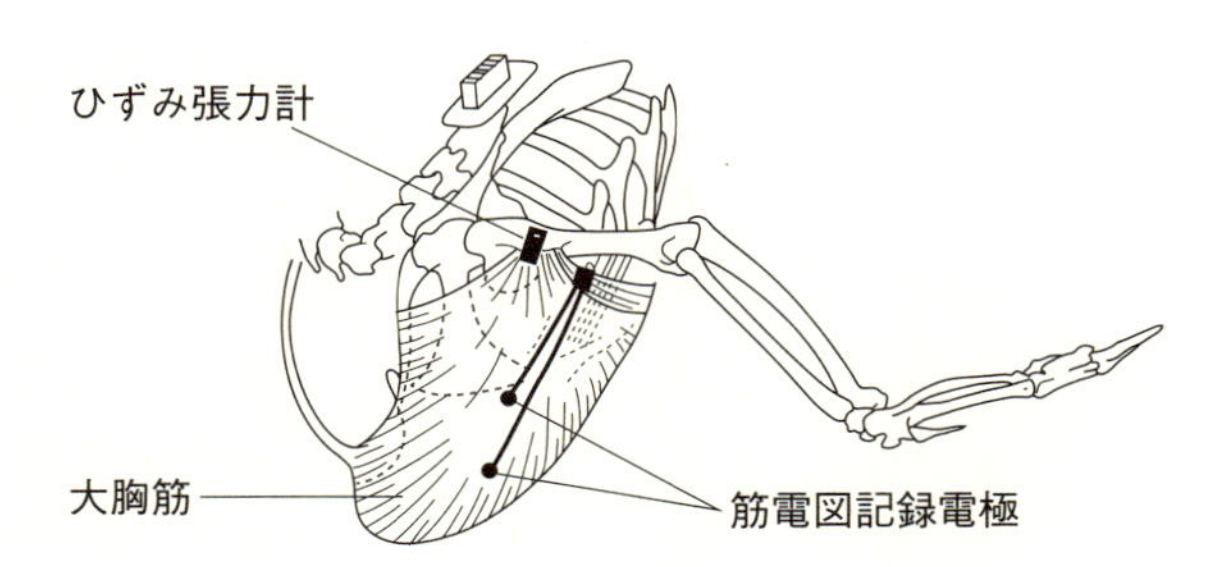

図7-7　ハトの飛行中の大胸筋の発生力と筋電図測定装置

（A）ハトの翼の筋肉の配置。（B）ハトの飛翔中、大胸筋が発生する張力の、翼の付け根の関節に取り付けたひずみ張力計による測定および大胸筋の活動電位（筋電図）の測定法。
ビエウナー（2011）

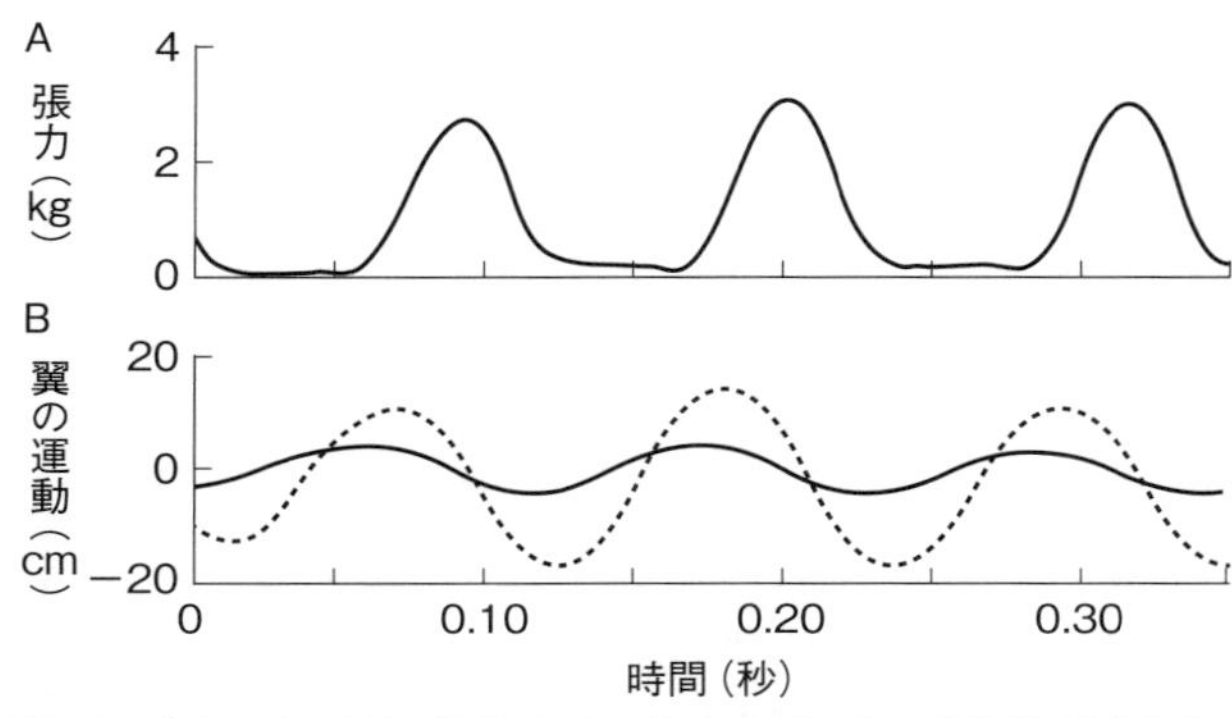

図7-8　(A) ハトの翼の打ち下ろし、打ち上げのさい大胸筋が発生する張力　(B) ハトの翼の先端（破線）および関節基部（実線）の運動

ビエウナー（2011）

る力は翼の付け根の関節の骨に取り付けたひずみ張力計により、大胸筋の活動電位（筋電図）は筋に差し込んだ電極により記録する。図7－8はこの実験法で得られた結果である。Aは翼の打ち下ろし、打ち上げのさい大胸筋が発生する張力の記録、Bは翼の打ち上げと打ち下ろし運動である。張力のピークの値は3kgに達する。この値はハトの体重約600gの約5倍である。

同様な研究がやはりビエウナーらによりカササギを用いておこなわれており、この場合翼の打ち下ろしのさいに大胸筋が発生する力のピークは1・2kgに達する。この値はカササギの体重の約7倍である。以上の研究結果からみて、本節で筆者が論議した、コウノトリの大胸筋の発生する力がその体重の約10倍であろうとの考えが、あながち的外れではないことがわかる。

7-2　渡り鳥はなぜ飛び続けられるのか

ハイイロミズナギドリは、ニュージーランドから出発して北アジアに向かう渡り鳥である。ニュージーランドで南半球の夏を過ごして仔を育て、地球を縦断する渡りをおこない、北半球の夏を日本やアラスカで餌を摂って過ごす。彼らは正に「地球を股にかけて」何千年も以前から渡りをおこなってきたのである。人類が「地球が丸い」ことを覚り、マゼランが世界を一周してこれを確認するはるか以前である。

渡り鳥のなかには、実に１万キロ以上を休まずに飛び続けるものがあるという。この距離は地球の赤道の４分の１を超えている。渡り鳥は上空に昇り、気流を巧みに利用してグライダーのように空中を滑空する。重力のため体が下降すると、翼を羽ばたかせて高度を回復し、また滑空を続ける。したがって渡り鳥の飛行中、大胸筋は大部分の時間を、翼を滑空に最適の形状に保持していればよい。すでに第２部で説明したように、ミオシン頭部エンジンは、筋肉が長さを変えずに力を出し続けるとき最もエネルギー発生が少ない。つまり渡り鳥の筋肉の驚異の持続力、耐久力は、大自然の作り上げた筋肉の作動特性の賜物なのである。なお最近、渡り鳥のなかには実に２００日間、無着陸で飛び続ける例が報告された。このような場合、鳥の脳は半分ずつ交互に睡眠するという説と、滑空時に睡眠する説などがある。同じ謎は、一生遊泳を続けるマグロなどの回遊魚でも存在する。

渡りの飛行中、気流はいつも都合よくおこるとは限らない。悪天候による気温の低下は鳥から体温を奪い、逆風に対してはこれに耐える翼の激しい運動が必要となる。このため飛翔筋の筋線維内には心筋と同様に、筋原線維の間にATP製造工場であるミトコンドリアがびっしり配列し、ミオシン頭部エンジンが「ガス欠」になるのを防止している。

鳥類の飛翔の巡航速度は毎時数十kmであるが、ハト、ツバメなどの最大速度は毎時100kmを超える。戦前、東海道線の列車の最大速度は毎時95kmであり、戦後も特急列車の名称は鳥類にあやかって「はと」、「つばめ」などと命名されていた。また19世紀から盛んに使用された伝書バトは、ハトが1000km離れた地点にももどれる帰巣能力を利用したもので、著名な富豪ロスチャイルドは、伝書バトによりいちはやくワーテルローの戦いにおけるナポレオン軍の敗北を知り、英国で巨額の利益を得た。

しかし最近は、伝書バトの長距離帰巣コンテストで、数千羽が参加してもことごとく行方不明になる事態が続出している。コンテスト時に丁度太陽の磁気嵐がおこるのが原因とみられる。つまり伝書バトは地磁気を感知して帰巣方向を定めるのであろう。

またしても脱線するが、生体の代謝機能の生化学的解明は、まずクロード・ベルナールの研究で、グリコーゲンとその分解産物グルコースがわれわれの身体のエネルギー源であることがわかり、ついでマイヤーホーフ、エムデンらによってグルコースの細胞質での分解過程、解糖作用が解明されたが、ここから先の研究の発展は壁に突き当たってしまった。

この壁を突破した天才クレブスは、鳥類の大胸筋が渡り飛行に多大のエネルギーを消費することに注目し、この筋肉そのものを研究対象に選び、この大胸筋の示す化学反応を研究して、現在生体の代謝経路図の中心に燦然(さんぜん)として輝くクレブス回路を一気に発見した。彼の成功は、この大胸筋が機能が保全された大量のミトコンドリアを含み、このミトコンドリアが大量のＡＴＰを産生する化学反応を、クレブスの前に示したことによるものであった。

一方、クレブスの先行者たちの研究のゆきづまりは、彼らが使用した骨格筋にはミトコンドリアが少なく、ミトコンドリアの膜と構造的に不可分に結び付いたＡＴＰ産生作用が彼らの視野に入らなかったためであった。

さてここで、太古の巨大翼竜が果たして自由に飛び回れたのか、それとも気流を利用して高いところから飛び降りてグライダーのような滑空をおこなえたにとどまるのか、を考察してみよう。まず、巨大翼竜は小型の翼竜が進化して巨大化したという。この巨大化への進化は、巨大化

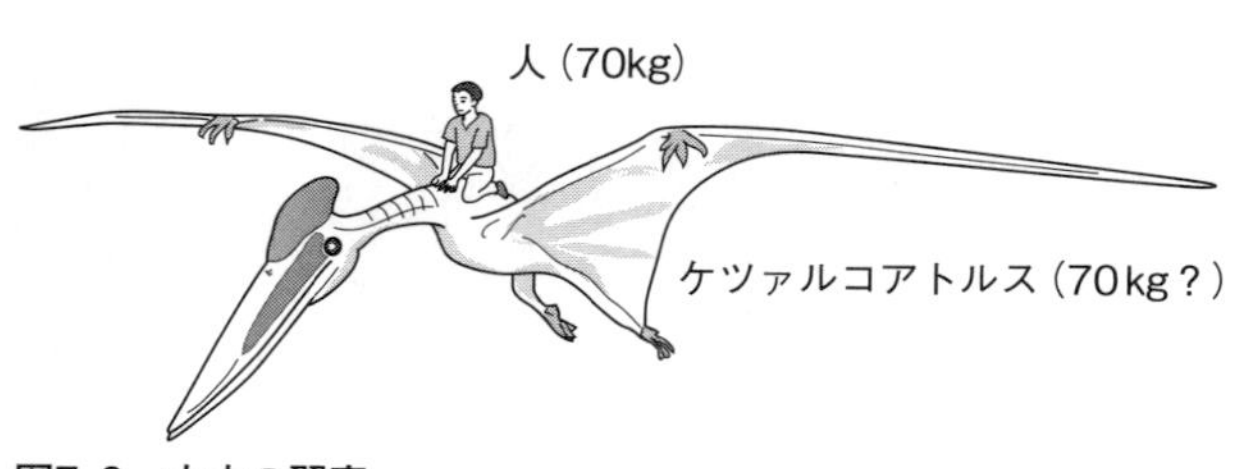

図7-9　太古の翼竜

が生存上より有利になるためであろう。翼竜類は海辺の付近で生活しており、現代のカモメなどの海鳥類と同様の生態学的地位を占めていたとされている。これが真実なら、体の巨大化と引き換えに飛翔の自由を失うような愚劣な進化がおこるとは思えない。

翼竜は飛翔に有利になるよう、骨の内部を空洞化して体重を軽くしている。そしてその頭部は胴体に比べて大きく、長い首を持つ。一方体の骨格は翼開長に比べて小さく、現生の鳥類ではその体と翼の大きさのバランスが取れているのに比べ、異様な対照を示している（図7-9）。筆者の考えでは、翼竜の大きな頭部と長い首は、海面の近くを飛翔しながら海中の大型魚類を見つけ、首を海中に突っ込んでこれを捕らえるのに役立ったものと思われる。この捕食行動は受動的な滑空では円滑におこなえないだろう。

巨大翼竜は翼開長が10mを超えるにも拘わらず、体重は70kgに過ぎなかったとされる、もちろんこの値に根拠はなく、「翼竜が飛んでいた」と信じたい研究者の願望の表れであろう。ここではすでに考察したように、翼竜の飛翔筋の筋節長が10μmで、単位断面積あたり20kgの力を発生すると仮定し、この巨大翼竜の飛翔に必要な条件を考えてみよう。

まず体重70kgは明らかに過小評価なので、体重をこの値の2倍の140kgとしよう。翼の打ち下ろしが空気に及ぼす作用の中心点が、翼の回転中心から3m離れた部位にあるとすると、さきほどの計算と同様に、ここでのトルク$T=X$（kg）・L（m）は、$X=140/2=70$kg、$L=3$mとして$T=210$kg・mとなる。翼の回転中心から30cmのところで大胸筋が翼の骨に付着すると考えると、レバーアームの比は1：10となり、大胸筋の発生力は、210kg×10＝2100kg、つまり翼竜の体重の15倍となる。この筋の単位断面積あたりの発生力は20kg/cm^{2}なので、大胸筋の断面積は105㎠となる。これは一辺約10cmの正方形に相当する。巨大翼竜が飛べなかった理由に、その胸部が小さく強力な筋肉を持てなかった、という意見がある。しかし巨大翼竜の胸郭はヒトがすっぽり収まる大きさがあり、この胸部に上記の断面積の大胸筋が付着することに何の不自然さもない。筋肉の出す力はその長さには無関係なのだから。つまり翼竜はかるがると飛べたであろう。

7-3　鳥類の滑空に魅せられた人たち

地上に文明社会を築き上げた人類にとって、最大の羨望の対象は天空を飛ぶ鳥類の飛翔であった。なかでも大型鳥類の滑空は好奇心に富む人々を魅了し、この滑空の秘密に迫り、みずからも鳥類にあやかって滑空しようと試みた。そして多くの人々が鳥の翼をかたどった人工の翼を作り高所から滑空を試み、夥しい挫折を繰り返してきた。

鳥類の滑空に魅せられ、生涯を滑空の秘密の解明に捧げたのが、前述のドイツのリリエンタールである。彼は図7-10のような実験装置を考案した。三角形のフレームの頂点mの周りを回転するアームe—e′が取り付けられている。一方のアームには錘gが、他方のアームにはいろいろな形の断面を持つ板a—bが取り付けられている。この装置に風を当てると、板に揚力Fが発生しアームが回転する。この揚力をアームに繋がれた鋭敏なバネ秤fで測定する。

彼はいろいろな断面を持つ板が風を受けたとき発生する揚力を測定し、この図にみられるような湾曲した「アーチ型」(図の曲線a—b)が最もよく揚力を発生することを発見し、さらにこのアーチ型断面の板の両端が、単に切り落とした形(図7-11A)ではなく、細く尖った形(図7-11B)であると、板の先端に生ずる空気の渦が少ないことも突き止めた。実際、鳥類(コウモリも含む)の翼はみな先が細く尖っている(図7-12)。こうして彼は鳥類の滑空の秘密に迫ってゆき、得た成果をもとに設計・製作した翼を身に付けて、適当な向かい風の吹く条件下で滑空に成功した(図7-13)。彼は自宅のそばに小高い円錐形の丘を築き、その頂上から滑空に都合のよい向かい風を受ける方向に滑空した。

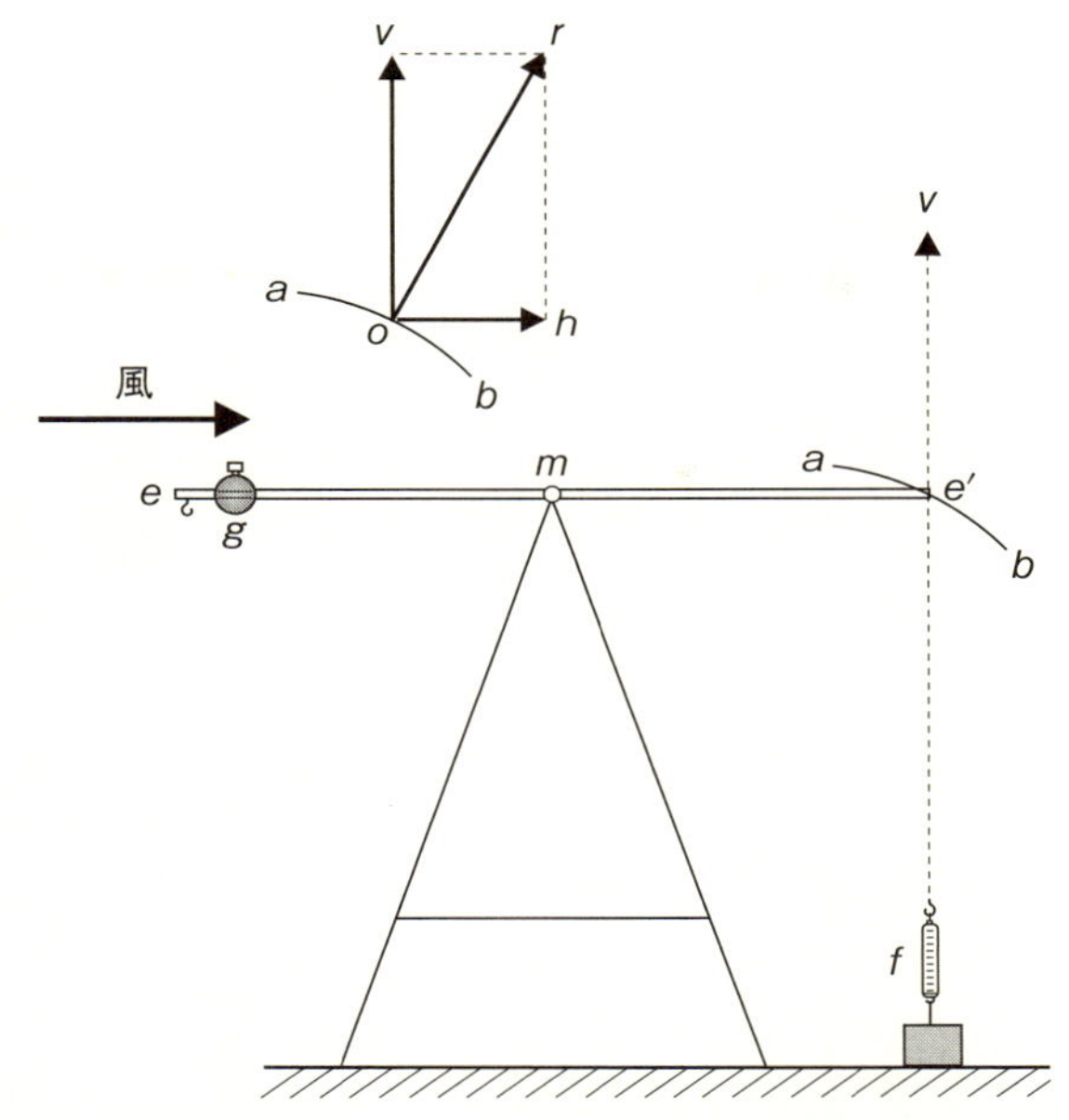

図7-10　リリエンタールによる、アーチ型の板が風を受けるとき生ずる揚力を測定する装置

つまりリリエンタールは、鳥類の飛翔というより、大型鳥類の滑空を模倣し、これに成功した。彼の残した滑空のための翼についての膨大なデータは、彼の後継者であるライト兄弟をはじめ、後世のグライダーの設計に生かされている。図7－14は彼の著書中にある、彼が研究対象として子供の頃から愛したコウノトリの翼の構造を示した図版である。彼は次の段階として、この翼を羽ばたかせる動力を検討し始めた。彼の夢はあくまで鳥類の羽ばたきによる自

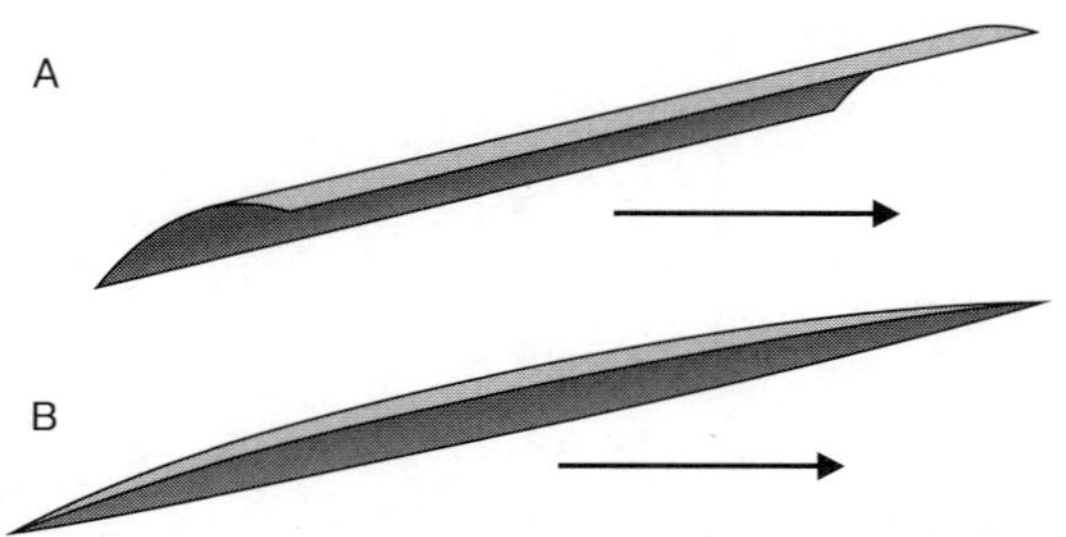

図7-11　端を切り落とした板（A）と、尖らせた板（B）の空気抵抗の比較

リリエンタール（1889）

由な飛翔能力を手中にすることであった。しかし大自然はこれを許さなかった。というより人類が鳥類を模倣するには限界があったのである。

リリエンタールの1人乗りグライダーには、先駆者の仕事の常として多くの未完成、不完全な点が残されており、特にその安定性に問題があった。つまり危険が潜んでいたのである。ある日彼は、翼を羽ばたかせるエンジンに思いを馳せながら、いつものように滑空を楽しんでいた。ところが急に突風が吹き、彼のグライダーは失速し墜落した。こうしてリリエンタールは偉大な先駆者としての生涯を終えたのである。

リリエンタールの後継者は米国のライト兄弟である。しかし彼らは、翼の羽ばたきで天空を飛び回る鳥類の模倣は不可能だと、最初から念頭になかった。彼らが目指したのは、動力によってグライダーを前方に動かし、その翼の揚力で空中に浮かび飛行することであった。彼らはリリエン

図7-12　いろいろな鳥の翼形

リリエンタール（1889）

タールの残した翼の形状と揚力のデータを利用し、さらにこれを改良するため、まずリリエンタールの揚力測定の実験装置（図7−10）を小型・軽量化して自転車に取り付け、懸命に自転車を走らせて風をおこし揚力を測定した。人々はこれに驚き、ライト兄弟は頭がおかしくなったと噂した。彼らはさらに風洞を発明し、これを実験に用いた。また彼らはグライダーの設計・製作にあたり、その滑空のさいの安定性を重視した。墜落しリリエンタールの二の舞となるのを恐れたのである。彼らはいきなりグライダーに乗ろうとはせず、無人のグライダーでテストを重ねた。こうして遂に1903年、ライト兄弟は米国キティホークの海岸で向かい風に助けられながら、動力を

図7-13　リリエンタールの滑空

付けたグライダー、つまり飛行機による空中飛行に成功した（図7－15）。

20世紀初頭に達成され、そして20世紀最大の発明とされるこの偉業を成し遂げたライト兄弟の後半生は、皮肉にもあまり芳しいものではなかった。彼らはまず、飛行機を米国陸軍に採用してもらおうとしたが門前払いを受けた。しかし欧州では急速に真価を認められ一時は栄光に輝いた。しかしこの時期も長くは続かず、やがて彼らは飛行機の特許争いに巻き込まれる。ライト兄弟の飛行を目撃した人々は、直ちにその作動原理を見抜き、より優れた飛行機を作り始めた。これにたいしライト兄弟は、飛行機のあらゆる機構の特許は自分たちに属するとして訴訟をおこし、これが延々と続いた。

鳥類が飛びながら方向を変えるとき、左右の翼

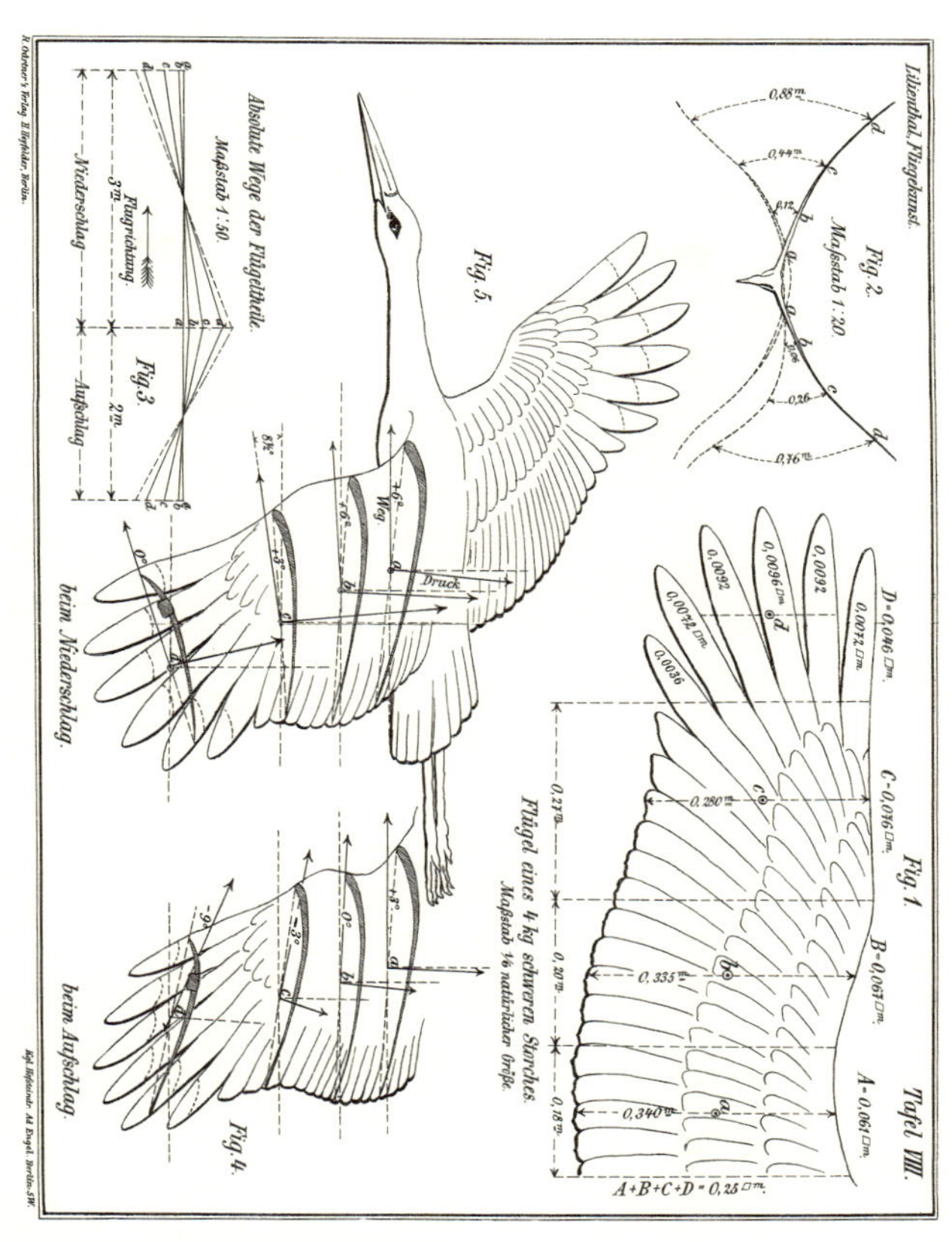

図7-14　コウノトリの翼の構造

リリエンタール（1889）

図7-15　ライト兄弟の発明した飛行機
矢印は飛行方向

の先端をたがいに逆方向に捻る。ライト兄弟はこれにヒントを得て、ワイヤで翼全体を「ねじる」ことで飛行機が方向を変える装置を考案した。しかし、この飛行方向転換法は、翼の先端に補助翼を付けこれを回転させるほうが簡単で優れている。この方法を発明した者にたいしライト兄弟は「あらゆる方向転換装置の先取権と特許権はわれわれにある」と主張した。これにはライト兄弟の理解者、後援者たちも眉をひそめた。こうして兄のウィルバー・ライトは長引く裁判で疲労し、まだ若くして死去した。

残された弟オービル・ライトは、その後ワシントンDCの科学の殿堂、スミソニアン協会から露骨な嫌がらせを受けたこともあり、飛行機の事業から一切手を引き、飛行機のその後の発展に何ら寄与することなく後半生を送った。彼は死去に先立ち「飛行機の発明などしなければよかった」とつぶやいたという。

なお、先駆者リリエンタールは生前不遇で、彼の研究と滑空はほとんどドイツでは無視され続けた。しかし飛行機が発明された後、ドイツは遅まきながら彼の偉業を認め、国威発揚の目的も絡んで、彼が滑空を繰り返した土地に記念碑や記念館が建設された。これに要する費用調達のため、諸外国で募金活動がおこなわれた。この頃まだ存命していたオービル・ライトもこれに応じた。ただし彼はこの募金への寄付はおこなわず、経済的に困窮していたリリエンタール夫人に千ドルを贈った。現在の物価に直せば百万ドルにも相当しよう。こうしてオービル・ライトはリリエンタールから受けた恩に報いたのである。

余談であるが、ライト兄弟が作って人類で初めて飛行に成功した飛行機、フライヤー号は、これまで多くの好事家（こうずか）がこれとそっくりな構造と材質、エンジンを集めて飛行機を組み立て、ゆかりのキティホークの海岸で飛行させようと試みたが、なぜか不思議なことに誰も飛行に成功していないという。この原因は、好事家たちの飛行機を組み立てる動機が単なる興味本位で、ライト兄弟のような情熱と細心な配慮に欠けているためであろう。筆者は数年前、米国の若者たちがライト兄弟の飛行機と材質がそっくりなものを苦心して組み立てるいきさつを記録した長編テレビ番組を見た。この番組の終わりで若者たちが見事に完成した飛行機のまえで歓声をあげ、この番組を司会するアナウンサーの「見事にライト兄弟の飛行機が再現されました。明日のテスト飛行は必ずや成功するでしょう」との言葉で番組が終了してしまった。この飛行も不成功だったに違いない。

7-4 獲物へ急降下、驚異の運動能力

鳥類の飛翔能力の素晴らしさについては、まだ言い足りていない。例を挙げれば、タカなどの猛禽類は空高く飛びながら、地上に獲物になる小動物を発見すると、翼を畳んで落下する物体となり、一直線に獲物めがけて落下する。ハヤブサの飼育者が、獲物を捕らえる訓練中その落下速度を計測したところ、最終的に毎時350㎞にも達した。これは初期の急降下爆撃機の降下速度に匹敵するであろう。しかし猛禽類は獲物の近くまで落下すると瞬時に減速して翼を広げ（図7-16）、獲物に襲いかかりこれを捕らえ、そして上空に上昇して行く（図7-17A）。またカモメやアホウドリなどの海鳥は、空中で海中の魚を発見すると、やはり翼を畳んで海中に突入し、海中で翼を使って自在に「飛行」し魚を捕らえる（図7-17B）。このような驚異的な鳥類の行動は、人類にこれを模倣する気さえ起こさせなかった。リリエンタールの目指した、鳥類の羽ばた

きを模倣する企てを、ライト兄弟の成功により人類は捨て去ったのである。人類がおこなったのは、大型鳥類の滑空のしくみから学んだ、固定された翼を持つ飛行機を、強大な推進力のエンジンで前進させ、翼の揚力で空中に浮上させることだけであった。

筆者はこの章を執筆しながら、猛禽類の飛翔筋、特に大胸筋の「エネルギー吸収」能力に驚嘆する。なぜならこの大胸筋は、高空からの長距離落下による体の莫大な運動量を、瞬時に開いた翼で「吸収」し落下運動にブレーキをかけるのである。言葉を換えると、大胸筋は鳥の着地寸前に開いた翼を介して、鳥の体の慣性による運動のエネルギーを受け止め、落下運動を停止させるのである。このとき大胸筋は収縮状態にあり、落下運動のエネルギーで引き伸ばされながらこれを吸収してしまうのである。このとき吸収されたエネルギーは主に熱として放散され、残りは大胸筋の収縮のエネルギーに利用されるであろう。筆者はいずれ、鳥類大胸筋の生理学的特性を研究したい。

この猛禽類の捕食行動は、急降下爆撃機の運動に類似しているが、それよりはるかに精妙である。結局人類は、鳥類の飛翔を羨みながら、わずかに彼らの最も省エネルギー的運動である滑空を模倣し成功したに過ぎない。

鳥類が示す驚異の運動能力の別の例として、最も小さい鳥類、ハチドリの空中における長時間

図7-16　猛禽類の地上付近での減速姿勢（ノスリ）
『エアロアクアバイオメカニクス』（2010）

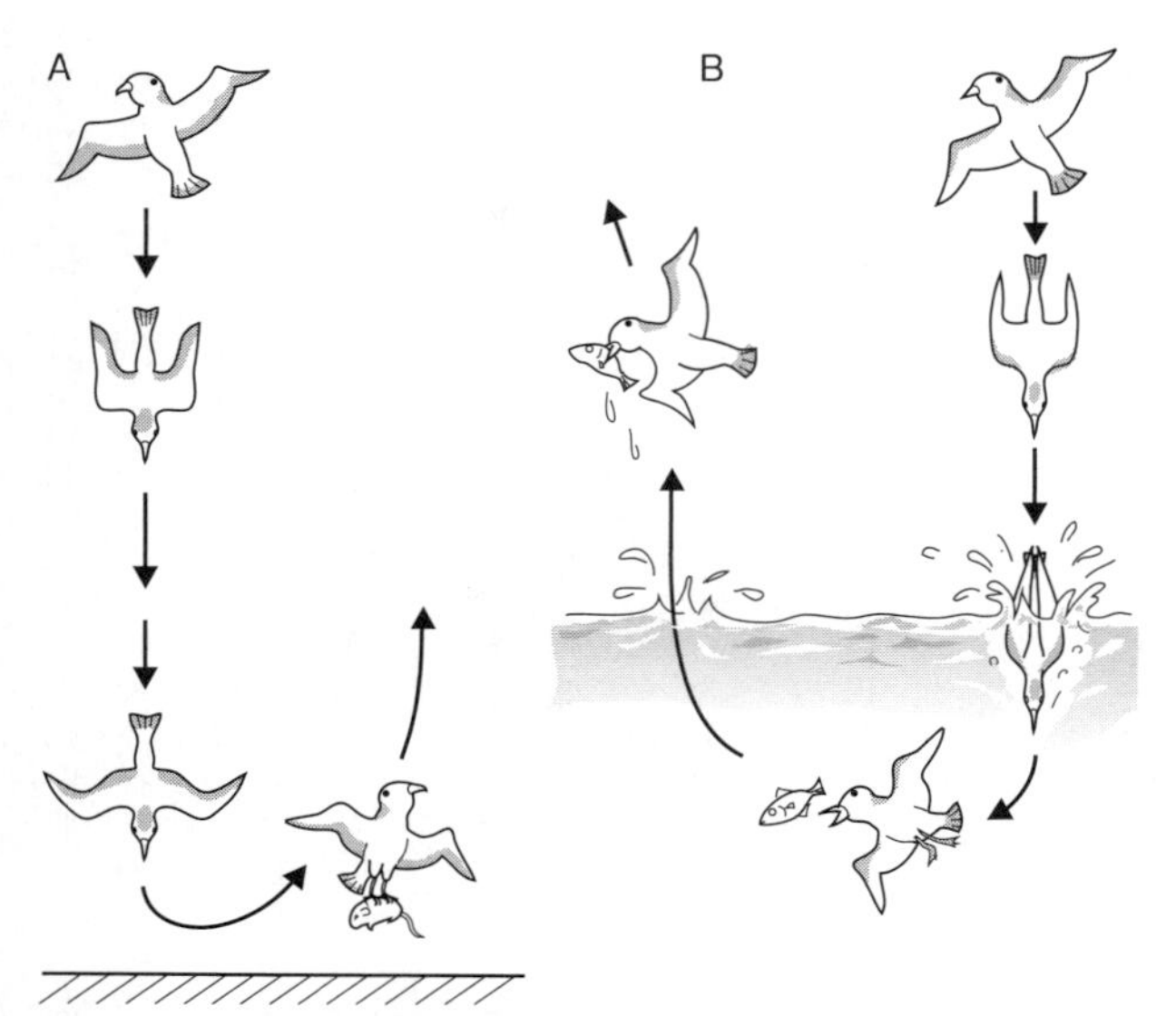

図7-17　(A) 猛禽類と (B) 海鳥の捕食行動

図7-18　ハチドリのホバリング

のホバリングがある。ハチドリの体重はわずか2～20ｇで、大型の昆虫なみである。昆虫のように花の蜜を吸って生活する（図７－18）。このときハチドリはホバリングをおこなう。体を垂直近くにおこし、翼をいっぱいに開いて水平方向に羽ばたく。これによって下向きの空気の流れがおこり、ハチドリの体に加わる重力と釣り合う（図７－19）。このホバリングのさいのハチドリの羽ばたき頻度は毎秒80回にも及び、カモメなどの大型鳥類の毎秒数回、スズメのような小鳥の毎秒十数回よりはるかに速い。このためハチドリは飛行中ハチのような羽音を立てる。シジュウカラのような小型の鳥もホバリングをおこなうことができる。この鳥類のホバリングだけは、ヘリコプターの発明により人類も達成した。

ハチドリは驚くべきことに、小さな体にも拘わらず飛翔速度は毎時80㎞にも及び、約８００㎞を無着

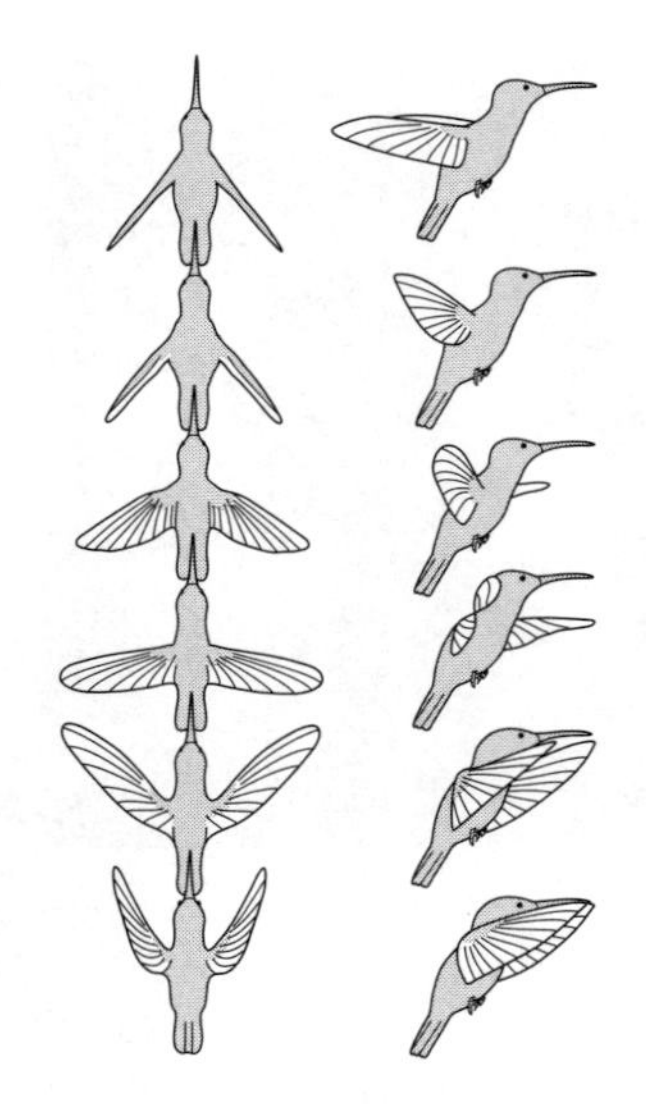

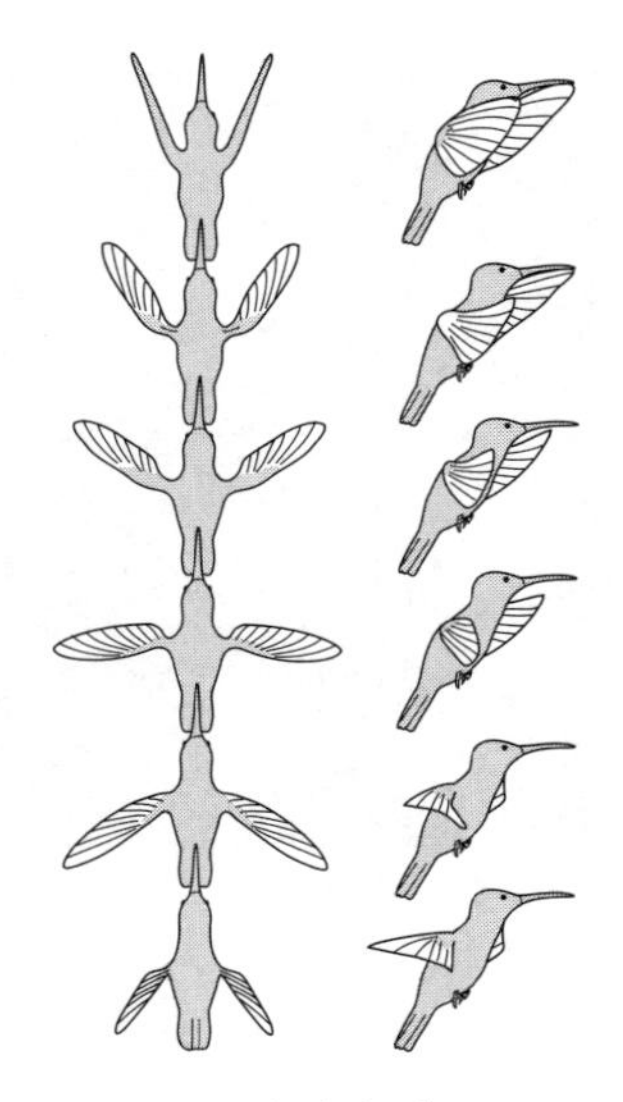

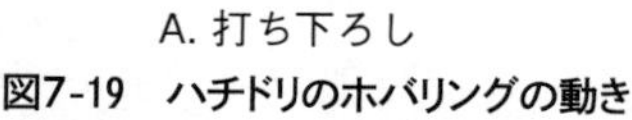

図7-19　ハチドリのホバリングの動き

『エアロバイオメカニクス』(2010)

陸で飛び続けるという。ハチドリはカモメのような大型鳥類の滑空はできないので、長距離の飛行には体の大きさに比し莫大なエネルギーを消費する。図7-20に示すように、ハチドリ大胸筋の筋線維の大部分のスペースは、筋肉のエネルギー源ＡＴＰ産生工場であるミトコンドリアで占められている。これがハチドリの長距離飛行を可能にしていると考えられる。ハチドリが小さな体にも拘わらず長距離の移動をおこなうのは、彼らの主食が花の蜜であるため、花の咲く地域で過ごす必要があるためであろう。

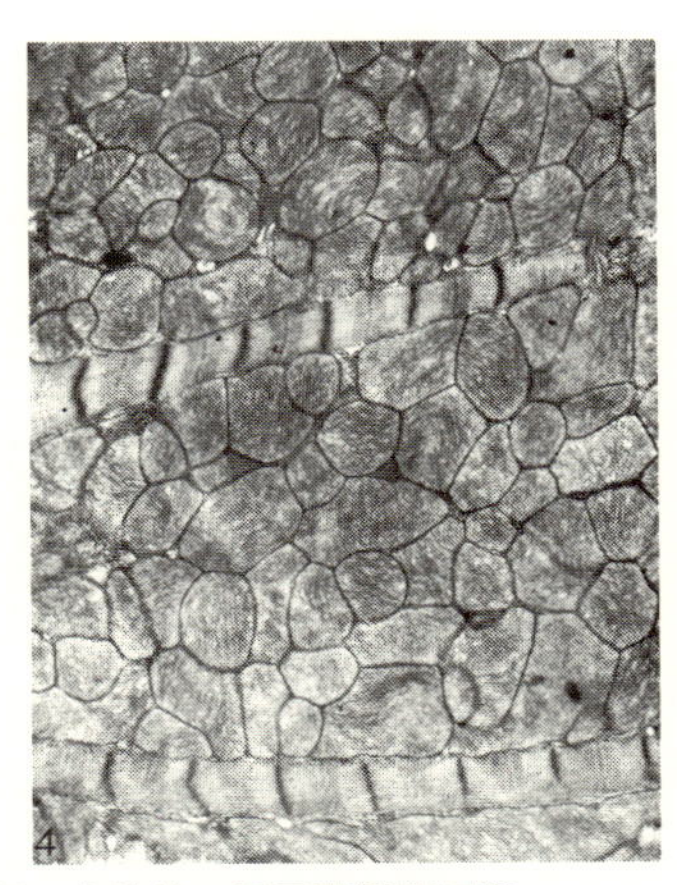

図7-20　ハチドリの大胸筋の電子顕微鏡写真
ミトコンドリアが大部分のスペースを占めている。　ホイル（1983）

7-5 コウモリが暗闇を自在に飛び回るしくみ

哺乳動物で飛翔能力を獲得したのはコウモリのみである。コウモリは進化の過程で鳥類より遅く出現したので、すでに地球上で繁栄している鳥類と生息域や獲物を争うのを避け、その行動は主として夜間に限られ、食物も小型のコウモリは昆虫、大型のコウモリは果実などである。

コウモリの翼は鳥類とは全く異なり、鳥類の翼が羽毛を持つのにたいし、コウモリの翼は膜状である。しかしこの翼のなかには、多くの細い筋肉が走っており、コウモリが揚力を得るため翼を打ち下ろすときには等尺性収縮をおこな

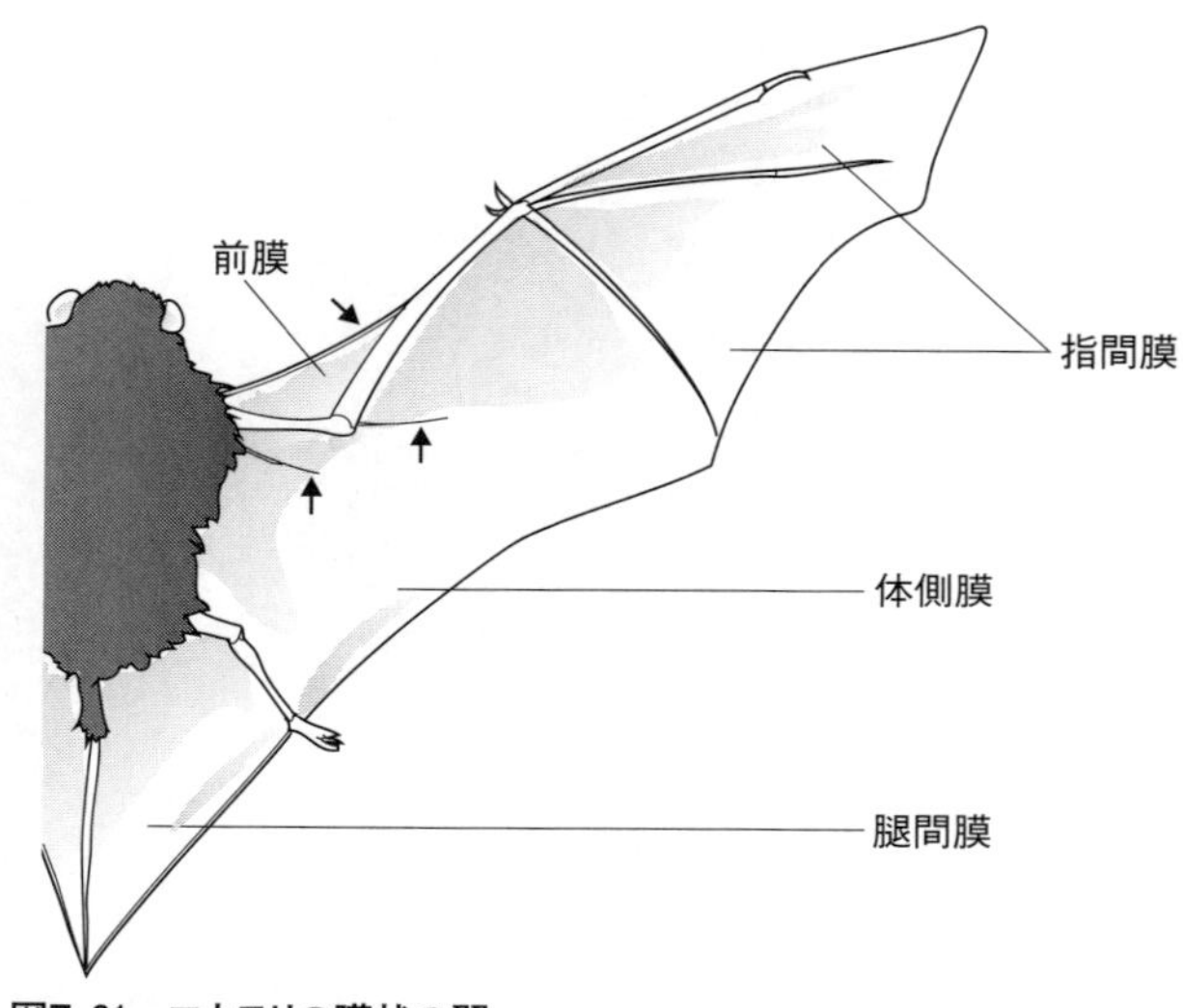

図7-21　コウモリの膜状の翼
後肢も翼の一部になっている

い、翼の剛性（かたさ）を増大させる。このため、コウモリの翼の飛翔のための効率は鳥類の翼を凌ぐ。またコウモリの翼は体の尾部まで広がっており、体全体が飛翔のために特化している。その自在な小回りのきく運動性は鳥類の及ぶところではない。しかしこの代償として、コウモリの後肢は運動性を失い、鳥類のような地上の走行や、獲物を捕らえる能力はない（図7-21）。

小型のコウモリは視覚が貧弱で、その飛行はもっぱら反響定位に依存している。反響定位とは、動物がその頭部から音波を発生し、これが対象物に当たって跳ね返ってくるのを鋭敏な耳で捉え、音波が当たった物体への距離と方向を識別することをいう。小型のコウモリの音波（超音波）発生のしくみは、基本的にはわれわれ人類と同じで、肺からの空気の流れで声帯を振動させて超音波を発生させる。コウモリは超音波の反響を耳で聞きながら互いに衝突することなく飛行し、餌の存在を感知して捕らえる。実験室でワイヤを張り巡らした空間を、照明がなくてもコウモリはこれに衝突せず自由に飛びまわる。コウモリの目を塞いでも影響はない。しかし耳を塞ぐとコウモリは飛ばなくなってしまう。

コウモリは、昼間は洞窟や都市の橋げたの下などに潜み、日没後大群となって何処かへ飛んでゆく。この大群の行動をレーダーで追跡したところ、彼らは数百メートルの高空に達して飛行を続け、やはりレーダーで観測できる、ある生物体の大群と重なった。この生物体は、やはり高空を飛行する大型のガであった。ガの天敵はコウモリなのである。コウモリはガが夜間高空を大群で飛んでいることを知っており、やはり大群でこれに襲いかかったのである。ある種のガはコウモリの襲撃から逃れるため、コウモリの発する超音波を感知する能力を持つ。彼らはコウモリの接近を感知すると反射的に羽ばたきを止め、石のように地上に落下して難を逃れる。

一方大型のコウモリは主として昼間に行動し、植物の果実を主食とするので、欧米では彼らをフルーツコウモリ（fruit bat）とよぶ。このコウモリは視覚が発達しており、反響定位はおこなわないと考えられてきた。ところが最近の研究によると、彼らは舌を振動させて超音波のクリック音を発生し、しかも頭部の向きを変えることなく、いろいろな方向に超音波ビームを発射することが発見された。つまり大型のコウモリの舌は、それ自身超音波発生能力を持つとともに、舌の形を高速で変化させ、飛行する先にある物体の存在を探知し続けているのであろう。これは人類が発明したレーダーを思わせる驚くべき機能である。このしくみの謎は、舌の筋肉が握っているに違いない。第10章で説明するカメレオンの舌の超高速発射と並んで、舌の筋肉に隠された謎は極めて深い。

大型のコウモリには翼を広げると2メートルに達するものがある。当然このようなコウモリの最大水平飛行速度は、大型鳥類のそれに匹敵し、時速150㎞に達するという。ハヤブサなどの猛禽類の水平飛行速度もこれと同程度である。

第8章 昆虫の筋肉の高速振動

8-1 双翅目昆虫の飛翔筋

地球上の生物で最初に空中を飛ぶ能力を獲得したのは昆虫類である。何億年も前の地層から、現在のトンボと同じ体で体長数十㎝の巨大トンボの化石が見つかっている。昆虫類はすでにこの頃、現在と同じ形態に進化し、その後大きな変化をせず現在に至っているようである。昆虫類は3対の肢(あし)と2対の翅(はね)を持ち、空中を飛んで移動できる利点を生かし、現在世界中至る所で繁栄している。

昆虫は小型で実験的に扱いが容易で、しかも胸部を固定して肢に棒を摑(つか)ませておき、急にこれを取り去ると、反射的に羽ばたきを続ける（図8-1）。したがって翅の運動を容易に記録でき

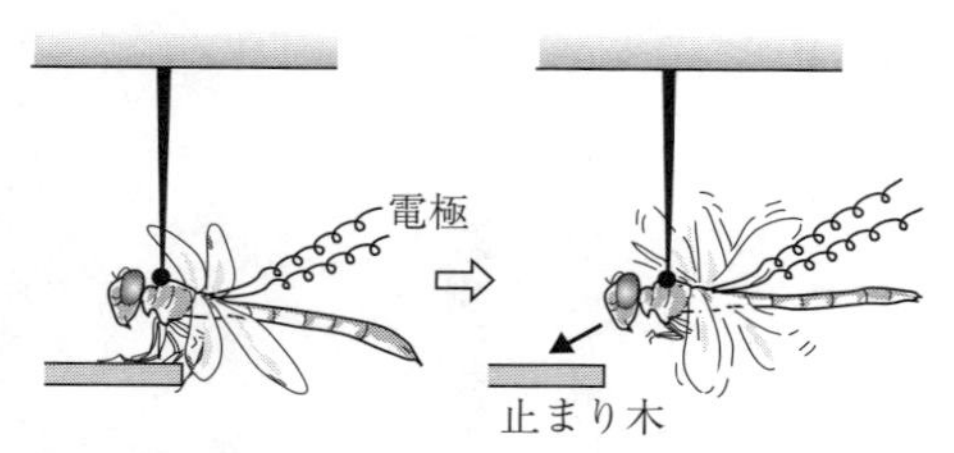

図8-1　昆虫の翅の運動の研究法

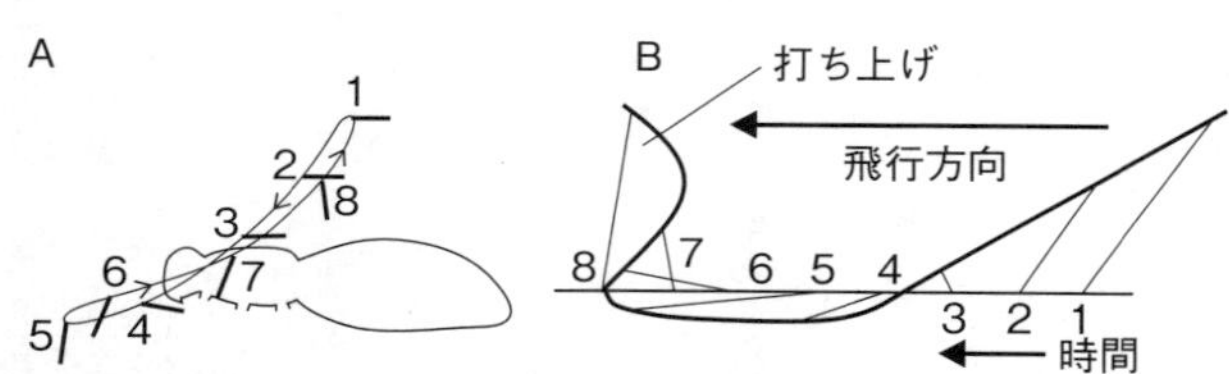

図8-2　昆虫（ブヨ）の翅の運動（A）と翅の先端の動き（B）
プリングル（1957）

る。また電極を飛翔筋に入れて電気的活動を記録することもできる。

図8－2は双翅目の昆虫、ブヨの飛翔中の翅の打ち方（A）と、そのさいの翅の先端の動き（B）を示したものである。鳥類でも同様なことがおこっているだろう。翅の打ち下ろしは斜め前方に向かっておこなわれ、この結果おこる空気の流れによって揚力が発生する。翅の打ち上げは、翅を捻って空気抵抗を少なくし、打ち下ろしより短い時間でおこなわれる。

なお体のサイズの極めて小さい昆虫の翅は、膜状ではなく、ブラシのような形状を持つ（図8－3）。これは、昆虫の翅の長さが微小になると、翅の運動によ

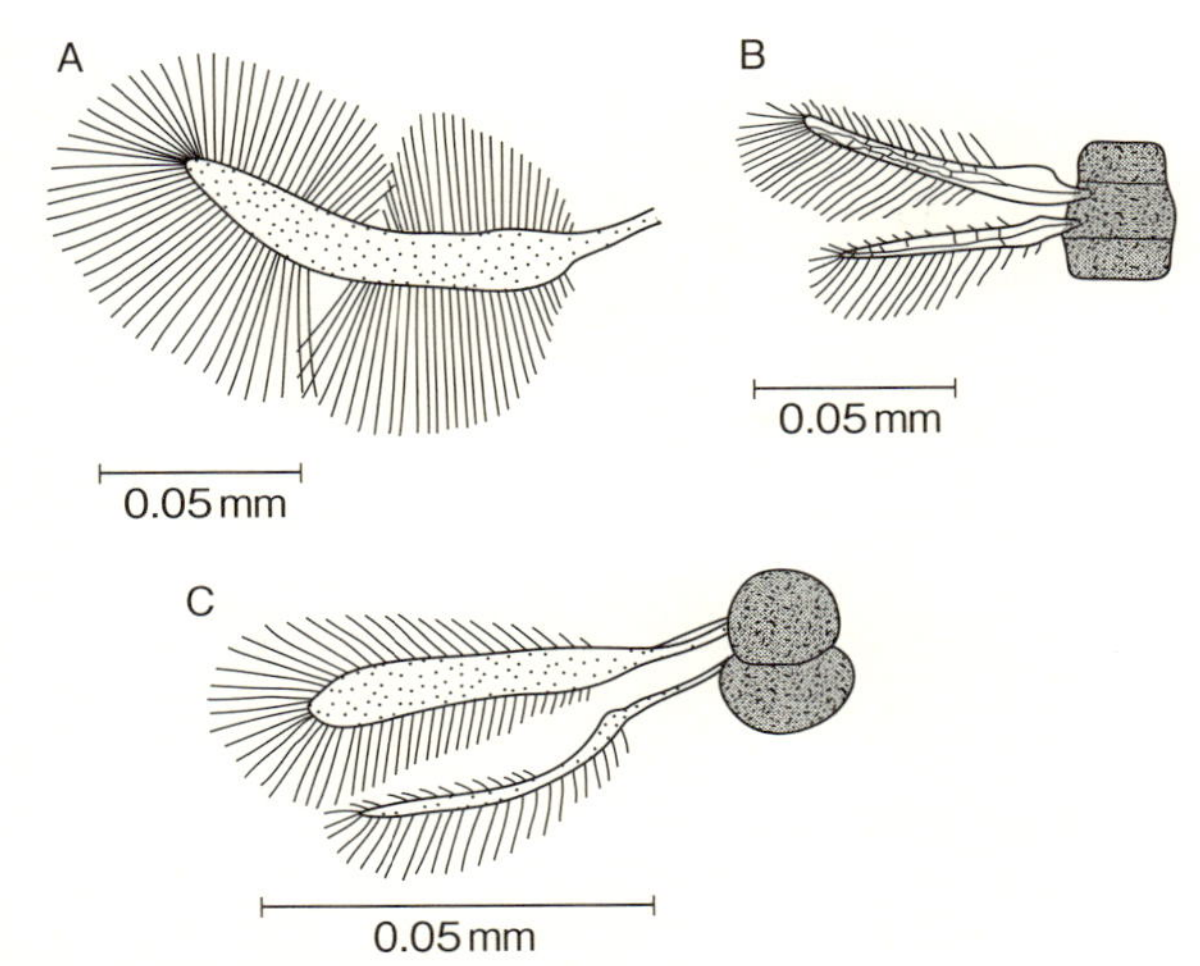

図8-3　小型の昆虫のブラシ状の翅
プリングル（1957）

る慣性力の影響にたいして空気の粘性力の影響のほうが大になり〝レイノルズ数〟が小さくなるためである。レイノルズ数とは、慣性力と粘性力の比（慣性力／粘性力）を表す量で、小型の昆虫は、ネバネバの空気中で翅を打たねばならなくなるのである。

双翅目の昆虫では、後ろの１対の翅は退化して小さくなり、飛翔に役立つ翅は前の１対のみとなる。この双翅目の昆虫には、翅を異常な高頻度で打つものがある。例えばハエやハチは毎秒３００～５００回、カは毎秒千回以上の頻度で翅を打つので、ブーンとかヒューンという羽音が聞こえる。ハエなどの翅をハサミで切って短くすると翅を打つ頻度が増大す

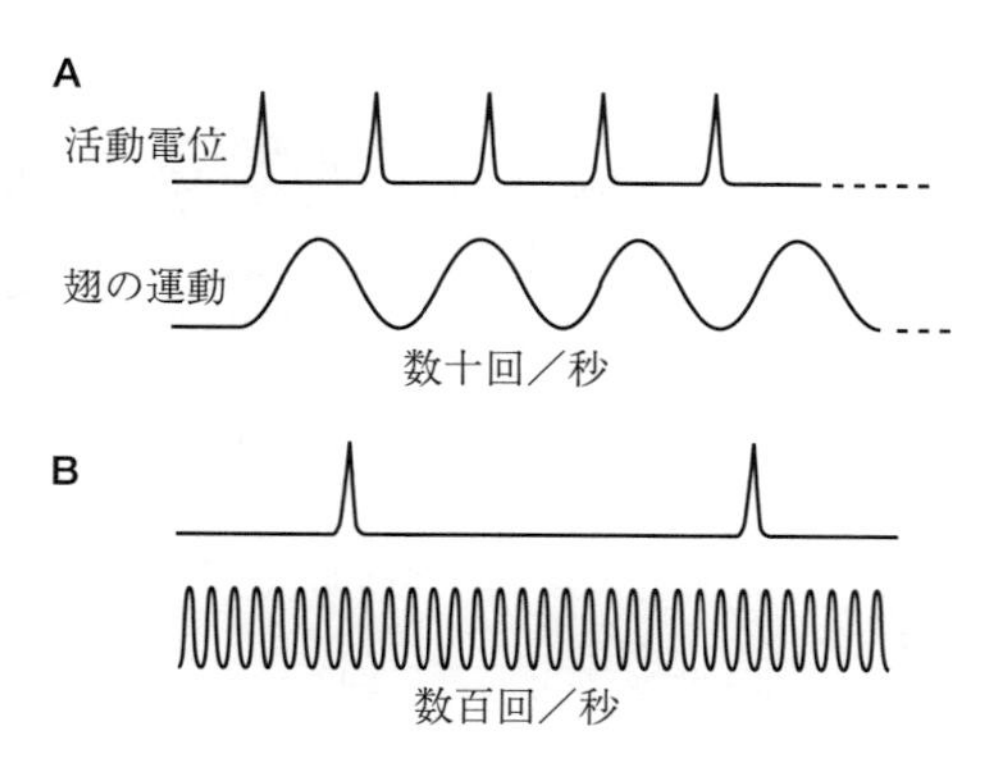

図8-4　昆虫の飛翔筋のはたらき

羽ばたき時における、昆虫の飛翔筋の活動電位を記録。(A) トンボ飛翔筋の活動電位と羽ばたき　(B) ハエ飛翔筋の活動電位と高頻度の羽ばたき

る。この結果は、ハエの翅が運動神経による調節を受けず、物理的な共振運動であることを強く示唆する。

翅を打ち続けている昆虫の飛翔筋に電極を差し入れて、飛翔筋に送られる神経のインパルス（活動電位）を記録すると、トンボのような翅を低頻度で打つ昆虫では、翅の運動ごとに活動電位が記録される（図8－4A）。しかしハエなどの双翅目の昆虫では、翅は高頻度で打ち続けているのに、活動電位は毎秒数回の低頻度で記録されるのみである（図8－4B）。

この双翅目昆虫の翅の運動は昆虫学者の興味を惹きつけ、多くの研究がおこなわれた。まず翅の運動が物理学的な共振であろう、との予想どおり、双翅目昆虫の翅を動かす飛翔

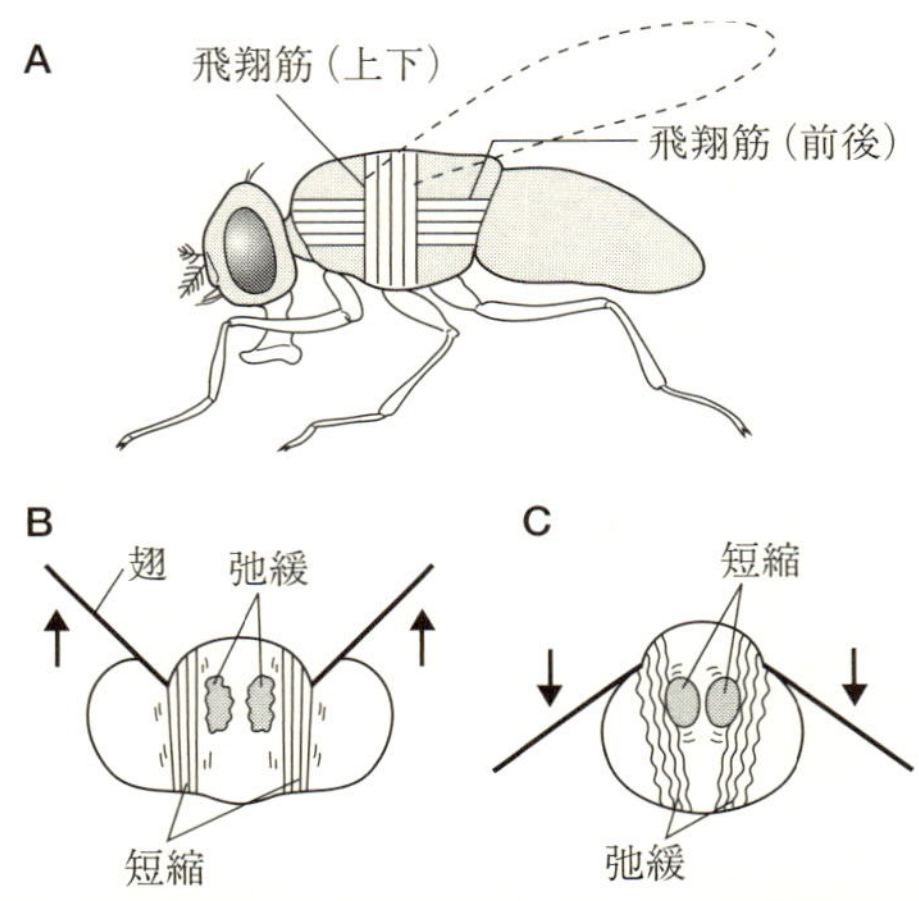

図8-5　(A) 双翅目の昆虫胸部の飛翔筋　(B)(C)胸部の断面に見る、翅の上下運動と飛翔筋の短縮の関係

筋は翅には直接付いておらず、弾性のある胸郭のキチン質の外骨格に直接付着して上下方向と前後方向にそれぞれ1対ずつ張られている（図８－５）。説明の便宜上、これらを上下筋、前後筋とよぶ。ここではまず上下筋が収縮し、前後筋は弛緩しているとしよう（この逆でも差し支えないが）。胸郭の変形サイクルは以下の順序でおこる（図８－６）。

(1)昆虫が休んでいるとき、上下筋、前後筋とも弛緩している。

(2)まず神経の活動電位により上下筋が収縮し、胸郭に力をおよぼす。

(3)上下筋の発生する力がある値に達すると、胸郭の上下の長さL１が急激に減少する。これはキチン質の外骨格特有の弾性による

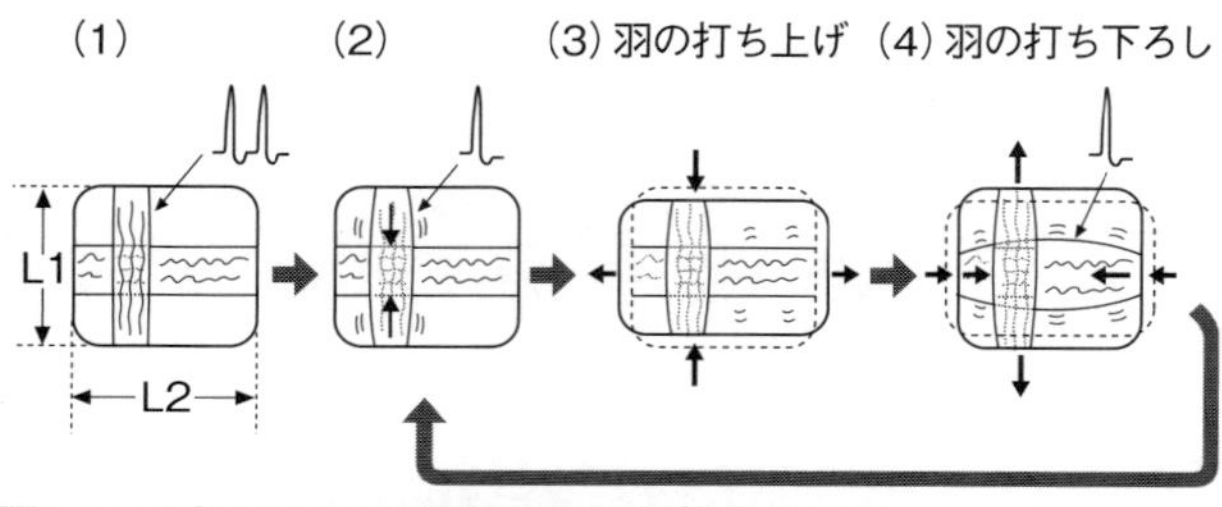

図8-6　双翅目昆虫の飛翔筋による羽ばたきのしくみ

可逆的な変形で、この性質をクリック機構という。この結果、上下筋の発生する力も急激にゼロに低下する。この現象は骨格筋の章で説明した直列弾性要素、つまり各々の筋節で力を発生しているミオシン頭部が、急激な筋肉の長さの減少（筋肉の長さの1％）によりたわむためにおこる。

(4) 同時に胸郭の前後の長さL2は増大する。このとき活動電位により収縮を開始した前後筋の発生する力は、胸郭で前後筋が引き伸ばされるので急激に増大する。この結果、胸郭はまた変形しL2は急激に減少する（つまり最初の長さにもどる）。その結果、前後筋の力はゼロに低下する。同時に胸郭のL1は増大する（やはり最初の長さにもどる）ので、ゼロに低下していた上下筋の力は胸郭で引き伸ばされ急激に増大する。

(5) 以下、同様にして胸郭の変形サイクルが続く。なお飛翔筋は1回の活動電位でかなり長期間、収縮状態を保つため、毎秒数百サイクルの羽ばたき運動中、筋肉に発生する活動電位の頻度は毎秒数回に過ぎない。

昆虫の翅の基部には巧妙なレバー装置があり、胸郭のＬ１の減少は翅の打ち上げを、Ｌ２の減少は翅の打ち下ろしを引きおこす（図８－５Ｂ、Ｃ）。このようにして双翅目の昆虫は、身体の外骨格の弾性による変形を利用して超高頻度の羽ばたきを実現しているのである。

8-2　セミの発音をおこす筋肉

セミは、双翅目昆虫の飛翔と似たしくみで、外骨格の可逆的な弾性変形を利用して発音している。セミの発音をおこすのは左右１対の鼓膜筋で、一端は円形の鼓膜に、他端は外骨格に付着している（図８－７）。この鼓膜は可逆的な弾性変形をおこす性質がある。セミの発音は以下のようにしておこる（図８－８）。鼓膜筋が弛緩しているとき、鼓膜はセミの体の外側に突き出たＯＵＴポジションを取っている(1)。鼓膜筋は活動電位により収縮状態となり力を発生する(2)。この力がある値に達すると、鼓膜は急激に弾性変形をおこし、セミの体の内側に突き出たＩＮポジションを取る。このとき鼓膜は振動し鳴き声をだす。一方鼓膜筋は直列弾性要素の短縮により発生力がゼロに低下するので、鼓膜は鼓膜筋に妨げられず振動する(3)。鼓膜筋の力がゼロなので、鼓膜はＯＵＴポジションにもどる。このときも鼓膜が振動する(4)。以下これを繰り返す。鼓膜筋も

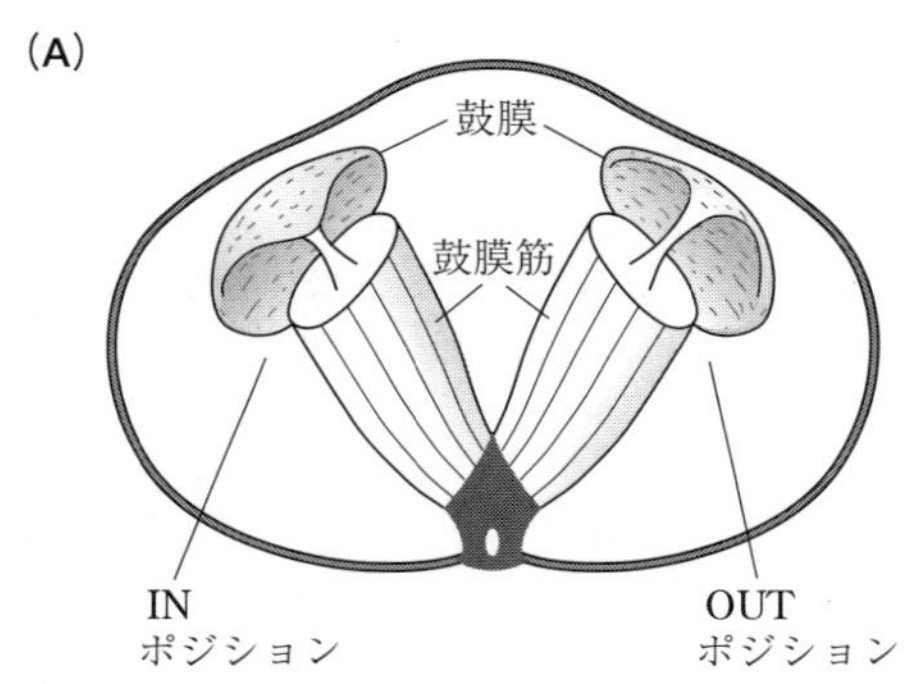

図8-7　セミの発音器官

セミの腹部の断面

1回の活動電位によりかなりの期間収縮状態を続けるので、鼓膜の振動中、活動電位は低頻度でおこるのみである。

筋肉の直列弾性要素（SEC）は、等尺性収縮張力を発生中の筋肉を急激に、その長さのわずか1％緩めてやると、収縮張力は急激にゼロに低下する、という現象を説明するため提出された概念であった。現在はすでに説明したように、SECは個々のミオシン頭部の弾性部分に存在すると考えられる。筋肉の収縮中、個々のミオシン頭部はアクチンフィラメントと結合・解離を繰り返している（図2－7参照）。筋肉が張力を発生するには、ミオシン頭部がアクチンフィラメントと結合した状態で変形しなければならない。この変形がどんなものであっても、ミオシン頭部とミオシンフィラメントを繋げる部分にはバネのような弾性があり、この弾性部分が

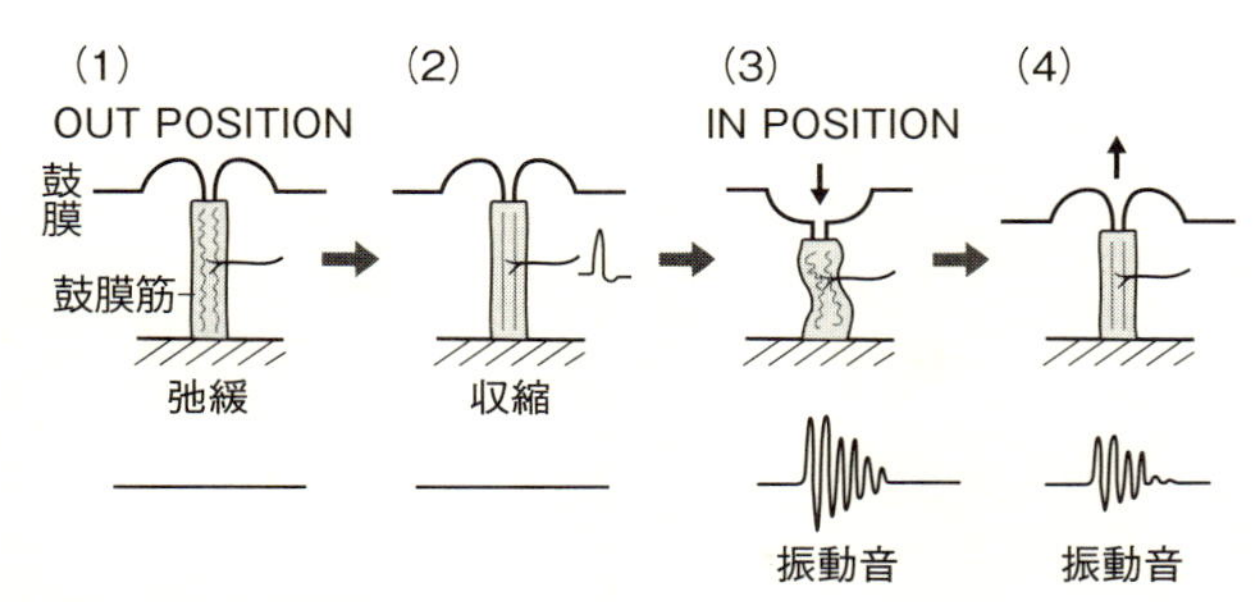

図8-8　セミの発音のしくみ

(1) 鼓膜筋は弛緩状態で鼓膜はOUTポジションにある。(2) 活動電位により鼓膜筋が収縮し力を発生し、鼓膜を下方から引く。(3) 鼓膜は急激にOUTポジションからINポジションに変わり、鼓膜筋は急激に短縮し、発生力はゼロに低下する。(4) 鼓膜は再びOUTポジションにもどる。以下これを繰り返す。

頭部の変形により引っ張られて長くなり、張力を発生する（図2-5参照）。このミオシン頭部の弾性部分で発生する張力の総和が筋肉の発生する張力に他ならない。

筋肉は多数の筋節が直列に繋がったものであり、その機能単位は筋節の半分である。筋肉の長さの1％の急激な減少は、筋節の半分の長さ（約1μm）あたり10nmの減少に相当する。この事実から、ミオシン頭部がアクチンフィラメントと結合した状態でおこなうパワーストロークによってこの弾性部分が引き伸ばされると仮定すれば、このパワーストロークの振幅は約10nmと考えられる。

いずれにせよ、筋肉の直列弾性要素を利用してその生活に役立てている動物は、弾性のあるキチン質の外骨格を持つ昆虫類のみである。

8-3 活動電位が筋収縮をおこすしくみ

ここで、すでに第2章で説明した、活動電位と筋肉の収縮との間の一般的関係をもう一度、より詳しく説明することにしよう。すべての筋肉の収縮と弛緩は、筋線維内の細胞液中のカルシウム（Ca）イオン濃度変化によって調節されている。Caイオン濃度が10^{-7}モル以下で筋肉は弛緩し、10^{-5}モル以上で筋肉は最大限に収縮する。弛緩状態の筋線維細胞液のCaイオンはすでに説明したように、筋線維内の膜構造筋小胞体中に、ポンプ作用によって取り込まれている。筋線維細胞膜の活動電位が横行小管を介して筋小胞体に伝えられると、ここからCaイオンが細胞液中に放出され、アクチンフィラメント上のトロポニンと結合する。すると、弛緩時のアクチンとミオシン頭部の反応を抑制していたトロポミオシンの位置が移動し、ミオシン頭部とアクチン間の収縮反応がはじまる。つまりミオシンエンジンが作動し収縮がおこる。

このさい、Caイオンの放出はもっぱら筋線維細胞膜の落ちくぼみである横行小管と筋小胞体の接合部（これを筋小胞体の終末槽という）でおこり、放出されたCaイオンのCaイオンポンプによる筋小胞体への再取り込みは、筋小胞体の中央部（これを筋小胞体の長軸細管という）でおこる。ここで取り込まれたCaイオンは筋小胞体内を移動して終末槽にもどる。つまりCaイオンは、

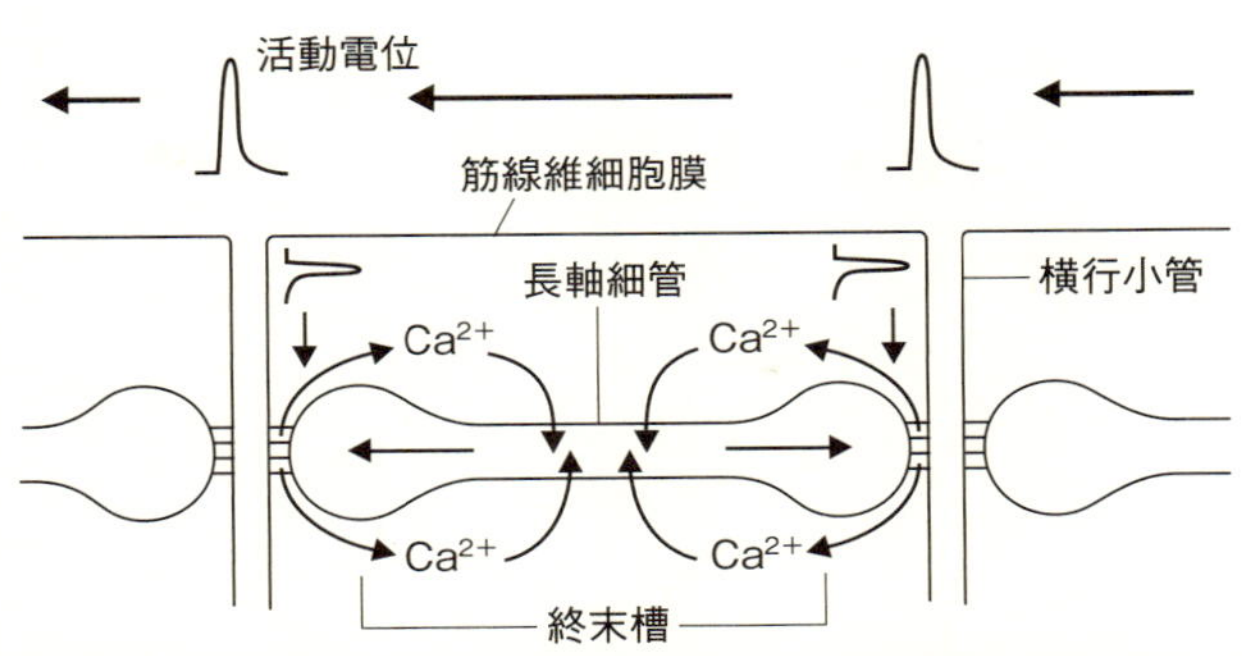

図8-9　筋小胞体終末槽からのCa^{2+}放出と、長軸細管からのCa^{2+}の取り込み

活動電位の影響が続くかぎり、終末槽→筋線維細胞液→長軸細管→終末槽という経路を循環している（図８−９）。

ここで注意を要するのは、活動電位は筋小胞体の終末槽からCaイオンを放出させるが、筋小胞体の長軸細管でのCaイオン取り込みのポンプ作用には影響を与えないことである。この結果、１回の活動電位でおこる筋収縮（これを単収縮という）の持続時間は、筋小胞体長軸細管のポンプ活動の強度によって決まることになる。つまりこのポンプ作用が強力なら、放出されたCaイオンは短時間で筋小胞体内に取り込まれてしまうので、単収縮の持続時間は短く、ポンプ作用が弱ければ単収縮は長く続くことになる。

筋小胞体のポンプ作用はＡＴＰの分解をともなう化学反応なので、低温ではポンプ作用が弱まり高温では増大する。生理学実験によく用いられるカエルの骨格筋の、

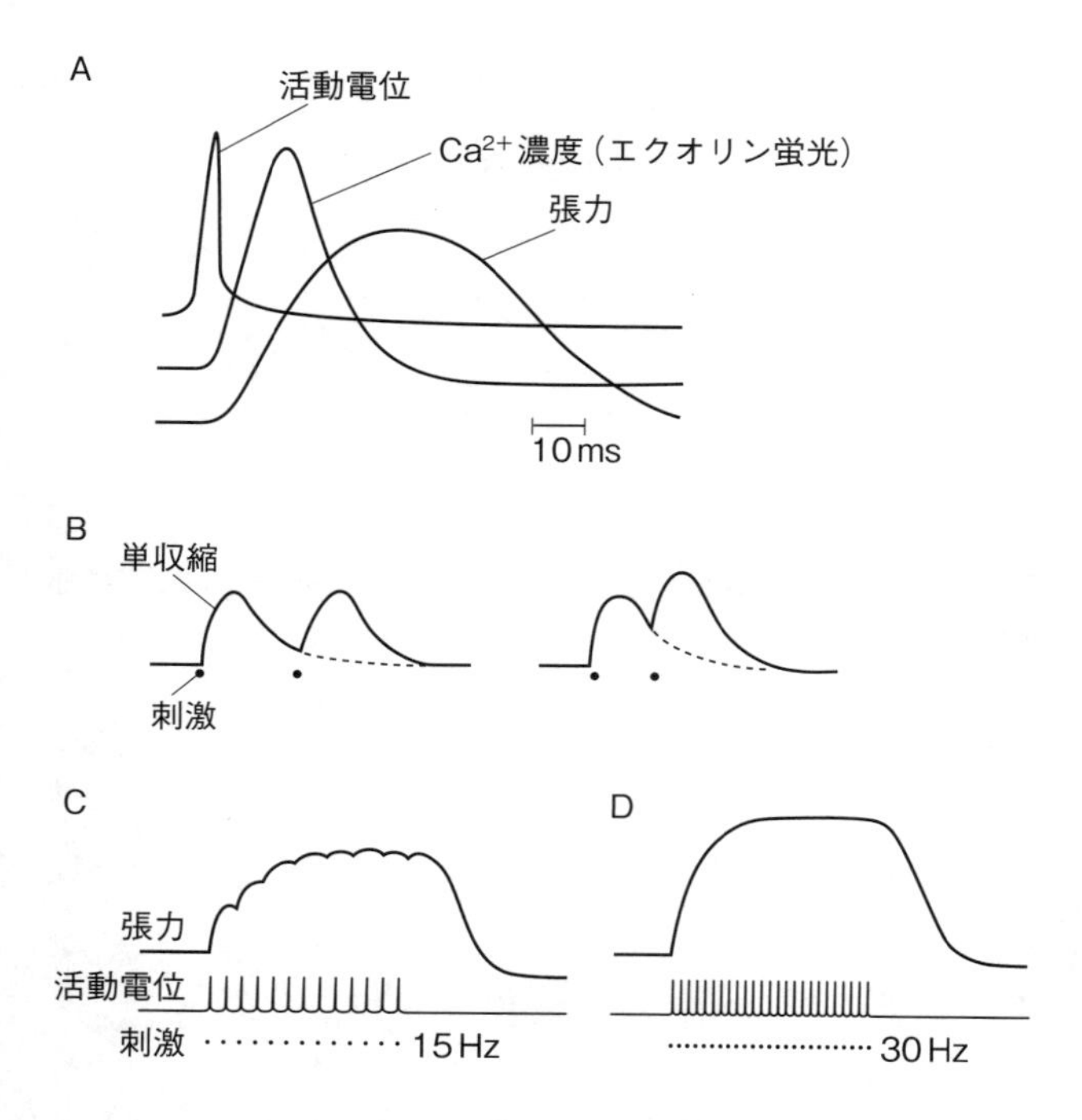

図8-10　(A) 筋線維の活動電位、Ca^{2+}放出濃度上昇、単収縮張力の同時記録　(B) 単収縮の加重　(C) 不完全強縮　(D) 完全強縮

単一の活動電位によっておこる単収縮張力の持続時間は、０℃では約１秒であるが、20℃ではこれの約10分の１に減少する。昆虫の飛翔中、発音中は筋肉の活動により、その体内の温度は著しく上昇する。それにも拘わらず、飛翔筋や鼓膜筋が１回の活動電位あたりかなりの時間収縮力を発生しうる事実は、これらの筋肉の筋線維内の筋小胞体のCaイオンポンプ作用が著しく弱く、したがって単収縮の持続時間が著しく長いことによるものであろう。

活動電位による筋小胞体からのCaイオン放出は、Caイオンと反応して蛍光を発生するエクオリンという化学物質をあらかじめ筋線維内に注入することによって確認された。図８‐10Ａは骨格筋線維の活動電位、エクオリンの蛍光により筋線維内部のCaイオン濃度の上昇、筋線維の発生する力を同時に記録したものである。単一の活動電位によっておこる骨格筋の単収縮張力の上昇に先立って筋線維内のCaイオン濃度上昇がおこっているのがわかる。単一の活動電位による筋小胞体からのCaイオン放出が止むと、Caイオンは筋小胞体内に取り込まれ、アクチンフィラメント上のトロポニンに結合していたCaイオンもここから離れ、ミオシンエンジンの活動も停止し筋線維の張力もゼロにもどる。

単収縮張力がまだ続いているときに活動電位が再び筋線維細胞膜におこると、Caイオン放出によりミオシンエンジンが再び作動し、発生張力が重なり合う（図８‐10Ｂ）。これを単収縮の加重という。活動電位が低頻度で発生すると、個々の単収縮張力は加重を繰り返し、より大きな張力を発生するが、個々の単収縮を見分けることができる。これを不完全強縮という（図8－10C）。高頻度の活動電位では、個々の単収縮は融合して、最大の張力を発生し続ける。これを完全強縮という（図8－10D）。

われわれ人類の骨格筋の自由意志による運動は、ピアニストの指の素早い動きを含めて、すべて完全強縮か不完全強縮である。単収縮がおこる唯一の例は、膝がしらを軽く叩いたときにおこる脚部のブランとした運動で、これを膝蓋腱（しつがいけん）反射という。筆者が若い頃は、問診をおこなう医師は木製のハンマーを持っており、患者の健康検査では必ず膝蓋腱反射が容易におこるか否かを調べたものである。

単収縮の持続時間は、筋小胞体から放出されたCaイオンを取り込む筋小胞体のポンプ作用が強いほど短くなる。第10章で説明するある種の魚類の発音は、よく発達した筋小胞体による、異常に短い単収縮によっておこなわれる。

第9章　水棲動物の高速遊泳

9-1　大型回遊魚の運動能力

空中を飛翔する鳥類には重力がはたらくので、翼が揚力を発生できなくなれば失速し、地面に叩きつけられてしまう。しかし水中を遊泳する魚類には重力とともに浮力が働くので、魚が運動を止めても直ちに水底に向かって落下することはない。魚にはたらく浮力は、魚と等しい体積の水の重量に等しい。ここで水とは、魚類が住む環境の水（海水や淡水）である。また魚にはたらく重力は魚の体重と等しい。したがって海水魚の場合、海水の密度と魚の体の密度が等しければ、浮力と重力は丁度釣り合うので、魚は静止していても、上方に浮いてゆくことも、下方に沈んでゆくこともない。

多くの海水魚は体内にウキブクロを持ち、ここに空気あるいは血液中に溶けた酸素を取り込んだり排出したりすることで体の密度を調節する。つまり彼らはウキブクロのはたらきにより浮力を変化させ、海中を上下に移動する。

ところでマグロ、カツオ、サバなどの回遊魚にはウキブクロがないか、または体にくらべて小さく、浮力の調節に役立たない。これらの回遊魚の体密度は、いずれも海水の密度より高い。したがって彼らは静止していれば徐々に海底に向かって沈んでゆくことになる。大型回遊魚は、鰓から十分な酸素を取り入れる必要があり、静止状態ではこれが不可能である。このため彼らは一生休むことなく泳ぎ続けるという。

図9－1は遊泳中のサバを上から見た写真である。丁度海鳥が翼を広げて滑空するように、胸鰭を左右に広げている。この胸鰭は鳥の翼のような断面をしており、遊泳中は上向きの揚力が得られる。またサバやマグロの尾鰭付近の体の括れた部分には尾柄キールという突起があり、これも揚力を発生する。さらに流線形の魚体自体も揚力に貢献する。またマグロの体は鳥類の翼の断面に似た流線形で、この体そのものも浮力を生ずる。このようにしてマグロは遊泳中、揚力を得て水平に進むことができる。

マグロ類の遊泳の原動力は、魚体の運動で引き起こされる尾鰭の水平面での運動である。図9－2は遊泳中のサバを高速カメラで撮影したものの模式図で、体の後部の運動が尾鰭に伝えら

図9-1　遊泳中のサバを上から見た写真
ホアー、ランダール（1978）

れ、これを左右に動かして前方への推進力を得ている。尾鰭の先端の動きは、鳥類の翼の動きと同様に綺麗な正弦波状である。尾鰭の断面も胸鰭と同じく鳥の翼のそれに似ており、尾鰭の左右の水平面での運動が鳥類の翼の垂直面での打ち下ろしに相当していることがわかる。図9-3は、ニジマスの遊泳速度と尾鰭の運動の振幅および頻度との関係を示したものである。遊泳速度の増加につれて、尾鰭の運動頻度、振幅ともに増大する。

マグロ類の最大遊泳速度はいろいろな方法で見積もられており、大型のものほど速い。体長３mのクロマグロでは時速80㎞以上、体長４mに達するバショウカジキでは実に時速１００㎞を超える。こ

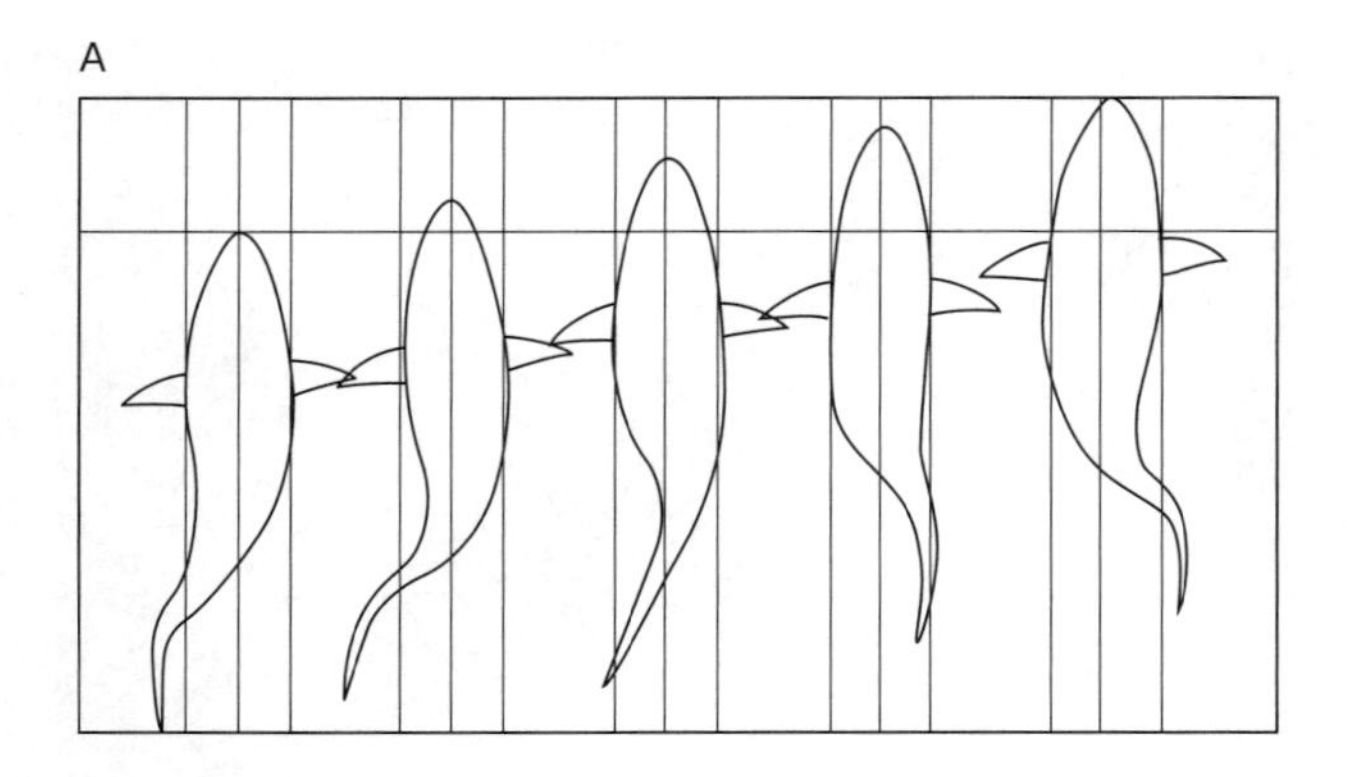

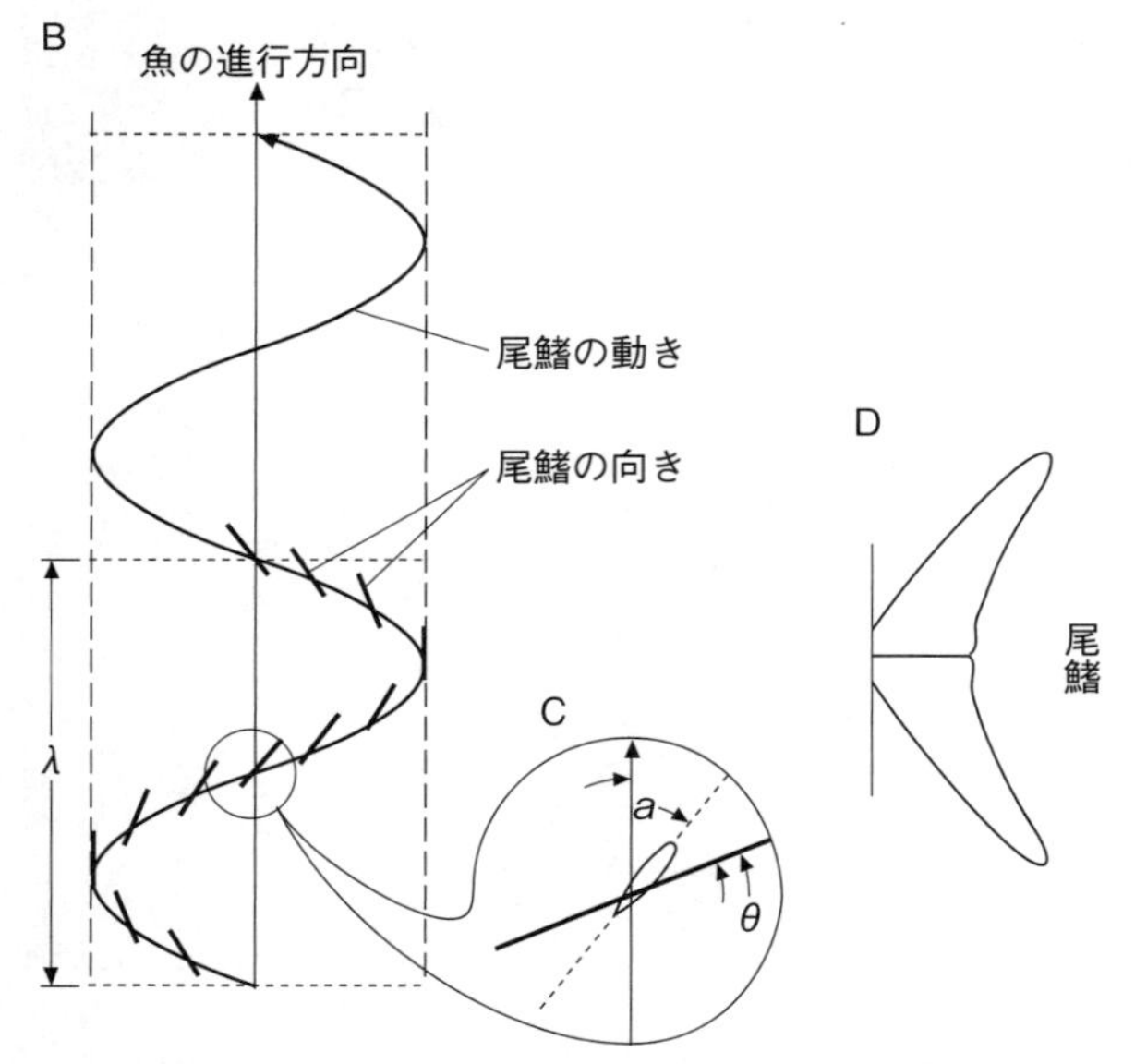

図9-2　サバの遊泳中の（A）身体の運動（B）尾鰭の先端の正弦波状の運動（C）記録上の短い斜線は尾鰭の断面の進行方向に対してなす角度（D）尾鰭の形状　ホアー、ランダール（1978）

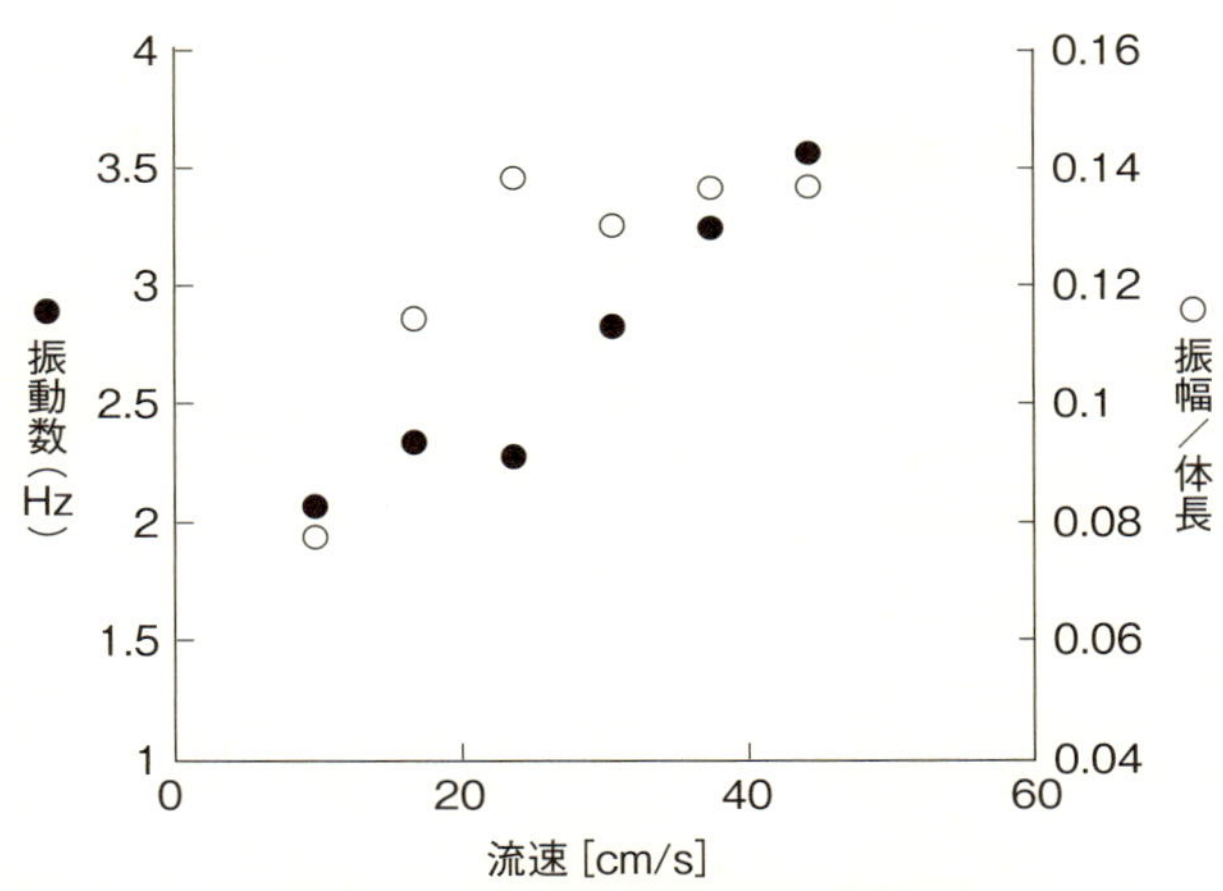

図9-3　ニジマス遊泳時の流速と尾鰭振動数と振幅の関係

『エアロアクアバイオメカニクス』（2010）

の高速は原子力潜水艦の水中最大速力などの遠く及ぶところではない。海水の密度は空気の密度の約８００倍であるにも拘わらず、鳥類の最大飛翔速度に匹敵する、大型回遊魚の驚異の遊泳速度が得られる理由は以下のことが考えられる。

⑴水中の魚類には浮力がはたらくので、鳥類のように重力にたいする揚力発生に多大のエネルギーを消費することがない。

⑵鳥類の飛翔のための推進力と揚力は、垂直面での翼の打ち下ろし運動に依存し、打ち上げ運動はこれに寄与しないのにたいし、魚類の尾鰭の水平面での運動は、左右両方向とも魚類を推進させる力を発生する。

⑶鳥類の翼の運動の原動力は、翼の付け根の

魚名	移動距離	移動地域	日数	平均速度
クロマグロ	7,800km	米国フロリダ→北欧ベルゲン	不明	不明
カジキ	5,000km	米国アラスカ→ブランコ岬	516日	11cm/s
ビンナガ	8,534km	米国カリフォルニア州→日本	196日	51cm/s
クロマグロ	9,700km	日本→米国カリフォルニア州	323日	35cm/s

表9-1　タグを付けた魚類の回遊

ホアー、ランダール（1978）

関節を動かす大胸筋である。これにたいして、大型回遊魚の尾鰭を動かす原動力は、魚体の側面の筋肉の活動による魚体の運動である。この運動は鰭の基部から測って魚体の3分の1くらいの範囲におこっている。しかし、この部分以外の魚体の筋肉も休んでいるのではない。これらの魚体前部の体壁の筋肉は等尺性張力を発生して、後部の体壁の筋肉の収縮運動の基点となっているのである。

(4)このように、大型回遊魚の遊泳には、魚体の大部分の筋肉が動員され、その結果驚異の遊泳速度を生み出している。もし尾鰭の基部にひずみ計を取り付け、遊泳中にこれに加わる力を測定したら、驚くべき大きな値が測定されるだろう。

ところで筆者は、飛翔中の鳥類の翼の先端の運動も、遊泳中の回遊魚の尾鰭の先端の運動も、きれいな正弦波曲線を描く事実に感動を覚える。空中と水中の違いはあっても、大自然の摂理に基づき動物が進化の結果生み出した運動のしくみは、研究技術の進歩により

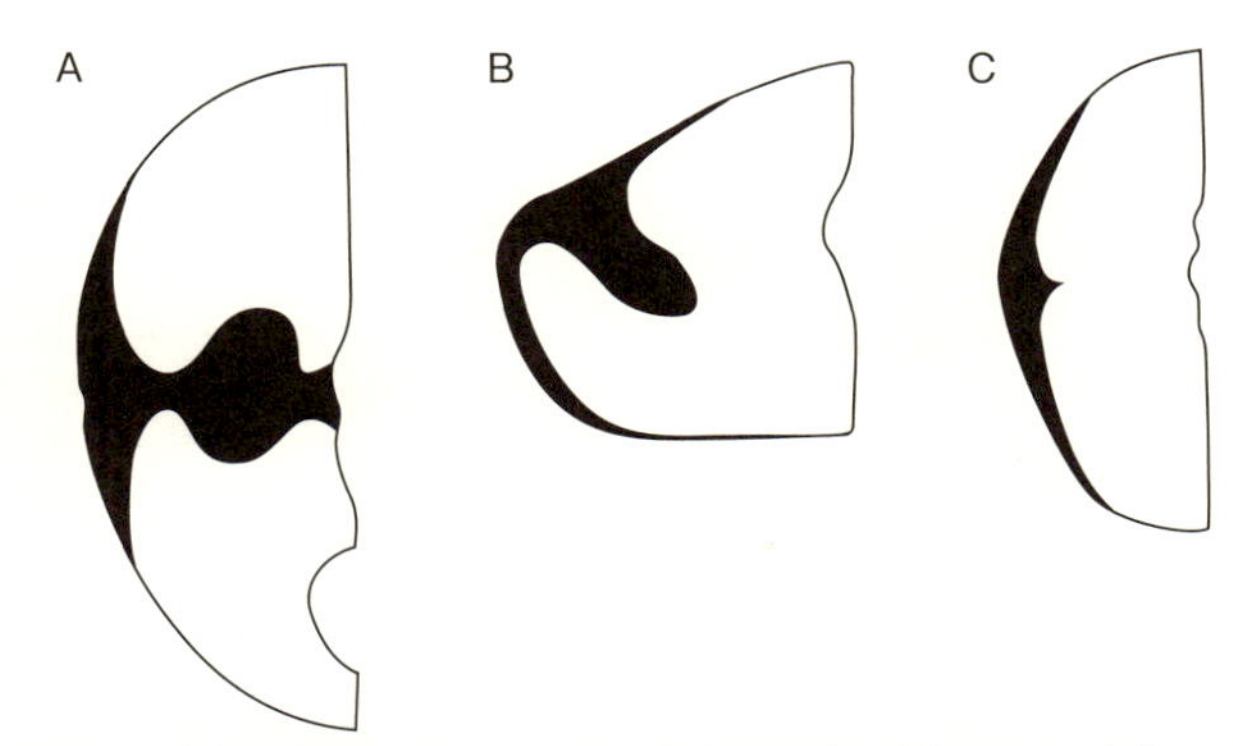

図9-4　魚類の体の断面における血合肉の分布。(A) カツオ (B) サカタザメ (C) ツノザメ　ホアー、ランダール（1978）

明らかにされてみると、原理的に同じであったのである。この事実の示す「美しさ」は、科学者・随筆家として著名であった寺田寅彦のいう「一般の人々には直ちに理解しがたい、歯ごたえのある美しさ」なのである。我が国で科学立国と科学者を育てる教育の重要性が指摘されて久しいが、「歯ごたえのある美しさ」に敏感で、子供たちにこの性質を伝えられる教育者が果たして何人いるであろうか。

表９－１は種々の回遊魚に標識タグを付けて放流し、離れた地域で再捕獲して得られた結果である。彼らが長い時間をかけて長距離を移動していることがわかる。長距離の遊泳のさいエネルギー不足に陥らないよう、魚体には赤色を呈する血合肉が体内に分布している（図９－４）。この血合肉にはミオグロビンという血液色素タンパクが含まれており、大量の酸素と結

合して魚の酸素不足に備えている。

9-2 魚によって使う筋肉も泳ぎ方も違う！

図9-5は魚類の遊泳法を分類して示したものである。この図の縦方向には、遊泳に使用する魚体の部分、胸鰭、腹鰭、背鰭、尾鰭、及び魚体そのもの、などによる分類がなされており、図の横方向には、運動をおこすのは体の波状運動か、あるいは尾鰭の振動か、による分類がなされている。いずれの場合にも、魚体の運動をおこす部分は斜線、水平線、あるいは垂直線が施されている。

比較的浅い海に定住している魚類は、胸鰭、腹鰭、背鰭を動かして遊泳し、体を動かすことはない（図の上部）。これに対し、回遊魚や高い運動性を持つ魚類は、尾鰭のみか、あるいは体と尾鰭を同時に動かして遊泳する（図の下部）。魚類の体側の筋肉は、他の動物の骨格筋とは異なりらせん状に走行し、その末端の腱は紙のように薄い。この体側筋の収縮により魚は体を尾鰭とともにくねらせて推進力を得ている（図9-6）。このくねらせ方の程度は魚種によって異なる（図9-7）。

ウナギの稚魚は全身をくねらせて泳ぐので、エネルギー効率はよくないであろうが、フィリピ

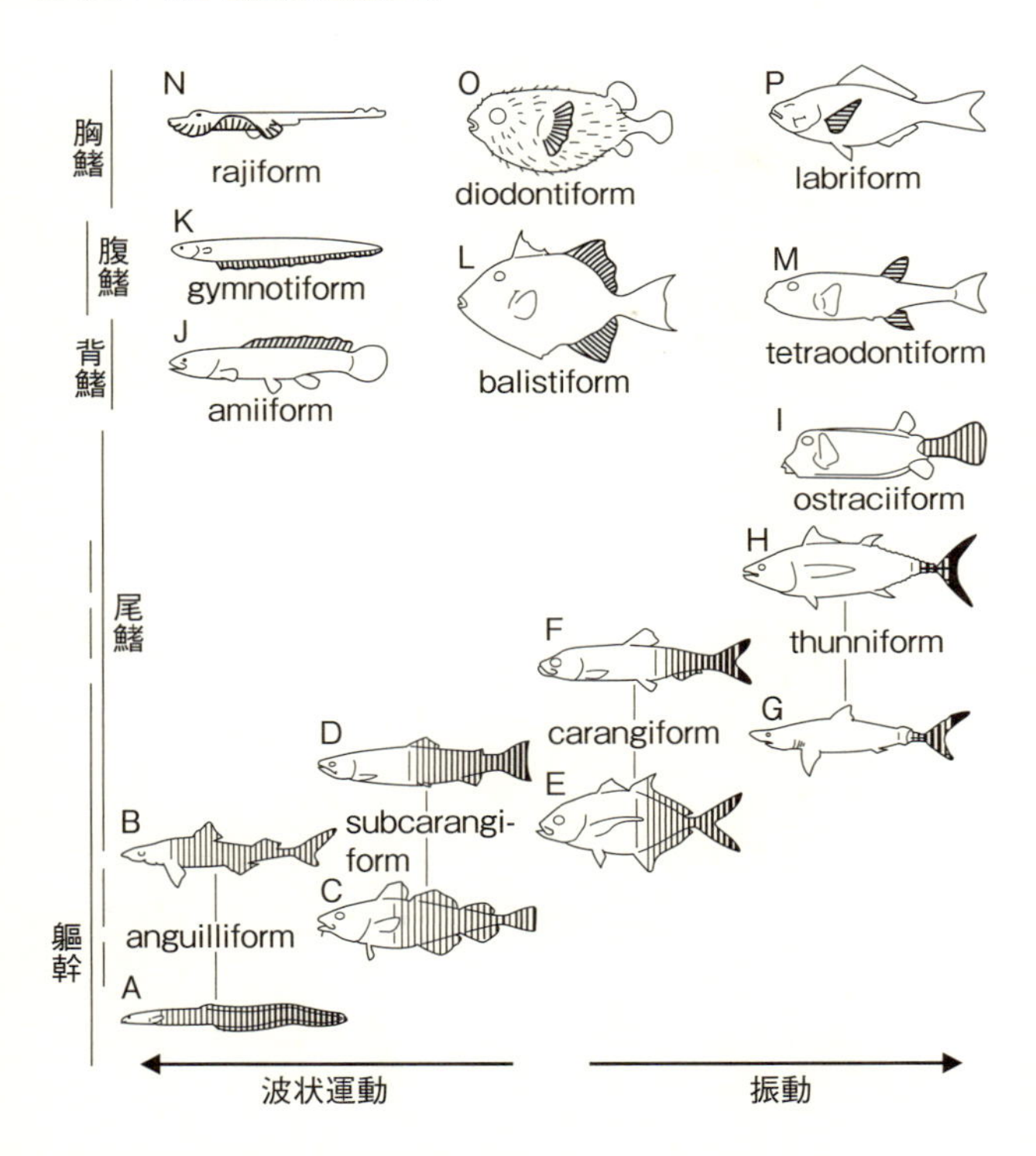

図9-5　魚類の遊泳法の分類　ホアー、ランダール（1978）

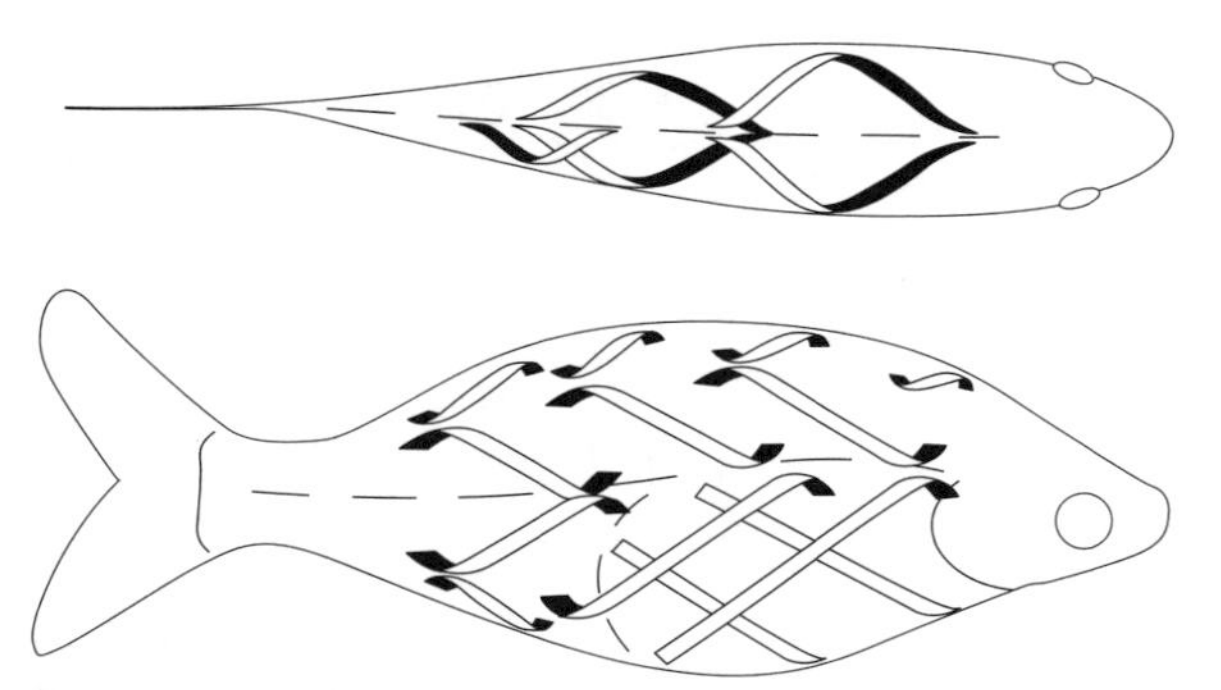

図9-6　魚類の体側の筋肉のらせん状走行

ホアー、ランダール（1978）

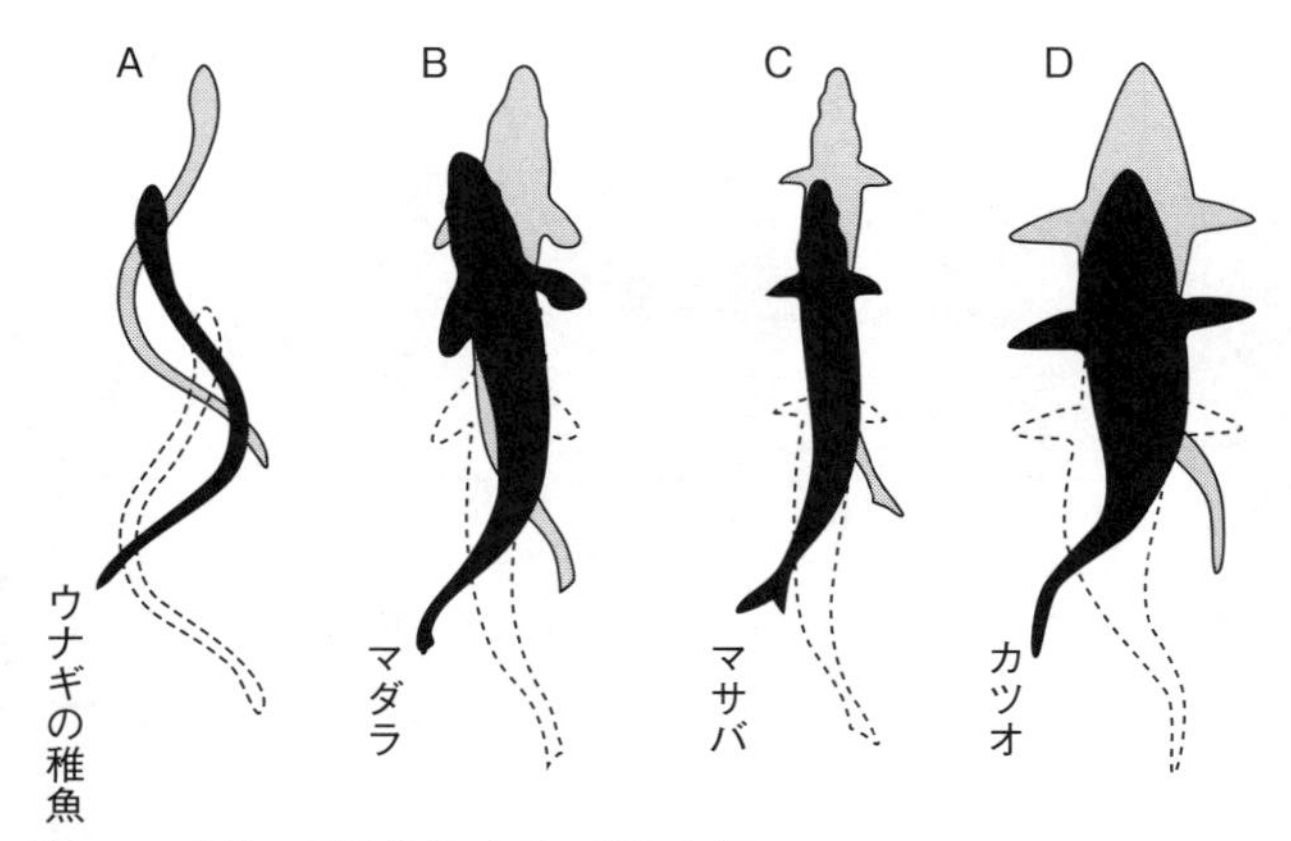

図9-7　魚体と尾鰭をくねらせて進む魚類

（A）ウナギの稚魚、体長7cm　（B）マダラ、体長24cm　（C）マサバ、体長40cm　（D）カツオ、体長40cm

ホアー、ランダール（1978）

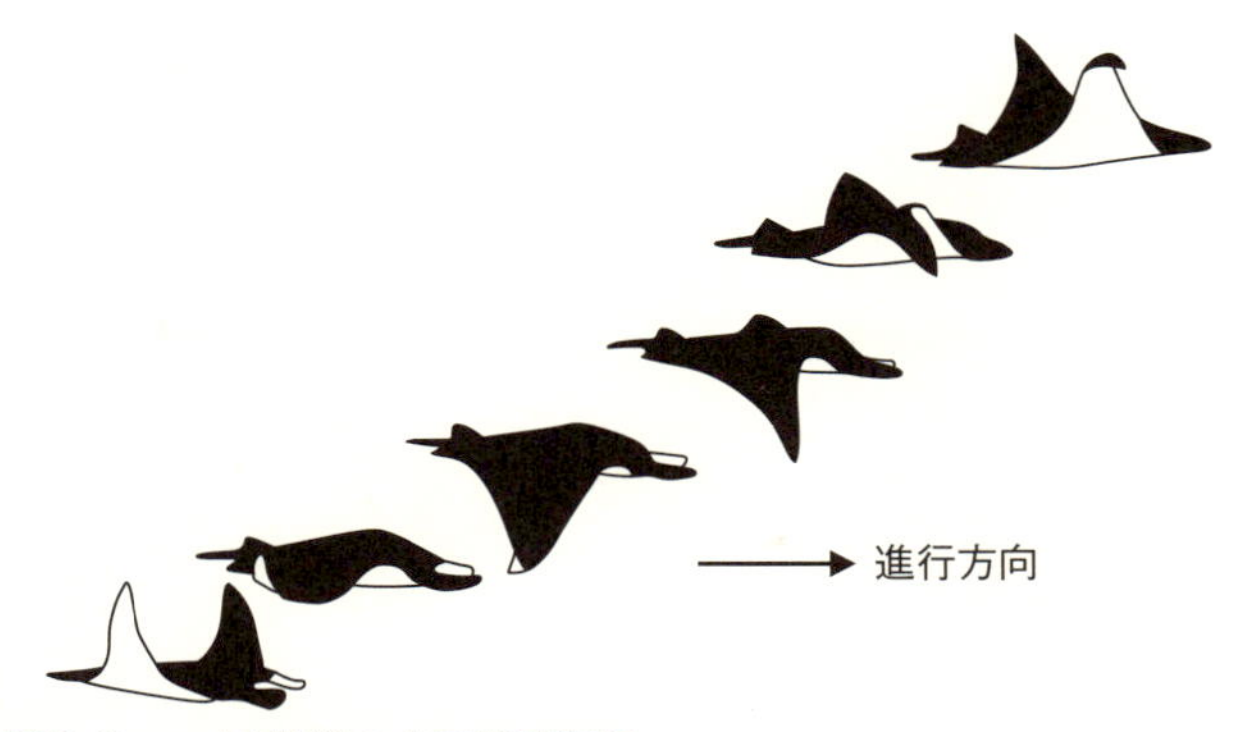

図9-8　エイの胸鰭の上下運動記録
各画像間の間隔は0.64秒。　ホアー、ランダール（1978）

ン近海で孵化した小さな稚魚が、よくも我が国までたどりつくと感心する。親ウナギも我が国からフィリピン近海に産卵に行くので、同様の長途の旅である。親ウナギが脂肪に富むのは、長途の遊泳のためのエネルギーを蓄積しているのであろう。またエイは、大きな胸鰭の上下運動により遊泳するが、その様子は鳥類の飛行のさいの翼の羽ばたきによく似ている（図９－8）。しかしエイは鳥のように重力に逆らう揚力を発生する必要がないので、胸鰭のゆっくりした打ち下ろしの間隔は約３秒もある。

回遊魚のカツオ・マグロ類は遊泳のエネルギーを節約するため、グライド遊泳をおこなうといわれる。これはアホウドリのような海鳥が翼を広げて滑空し、飛行高度が下がってくると羽ばたいて高度を回復し、また滑空を続けるしくみとよく似ている。彼らが尾鰭を運動させずにゆっくりと進んでいると、体密度が海水密度より高いので徐々に下方に沈んでゆく。すると彼らは尾鰭を動かして揚力を得、遊泳深度を回復するのである。

海鳥が水中に突入して魚を捕食するのと対照的に、トビウオは海中から空中に飛び出し、風上に向かって長距離を滑空する。トビウオは体長30～40㎝、よく発達した胸鰭を持ち、滑空するときはこれを左右に広げて揚力を得ている。空中滑空時の速力は時速50～70㎞、高さは3～5mに達する。飛行距離は通常100～200m程度であるが、風向きによっては600mに達する。トビウオは胸鰭の構造上、飛行中に羽ばたくことはできず、その飛行のしくみはグライダーと同じである。

9-3 水棲哺乳類の高速遊泳と潜水能力

哺乳動物のうちで、完全に水中生活に適応し、体形が魚類と同様になったのは、クジラ、シャチ、イルカなどである。彼らの遊泳の原動力は、すでに前節で説明した大型回遊魚、マグロ、サバなどと同じく尾鰭の運動である。ただしクジラ類では、尾鰭が垂直ではなく水平である。しかし体をくねらせながら、体側の筋肉の発生する力を尾鰭の運動に集中するしくみは、両者とも同

図9-9　典型的な人間とシャチとの大きさの比較

図9-10　マッコウクジラとヒトとの大きさの比較

じである。

　したがって、体形がマグロ、カツオのように流線形であるシャチ・イルカ類は、水中の最高速度が時速70㎞以上に達する。特にシャチが体重３〜10ｔに及ぶ巨体であることを考えると、この速度は驚異的である（図９－９）。

　一方マッコウクジラは、驚異的な潜水能力の持ち主である。これは人類の作り出した潜水艦の潜水能力をはるかに凌ぐ。潜水艦の内部は乗組員が居住しているため、内部の気圧は地上の気圧と同じに保たれている。したがって潜水艦はその気密構造のため、船体外殻に水圧がかかってくる。この結果、潜水艦の潜水深度の上限は３００〜５

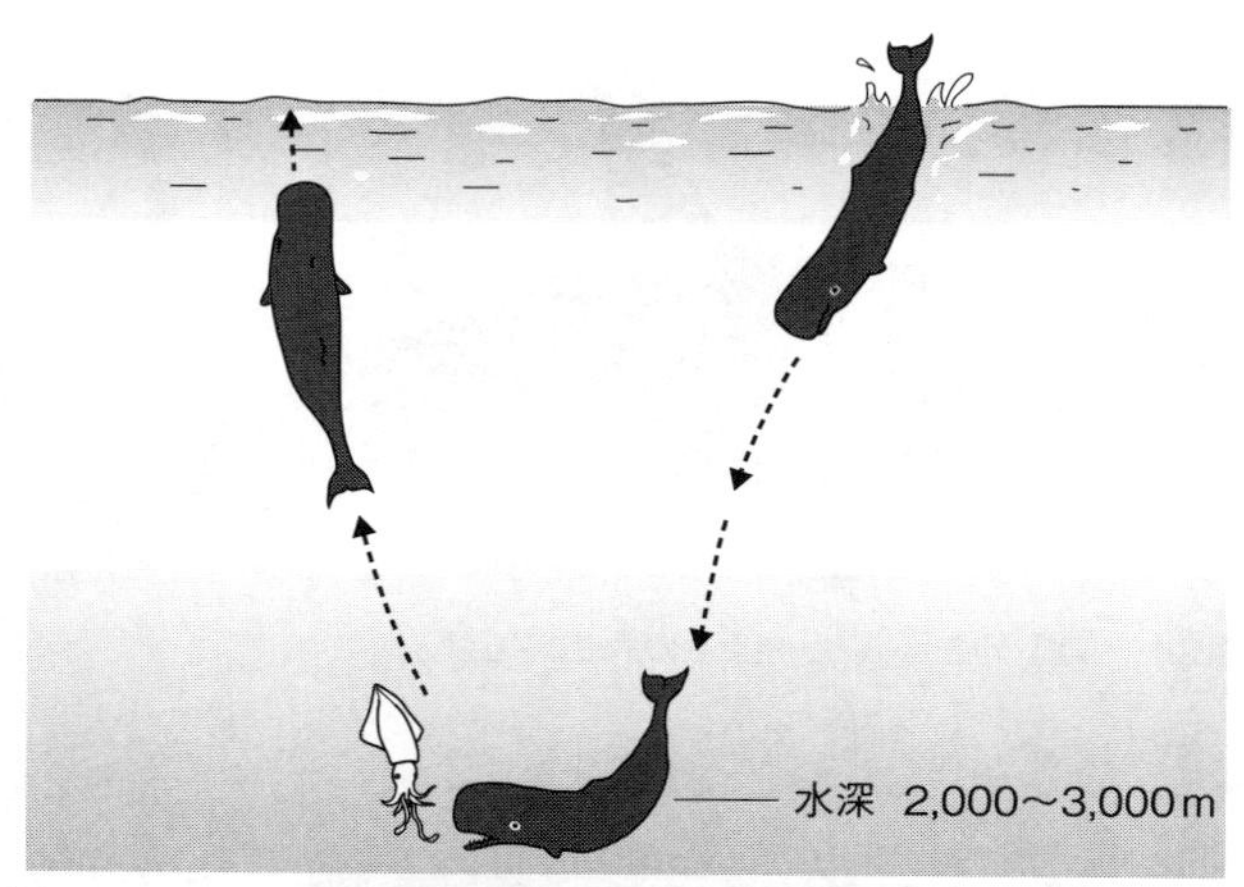

図9-11　マッコウクジラの潜水とダイオウイカの捕食

『エアロアクアバイオメカニクス』(2010)

00mに過ぎない。これ以上の深度では、水圧のため船体外殻が破壊される恐れがある。ただし旧ソ連では、特殊なチタン合金でできた潜水艦が1000m以上の深度に達したといわれる。

マッコウクジラは生き物で、体内の気密構造などはないので、体に水圧が加わることはない。また潜水に先立ち肺臓からは空気が抜けてペチャンコになっているが、体内の大量のミオグロビンが保持する酸素により、1時間に達する潜水中呼吸せずに過ごせる。そしてその潜水深度は、通常2000m、最大では3000mに達する。マッコウクジラはシャチをはるかに上回る巨体で、雄の体重は50tにも達する（図9-10）。しかしマッコウクジラの体密度は、多量の鯨油を含むため海水より小さい。したがってマッコウクジラは潜水時には強力な尾鰭の上下運動による推進力で深海に突き進み、ここで巨大なダイオウイカなどを捕食する（図9－11）。ダイオウイカの抵抗により、マッコウクジラの皮膚には巨大な吸盤の跡が残される。摂餌行動後、マッコウクジラは海水との体密度差による浮力で、エネルギーを消費せず海面にもどる。

このマッコウクジラを含むクジラ類は、陸上のコウモリと同様に高周波の音波を発生し、その反響を感知する反響定位をおこなうものが多い。イルカは、圧搾された空気を噴出させ周囲の組織を振動させ高周波の音波を発生させる。マッコウクジラも基本的にはこれと同様のしくみで反響定位のクリック音を発生する。特に彼らの場合は、光の届かない深海に達して獲物のダイオウイカを探さなければならないので、このクリック音は彼らの生活に必須である。

しかしここで謎が生ずる。マッコウクジラは深海に潜るときその肺はペチャンコになり、その容積は正常時のわずか2％に縮小する。これは音波発生をおこす空気の供給源が激減することを意味する。それにも拘わらず、マッコウクジラの体にソナータグを付けてクリック音の発生を記録したところ、600mの深度でもクリック音の発生やその強度には影響がみられなかった。この謎に明確な説明は与えられていない。

クジラ類、アザラシ類などの海棲哺乳動物やペンギン類などの海に棲息する鳥類の巡航遊泳速

標準和名	学名	平均体重 [kg]	巡航速度 [m/s]	周波数 [Hz]
マッコウクジラ	*Physeter macrocephalus*	25,000～	1.6	0.20
シャチ	*Orcinus orca*	3,000	1.4	0.43
ウェッデルアザラシ	*Leptonychotes weddelii*	330	1.5	0.63
キタゾウアザラシ	*Mirounga angustirostris*	600～	1.8	0.66
ミナミゾウアザラシ	*Mirounga leonina*	1,400	1.3	0.79
バイカルアザラシ	*Phoca sibirica*	70	1.1	1.02
スナメリ	*Neophocaena phocaenoides*	49	1.3	1.13
エンペラーペンギン	*Aptenodytes forsteri*	25	1.7	1.35
キングペンギン	*Aptenodytes patagonicus*	12	2.1	1.55
ジェンツーペンギン	*Pygoscelis papua*	5.5	2.3	2.18
アデリーペンギン	*Pygoscelis adeliae*	4.2	2.0	2.46
ヒゲペンギン	*Pygoscelis antarctica*	3.8	2.3	2.54
マカロニペンギン	*Eudyptes chrysolophus*	3.3	2.0	2.30
ジョージアキバナウ	*Phalacrocorax georgianus*	2.4	1.7	2.92
ヨーロッパヒメウ	*Phalacrocorax aristotelis*	1.6	1.6	3.25
コガタペンギン	*Eudyptula minor*	1.1	1.8	3.60

表9-2　海棲哺乳類と海鳥類の巡航遊泳速度とストローク周波数

『エアロアクアバイオメカニクス』（2010）

度は、それらの体重に大差があるにも拘わらず、不思議なことにほとんど同じであることが知られている（表9－2）。しかしこの理由は、すでに説明したスケール効果で以下のように説明される。まず動物の巡航速度は、例えば尾鰭の筋肉の収縮による張力と短縮により決まる。動物のスケールが相似形で2倍になったとすると、その体重は $2^3=8$ 倍になる。一方、動物を動かす筋肉の断面積は、$2^2=4$ 倍、その長さは2倍になる。

尾鰭を動かし動物を推進させる筋肉が1回の収縮ごとにおこなう仕事量を $W(1)$ とすると、

$$W(1)=T\times D$$

である。ここで T は筋肉の発生する力、D は筋肉の短縮した距離である。

さて、動物のスケールが2倍になると、筋肉の発生する力はその断面積に比例するので $2^2=4$ 倍になる。一方筋肉の短縮距離は2倍になる。したがって、動物のスケールが2倍になったときの、筋肉が1回の収縮ごとにおこなう仕事量を $W(2)$ とすると、

$$W(2)=T\times 2^2\times D\times 2=W(1)\times 8$$

つまり、動物のスケールが相似形で2倍になると、筋肉の1回の収縮あたりの仕事（エネルギー）量は8倍になる。しかし動物の体の体積（重量）もスケールが2倍になると8倍に増加する。この結果、筋肉の仕事量の増加と動物の体重の増加は相殺してしまい、動物の巡航速度はスケールが変化しても変わらないことになる。

9-4　軟体動物の運動

軟体動物の運動は著しく変化に富んでいる。アワビ、サザエやカタツムリなどの腹足類は、腹部の平滑筋によりゆっくりした蠕動運動をおこない、ホタテガイなどの二枚貝は貝柱の横紋筋で殻を上下に動かして水流をつくり、その反動で水中を遊泳する。アサリ、ハマグリなどは、足を殻の外に突き出して海底を動く。また二枚貝の貝柱には、横紋筋のほかに殻をエネルギー消費なしに長時間閉じて身を守るキャッチ筋とよばれる平滑筋が存在する。このキャッチ筋の研究は第

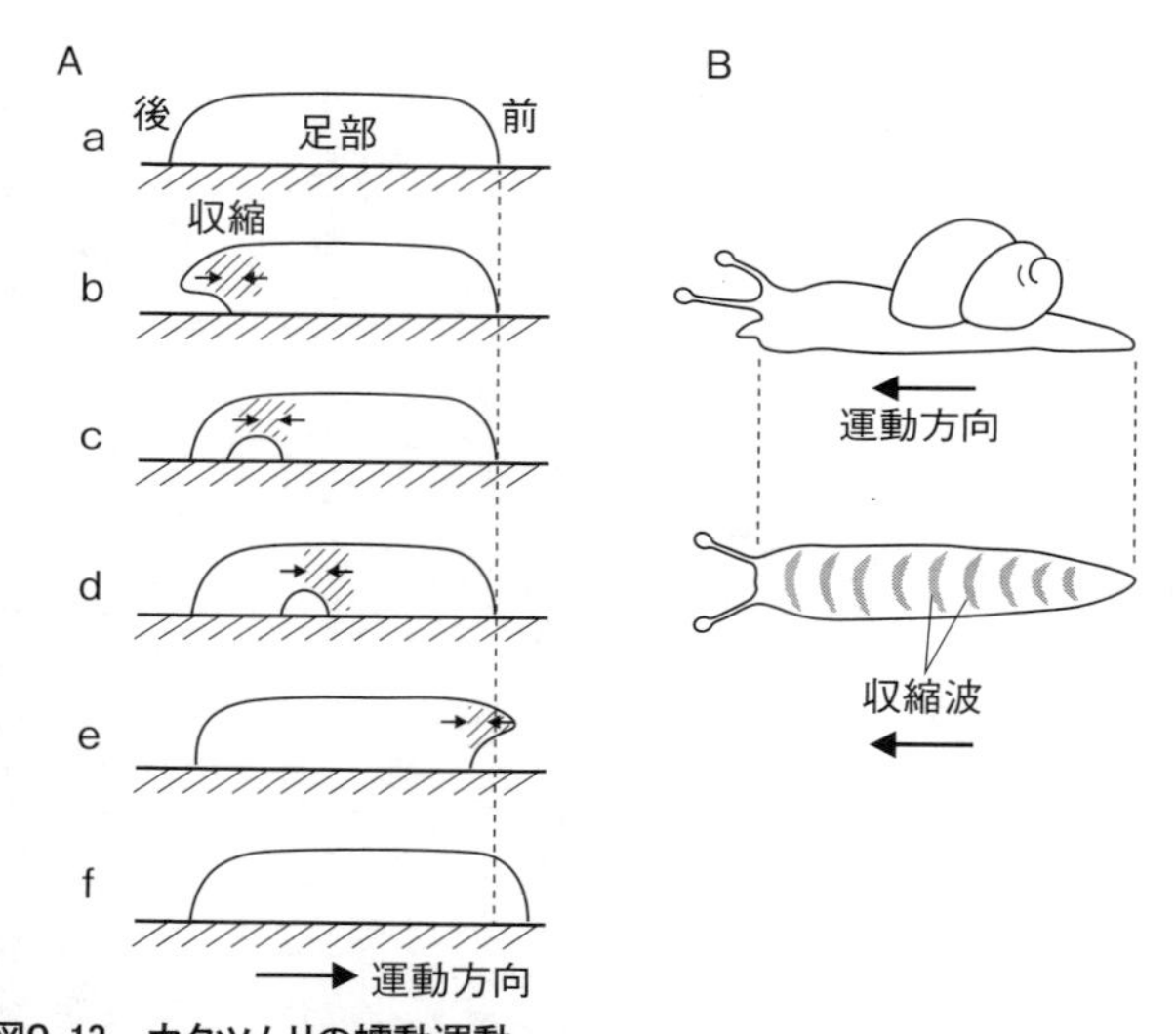

図9-12　カタツムリの蠕動運動
(A) 収縮波の発生と伝わり　(B) 収縮波によるカタツムリの前進

11章で詳細に説明する。

軟体動物のうち最も進化したものはタコ、イカなどの頭足類である。彼らはよく発達した眼球と、脳を持ち、タコは学習実験の結果からみて、その知能はネコに匹敵すると言われる。頭足類はその優れた知能と、軟体動物では群をぬく遊泳力により、地球上至る所の海中に分布、棲息している。棲息域は沿岸の浅海から、ダイオウイカのような大洋の深海に至る広範囲に及ぶ。

ここではまず腹足類の蠕動運動について説明しよう（図9－12）。アワビ、サザエ、カタツムリなどは、いずれも大きく広がった足を持ち、その底面は多数の紡錘形の平滑筋細胞が縦走

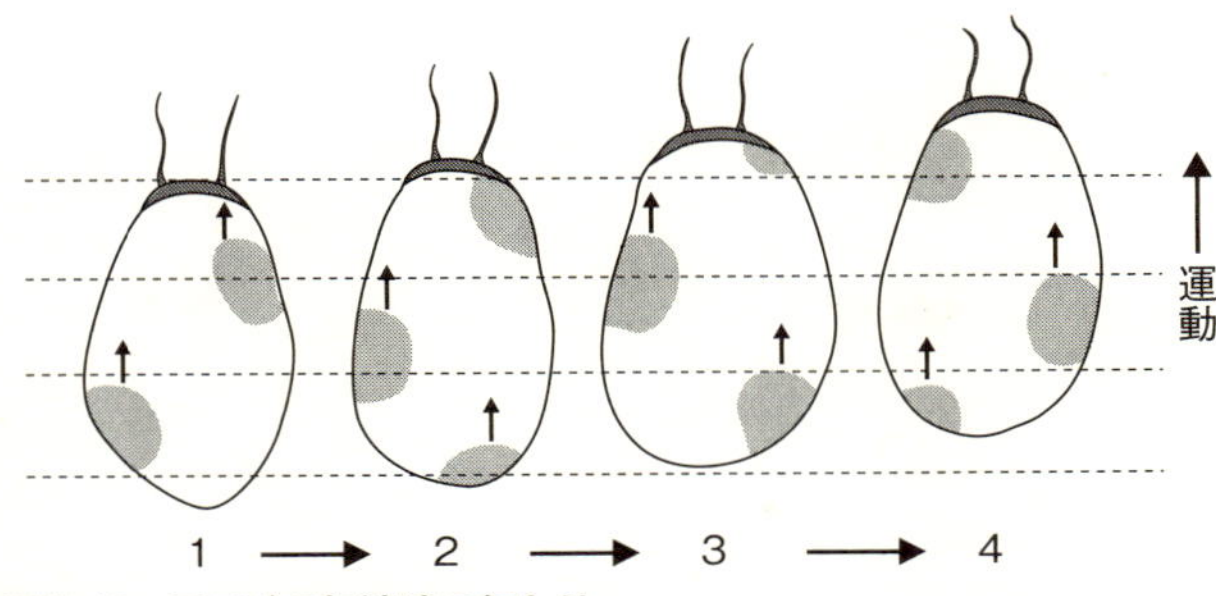

図9-13　アワビの収縮波の伝わり

筋として足部の長軸方向に走っている。カタツムリが足部で前進するさい、まずその後端が収縮して地面から持ち上がる（a↓b）。ついでこの部分は弛緩して地面にもどり、収縮は隣接した部分に移動し、その部分が持ち上がる（b↓c）。これで足部後端は前方に移動する。こうして収縮の波は次々と前方に移動してゆき（c↓d↓）、最後に足の前端が収縮して持ち上がり（e）、弛緩して地面にもどる（f）とカタツムリは足部後端の前進距離だけ移動したことになる。実際にはカタツムリの足部後端からは次々と収縮波が発生し移動してゆく（B）。なお、足部の収縮した部分が弛緩してもとの状態にもどるのは、カタツムリの体の内圧によるものである。アワビは、足部の収縮波の幅がカタツムリよりもはるかに大きく、海底の岩の上を素早く前進する。この場合収縮波は足部の左右に分かれ、位相をずらして前方に伝わってゆく（図９-13）。このような収縮波の発生と伝わりは、足部縦走筋の内側の神経線維のネットワークのはたらきによるものである。われわれの消化管の、

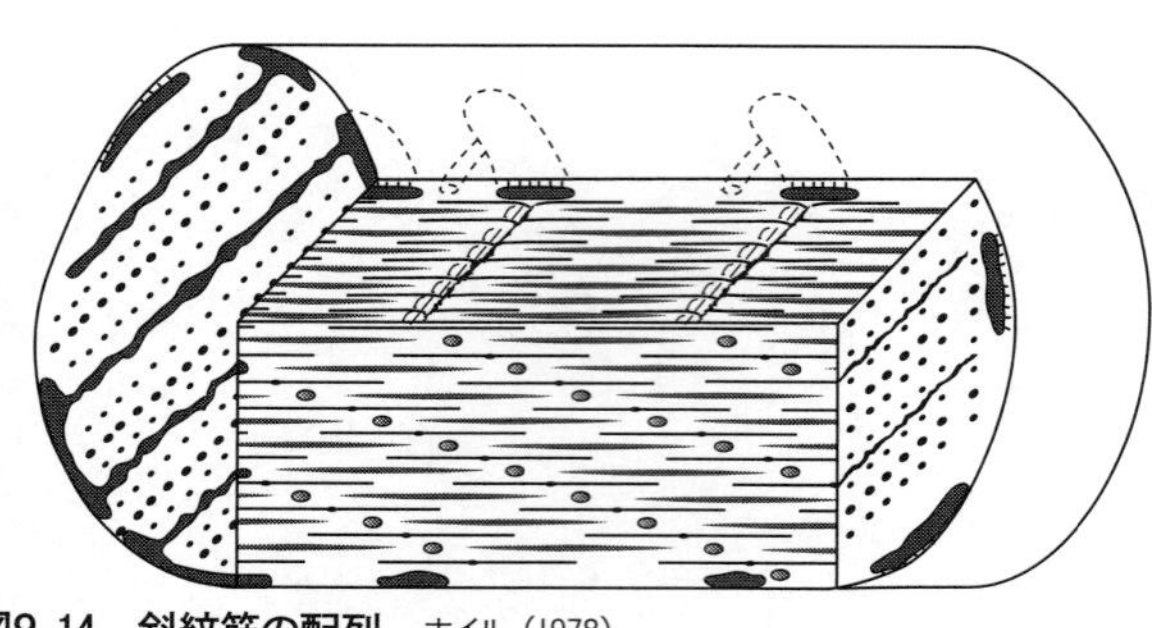

図9-14　斜紋筋の配列　ホイル（1978）

食物を移動させる蠕動運動も、基本的にはこの腹足類の蠕動運動と同様のしくみでおこる。

タコ、イカなどの高速遊泳運動には斜紋筋あるいは横紋筋が関与している。斜紋筋は線形動物（カイチュウなど）、環形動物（ミミズなど）、および一部の軟体動物にみられ、図9－14のようにアクチンフィラメントとミオシンフィラメントが斜めに規則正しく配列しているため、斜めの筋節構造を持つ。第10章で説明するカブトガニの尾部の横紋筋と同様に、この斜紋筋ではミオシンフィラメントの中央でこれを束ねる構造が存在せず、骨格筋よりも広い長さの範囲にわたって力を発生すると考えられる。

軟体動物が一般に運動速度が遅いのと対照的に、一般にイカ類の遊泳速度は極めて速く、体長が40㎝にも満たないヤリイカでは毎時40㎞に達する。この高速はイカが斜紋筋の収縮により体全体をほとんど同時に収縮させ、体内の海水を一気に吐き出し、その反動を利用しているからである。イカはこの海水の噴

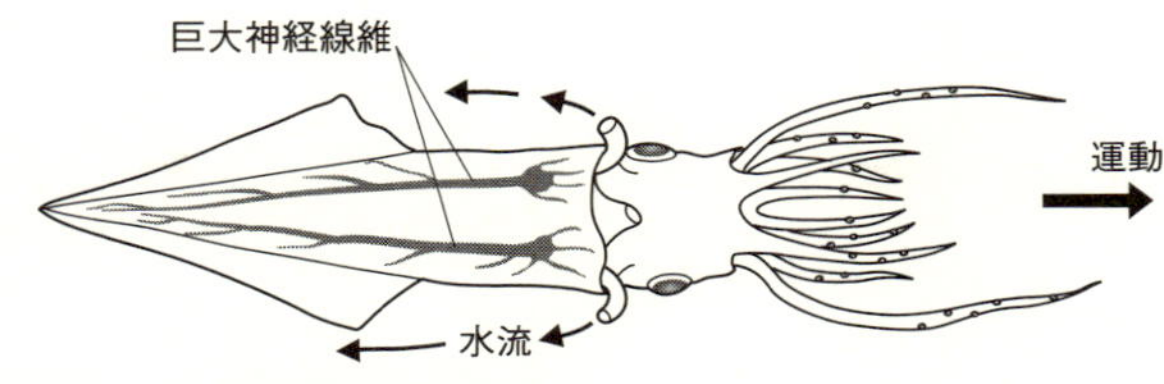

図9-15　ヤリイカの巨大神経線維

出方向を変えて、急激に餌に飛びかかったり捕食者から逃れたりする（図９－15）。

この体全体の収縮をおこす命令は、ヤリイカの頭部の神経から出される。無脊椎動物の神経細胞（ニューロン）から伸びて活動電位を伝える神経線維はこれを取り囲む髄鞘（ずいしょう）がなく無髄神経とよばれる。これにたいし脊椎動物の神経線維は電気的絶縁性の高い髄鞘を持つ有髄神経である。有髄神経では、活動電位が髄鞘を飛び越えて「跳躍」して伝わるので、直径20μmのわれわれの運動神経線維は毎秒１２０ｍの新幹線を凌ぐ速度で命令を筋肉に伝える。しかし無脊椎動物の無髄神経線維は、このしくみがなく活動電位の伝わる速度がはるかに遅い。

無髄神経線維が活動電位を伝える速度は、その直径の平方根に比例して増大する。したがって、身体全体をすみやかに収縮させなければ高速遊泳速度が達成できないヤリイカの神経線維の直径は１㎜もあり、巨大神経線維とよばれる。英国のホジキンとアンドリュー・ハクスレーは、このヤリイカの巨大神経線維を実験材料として、活動電位発生のしくみを解明し、ノーベル賞を授与された。ヤリイカが進化により獲得した巨大神経線維でも、その活動電位を伝える速度は毎秒20ｍに過ぎない。しかしこれでもヤリイカの体長が30㎝くらいであることを考えると、十分に速い。

余談であるが、このヤリイカの巨大神経線維は生理学者にその後もよく用いられ、多くの知見が得られた。筆者の若い頃は、現在隆盛を極める分子遺伝学やその応用としての再生医学は影も形もなく、一般生理学の全盛時代であった。この一般生理学の理念は、「生物の示す生命現象の基本原理は、どの生物でも同じであり、したがって研究者は研究対象の解明に最も適した動物を使って実験すればよい」というものであった。事実この理念は有効であり、一般生理学の体系が築き上げられた。

しかし不可解なことに、特に我が国の脳研究施設では、「脳の機能解明には高等な哺乳動物（イヌ、ネコ、サルなど）を実験動物として研究することが不可欠である」との考えが支配的になり、無脊椎動物を使用する研究が斥(しりぞ)けられるようになった。ある高名な一般生理学者は「このごろ、イカを使ってはイカンことになってしまったよ」と嘆いていた。しかし米国のカンデルは、軟体動物アメフラシの脳の学習実験をおこなってノーベル賞を得た。このとき主要新聞に、この研究に関する我が国の脳研究者の解説は現れなかった。ただ、どうやら米国でも「イカはイカン」という風潮がはびこりはじめているようである。

第10章 動物の器官のすごい機能

10-1 カサゴの発音筋の異常な高速振動

沿岸の海に棲む魚類のカサゴ（図10－1）は、魚類が浮力を調節するウキブクロを振動させて周波数250Hzの音を発し、個体間のコミュニケーションをおこなう。このウキブクロ筋の筋線維の運動神経による支配様式は、骨格筋と異なる。骨格筋線維を支配する運動神経線維は、通常ただ1ヵ所の神経・筋接合部によって筋線維と連絡している。したがって、この神経・筋接合部で発生する活動電位は、両側の筋線維細胞膜に沿って筋線維全長に伝わる（図10－2A）。筋線維細胞膜に沿って活動電位の伝わる速度は、毎秒1～3mである。

一方ウキブクロの筋線維では、神経線維は筋線維に沿って走行しながら、多数の神経・筋接合

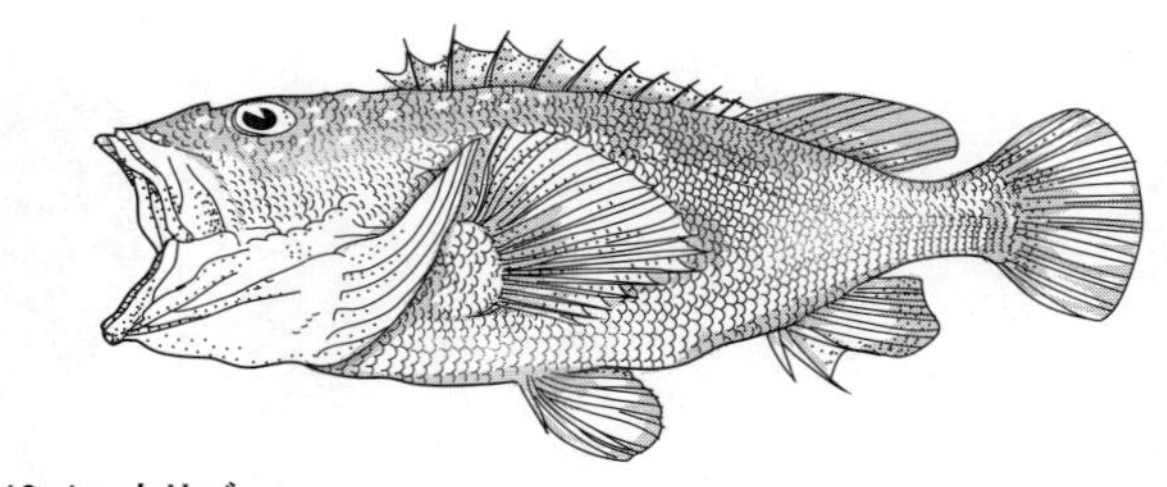

図10-1　カサゴ

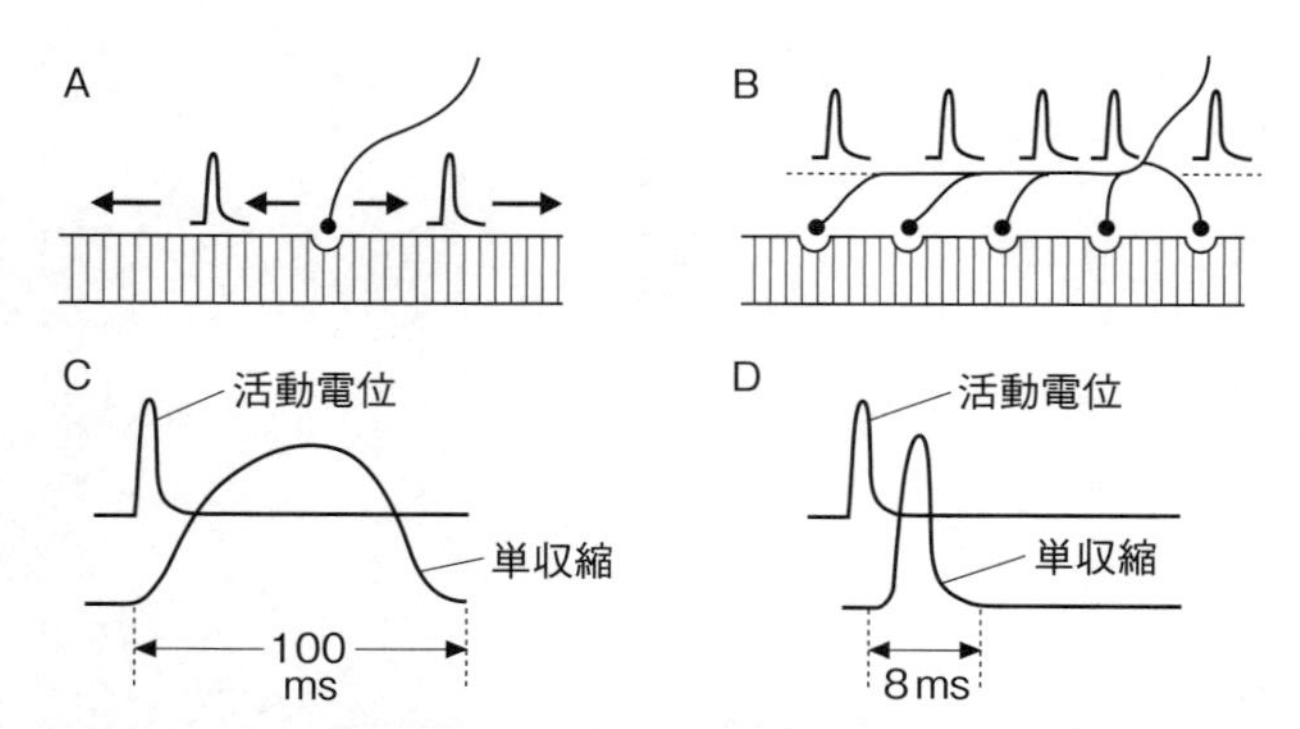

図10-2　骨格筋線維（A）とウキブクロ筋線維（B）との運動神経支配様式のちがい　（C）骨格筋の単収縮　（D）カサゴのウキブクロ筋の単収縮

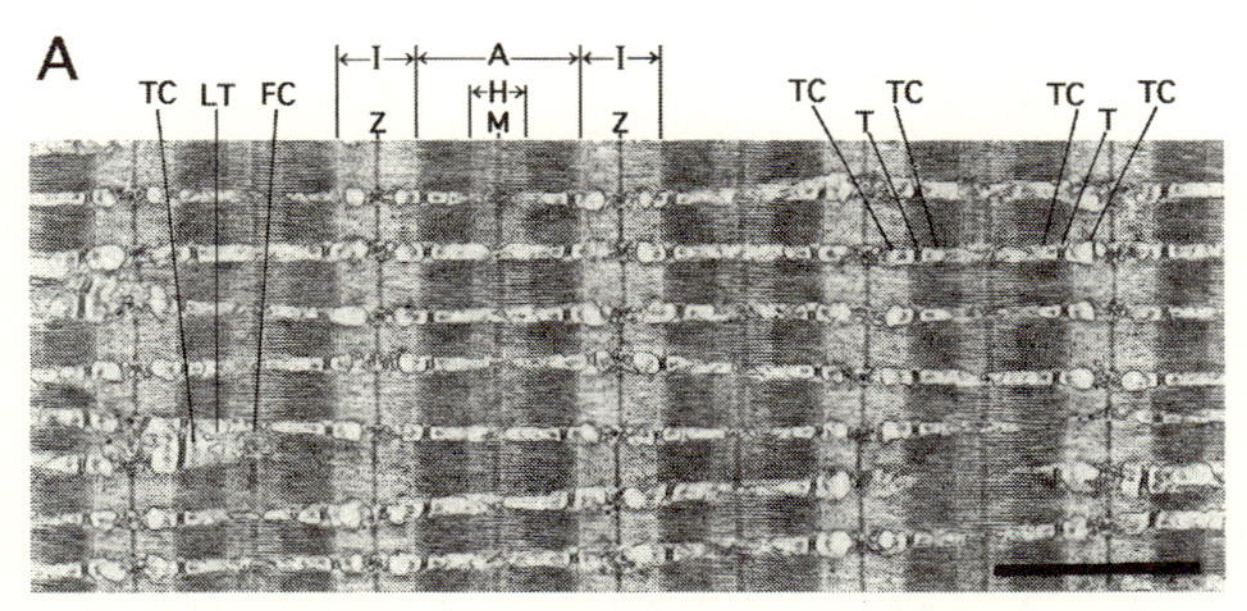

図10-3　カサゴのウキブクロ筋線維の筋小胞体。すべての筋原線維の間に筋小胞体が存在する　鈴木ら（2004）

部を形成する。神経線維に沿っての活動電位の伝わる速度は毎秒約10ｍで、筋線維に沿っての速度よりはるかに速い。このためウキブクロ筋の筋線維では、活動電位はほぼ同時に筋線維の全長にわたっておこることになる（図10－2B）。またウキブクロ筋線維の小胞体は極めてよく発達しておりCaイオン取り込み能力が高い（図10－3）。この結果、ウキブクロを支配する運動神経の単一刺激による単収縮の持続時間は4～8msに過ぎず、骨格筋線維の約100msに比べて著しく短い（図10－2C、D）。カサゴの発音は、このような持続時間の短い、しかも筋線維の各部でほぼ同時におこる単収縮の反復によっておこるのである。

筋線維内の小胞体が極端に発達し、筋線維内のスペースの大部分を占める例が、節足動物のうち甲殻類のロブスターの触角にある筋肉でみられる（図10－4）。この筋肉は触角と体の外骨格をこすりあわせて、100～300Hzの音を出す。このためには単収縮の持続時間が3msかそれ以

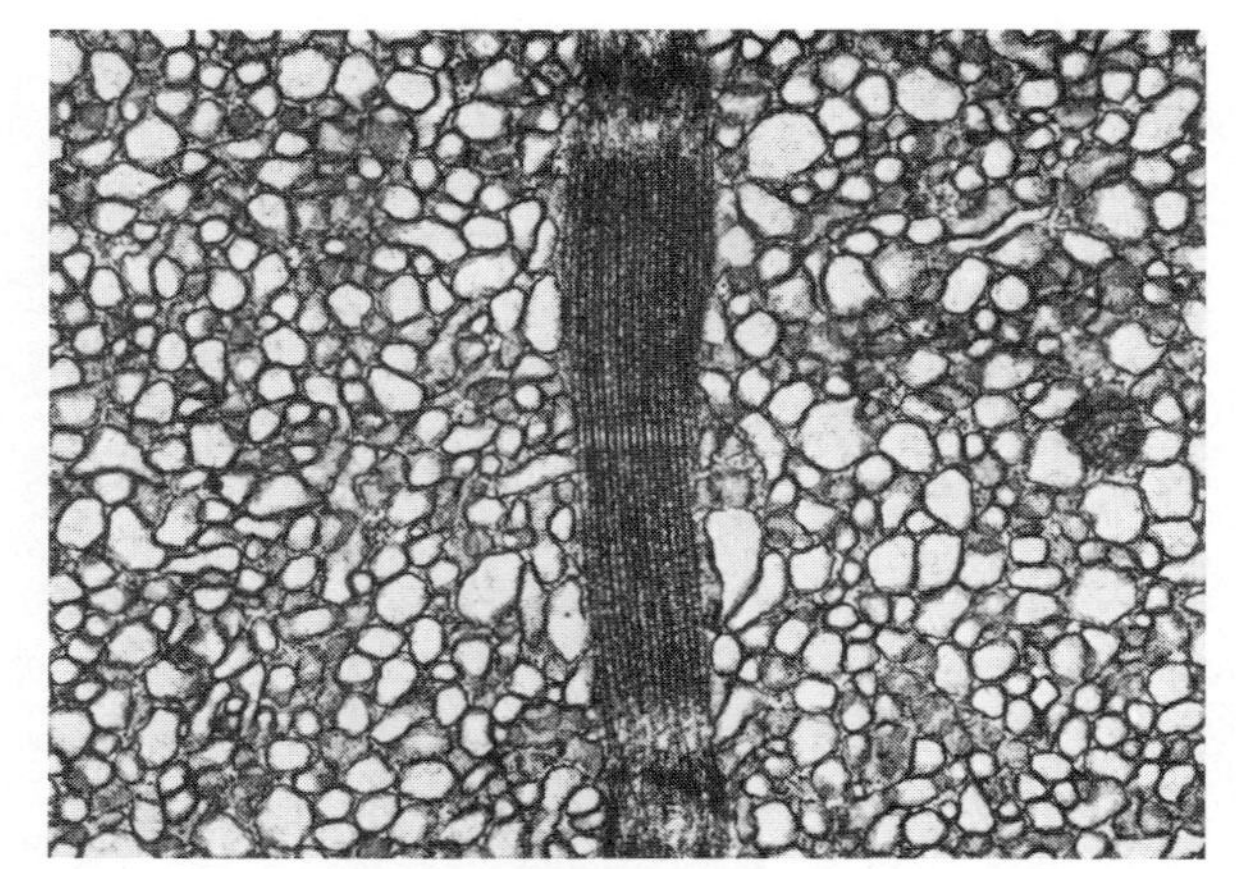

図10-4　ロブスターの触覚の筋線維。大部分のスペースが筋小胞体で占められている　ホイル（1983）

図10-5　コウモリの喉頭の筋肉の筋線維　ホイル（1983）

下でなければならず、大量の筋小胞体によるCaイオンの取り込み作用が必要なのである。コウモリが反響定位のために音波を発生する喉頭部の筋線維も筋小胞体が大きなスペースを占めるほか、ミトコンドリアも著しく発達しているのが特徴である（図10－5）。おそらくコウモリは昼間は休んでおり、夜間を長時間の摂餌行動にあてているため、反響定位のために喉頭の筋肉を絶えず激しくはたらかせており、ATP補給のため大量のミトコンドリアを必要とするのであろう。

このように、動物の種類を問わず、高頻度の発音器官の振動は、筋線維内の発達した筋小胞体の強力なCaイオン取り込み作用による、持続時間の短い単収縮の繰り返しでおこるのである。

10－2　カメレオンの舌の、ジェット機を凌ぐ高加速度運動

両生類の代表的動物カエルは、草むらのなかで静止しており、目の前に昆虫が現れると舌を素早く伸ばしてこれを捕らえる（図10－6）。カエルはこのときどのように昆虫がやってきたのを認めるのであろうか。

図10－7はカエルの脳に電極を埋め込み、スクリーンにいろいろなものを投射してカエルの脳の反応を調べた実験結果である。カエルは、スクリーン上の単純な図形（A）、あるいは草の葉

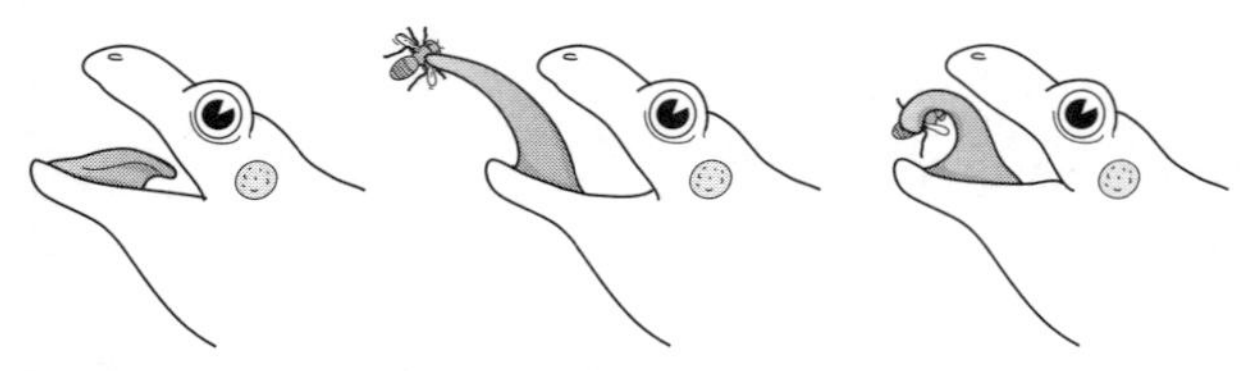

図10-6　カエルの舌の捕食運動

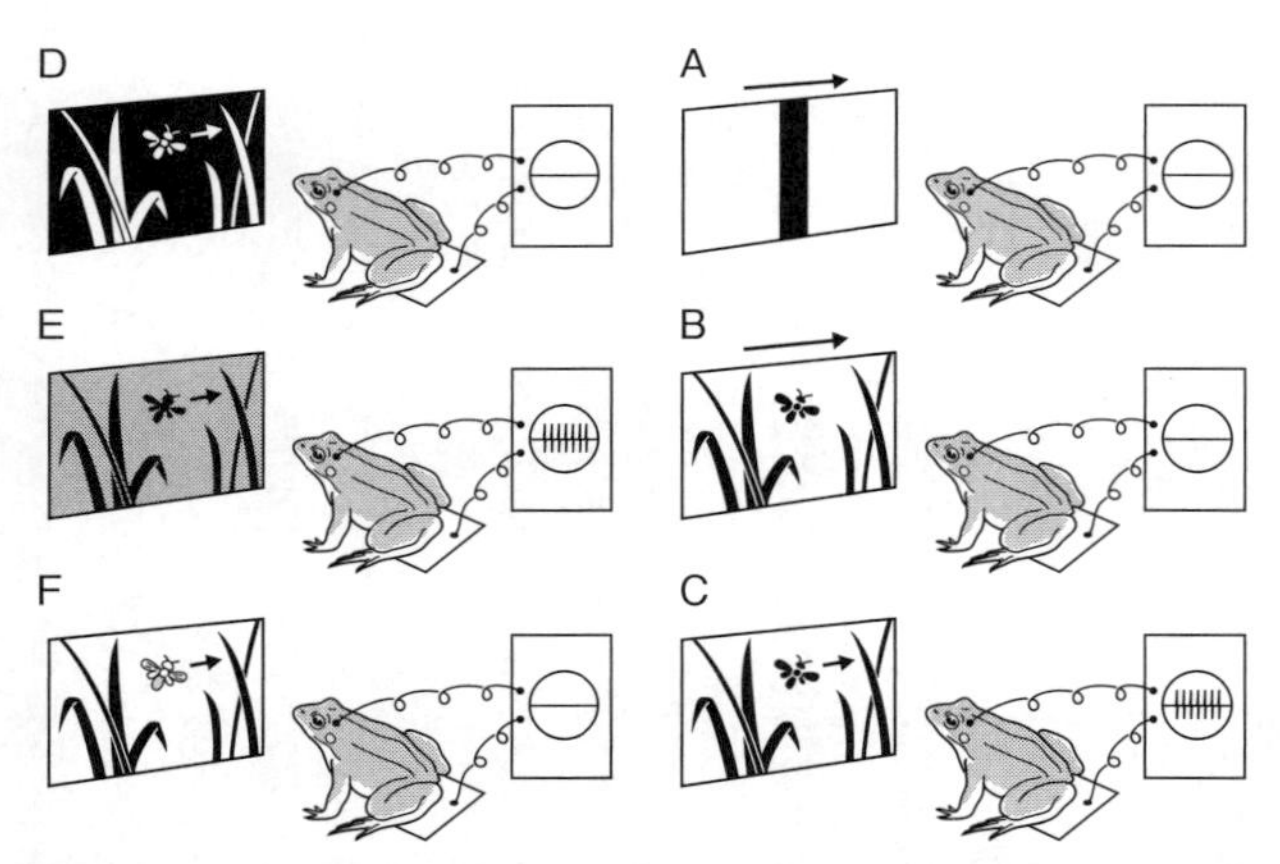

図10-7　カエルの視野の背景より暗い、小さな物体の運動にのみ反応するニューロン

BullockとHorridge 、1965より

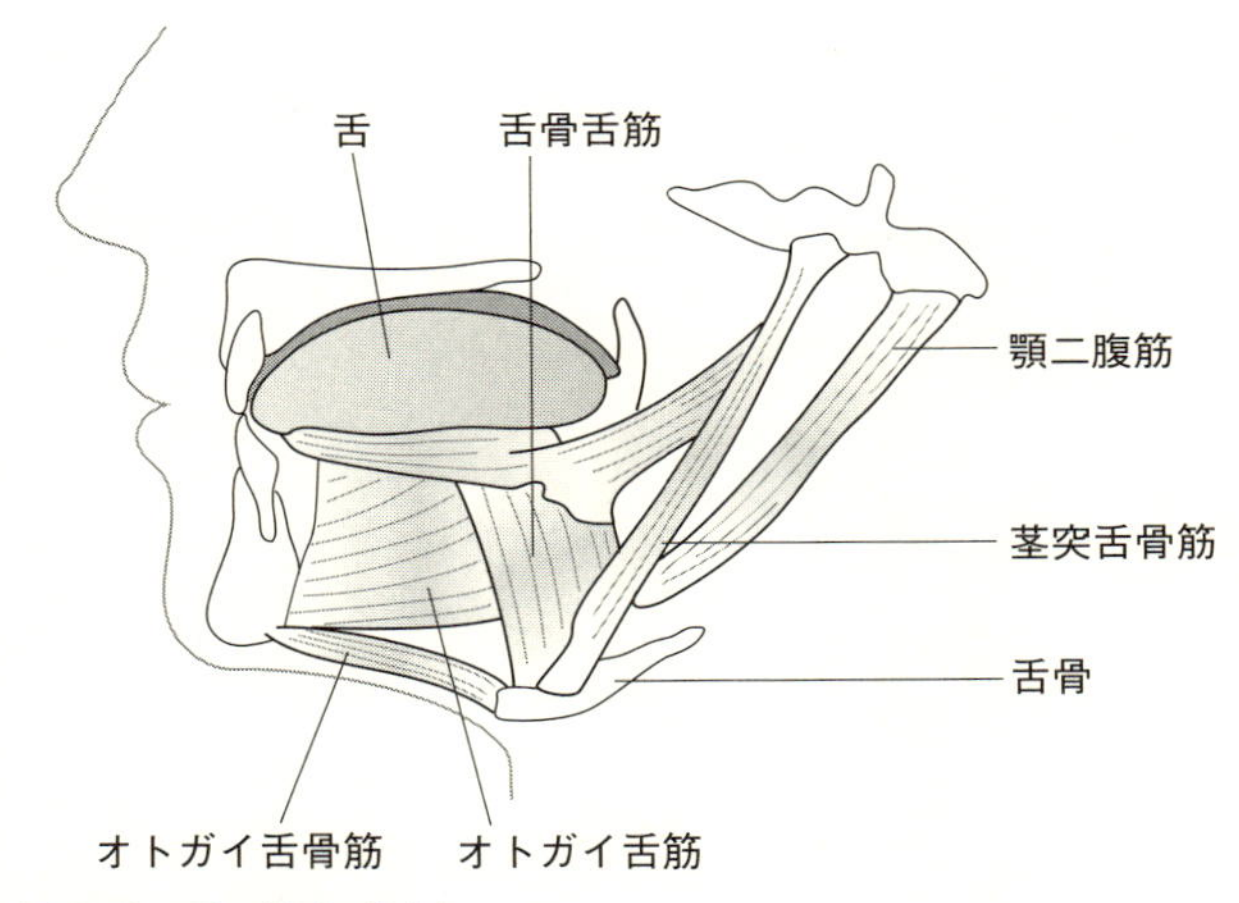

図10-8　舌の筋肉（ヒト）

の黒い影（B）を見せ、これを動かしても反応しない。しかしスクリーン上で小さな物体の像を動かすと（C、D、E、F）、この像が背景の明るさよりも暗いときには反応し（C、E）、像が暗い背景よりも明るいとき（D）や像の暗さが不十分なとき（F）には反応しない。

この結果から考えられることは、カエルの目の網膜には周囲の草やその動きが映っているが、この情報は脳に逐一伝えられることはない。つまり周囲の草やその動きは文字どおりカエルの生存にとって「眼中にない」ので、これに関する情報は脳に伝わらず「遮断」されてしまうのである。生理学ではこの現象をフィルタリングという。

さて網膜情報のフィルタリングを受けたカエルの脳が認識するのは、単にもやもやした、事物の輪郭のぼけた世界であろう。しかし昆虫がカエルの傍に飛んでくると、この姿は視野の中にくっきりと現れ、カエルはこれに向かって舌を突き出すのである。カエルの舌のサラサラした唾液は、昆虫を捕らえた瞬間に粘性を増してネバネバになり、その粘着力は人類の作った接着剤にはるかに勝るという。ある種のカエルでは、舌の突出が体長の半分を超える。カエルの舌の急激な運動をおこすのは、オトガイ舌骨筋と茎突舌骨筋である（図10－8）。いずれも一端が骨格に付着する外舌筋で、骨の付着点を基点として収縮し、てこのようにはたらいて舌を口外に突出させる。カエルではこれらの筋肉がよく発達しているのである。

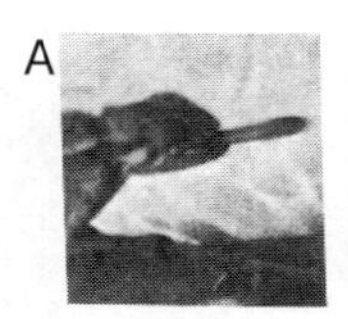

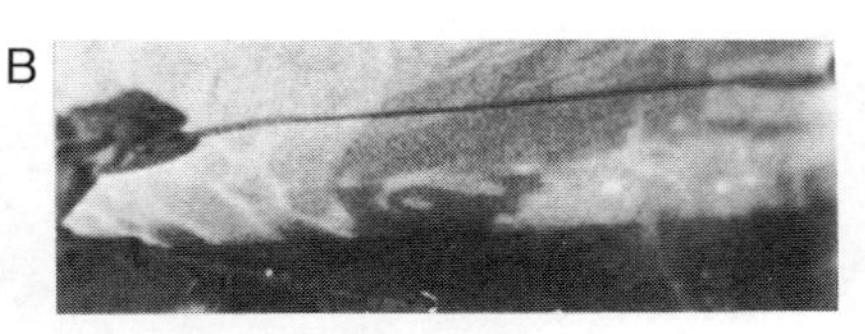

図10-9　カメレオンの舌の運動の高速カメラ記録
ホイル（1983）

爬虫類であるカメレオンの獲物を捕らえる舌の運動は、カエルなどをはるかに凌ぐ驚異的なものである。図10－9はカメレオンの舌の運動の高速カメラによる記録である。カメレオンの舌はその体長の2・5倍以上に伸び、舌の運動開始から20 msで獲物に達しこれを捕らえる。したがってカメレオンが餌の捕食に失敗することはまずないという。また最近の研究によると、舌の伸びる速度は10 ms以内に時速90 ㎞に達する。舌は

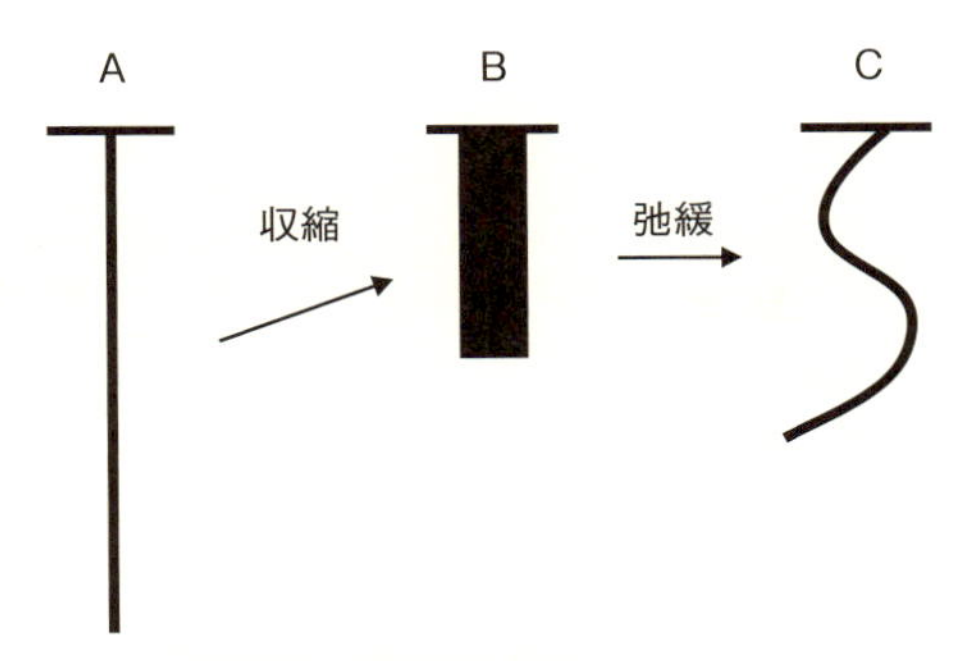

図10-10　カエルの骨格筋線維の能動的弛緩

静止状態から伸び始めるので、このさいの舌の運動の加速度は260G（Gは重力の加速度）にも達し、ジェット機の急降下のさいの加速度（10G）を大幅に上回る。

このカメレオンの舌の驚くべき運動の原動力は一体何であろうか。これは過度に収縮した筋線維が弛緩して静止状態の長さにもどるとき発生するエネルギーを利用しているのである。このような、筋線維が弛緩するときのエネルギーを動物が有効に利用し、それによって生存している例を、カメレオン以外に筆者は見出すことができない。

この筋線維の弛緩による不思議なエネルギーについては、生理学者である筆者には思い当たることがある。筆者が筋肉の研究を始めた1960年代、筋肉研究者の興味を引く実験事実が見出された。これは、カエルの骨格筋から分離した単一筋線維をまっすぐ水銀の上に横たえ、これを反復電気刺激して収縮させると、筋線維はまず著しく短縮して太くなる（図10-10A→B）。ところが刺激を止めると、筋線維は弛緩するが、もとのまっすぐの形状にはもどらず、勢いよくS字状になる（図10－10B→C）。このさい筋線維はしばしば水銀の上を跳躍する。

この現象は「能動的弛緩」とよばれ、過度に短縮した筋線維中で、筋節構造が互いに入り込み、この結果複雑に折り重なった筋フィラメント間に何らかの力、おそらく筋フィラメント上のアミノ酸残基の荷電間の静電気的反発力がはたらき、筋線維を「能動的」に勢いよく弛緩させると考えられる。しかし学問の常として、この現象はこれを研究対象に取り上げる者のないまま忘れられていった。しかし、筋肉を作り上げた大自然は、カメレオンにこの「能動的弛緩」の現象を利用しこれによって生存する道を太古の昔から与えていたのである。大自然の叡智の奥深さには感嘆の他はない。

さて話をカメレオンの舌にもどそう。図10－11Aはカメレオンの口腔内に収納されているときの舌の状態を示したものである。まず舌の中心には棒状の舌骨がある。この骨は動かないが、舌の突出のさいの力学的支点となる。舌の先端の内側には、長楕円形の袋状の筋肉組織である「加速筋（accelerator muscle）」が舌骨を取り巻いている。この加速筋は、舌の全長に沿って走る「舌短縮筋（retractor muscle）」に接続している。これらの筋肉には以後、略称AMとRMを用いることにする。

RMの筋線維は筋節長約2 μmの横紋筋であるが、舌が口腔内にあるとき、運動神経の持続的な

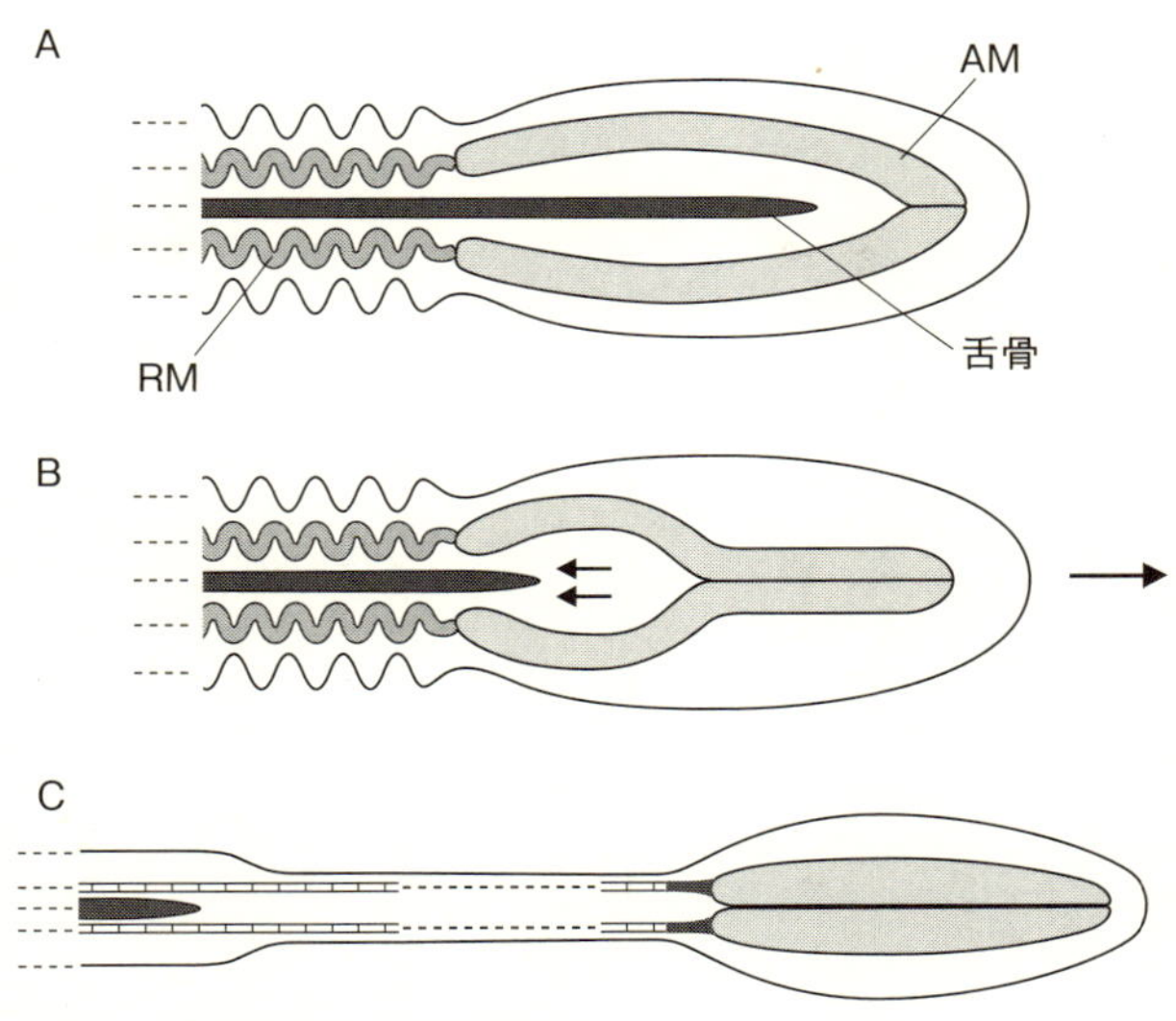

図10-11　カメレオンの舌の突起のメカニズム
(A)静止状態の舌の構造　(B)AMの収縮による舌の運動開始
(C)RMの能動的弛緩による舌の突出　ホイル（1983）

はたらきにより約6分の1に短縮している。つまり各筋節の長さは約0・3μmにまで圧縮されている。これでは筋フィラメントも折れ曲がり重なり合っており、もとの状態にもどろうとする莫大な弾性エネルギーや静電気的反発力が蓄積されているに違いない。さらにこのRM自体も、アコーディオンのひだのように折り畳まれている。

カメレオンが舌を伸ばそうとするとき、まず運動神経からの活動電位により、袋状のAMが急激に収縮してその容積が減少する。このためAM内部の圧力が上昇し、

AMを外に突き出す力としてはたらく（図10－11A→B）。これと同時にRMを過度に短縮させていた運動神経の命令が停止し、RMは蓄積されていたエネルギーを一気に放出する。この結果カメレオンの舌の、ジェット機の加速度をはるかに凌ぐ驚異的な高速運動がおこるのである（図10－11B→C）。カメレオンが獲物を捕らえると、AMとRMはもとの状態にもどり、舌は口腔内に引き込まれる。

このカメレオンの舌の組織における急激なエネルギーの放出は、計算によると、組織の単位重量あたりの放出エネルギー量として生物界ではけた違いの大きさであるという。この莫大な蓄積エネルギーの爆発的放出は、舌先端の加速筋の収縮が引き金になっているが、過度の収縮状態で折り重なり、折り畳まれている舌短縮筋の筋フィラメントの弾性的・静電気的エネルギーは、この加速筋の収縮によりいかにして一挙に放出されるのであろうか。カメレオンの舌の謎は深い。

10-3 カブトガニは尾で命を守る

カブトガニは古代の三葉虫が繁栄している時代に出現し、以後現在までその形態をほとんど変えることなく生存し続けている、文字通り「生きた化石」である（図10－12）。我が国のカブトガニは体長60㎝に達し世界最大で、体長の約半分は尾である。この尾はその付け根の周りを20

0度もの広角度で回転し得る。この尾の高角度の運動は尾の付け根の上下にある1対の骨格筋のはたらきによっておこる。実は以下に説明するように、この尾の運動はカブトガニの生存に不可欠なのである。

ガラパゴス島には巨大なゾウガメが棲息している。ゾウガメ同士が争う時は、互いに相手を、分厚い甲羅を下にしてひっくり返そうとする。ひっくり返されたゾウガメは足をもがいてもどうにもならず、餓死することになる（図10-13）。カブトガニもその体形からみて、逆さにひっくり返ったらゾウガメと同じ運命を辿るであろう。

ところがカブトガニを、その甲羅を下にしてひっくり返すと（図10-14A→B）、その尾が下に動いてまずカブトガニの体を半ば持ち上げる（図10-14B→C）。ついでカブトガニは甲羅の前端を地面につけたまま左右方向に回転し、もとの姿勢を回復してしまうのである（図10-14C→D）。カブトガニは海中を甲羅の下の肢を動かして遊泳するが、魚類のように体の平衡をとる鰭を持たないので、海中で逆さまになる機会が多いであろう。したがってカブトガニの尾の広角度の回転能力は、その生存に不可欠であるに違いない。

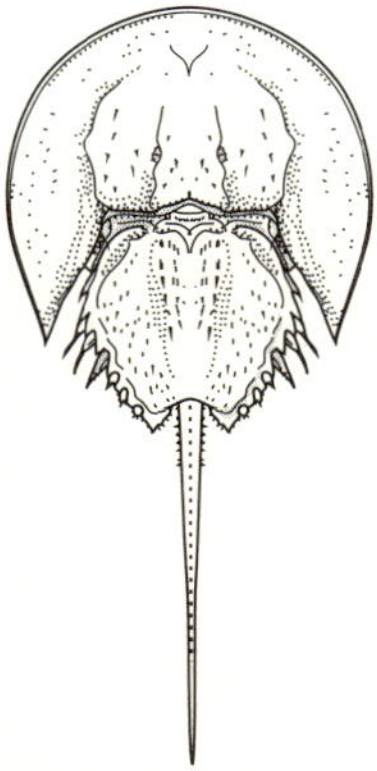

図10-12　カブトガニ

カブトガニの尾を動かすのは横紋筋である。この

図10-13　ゾウガメの争いで逆さまにされたら、姿勢の回復は不可能

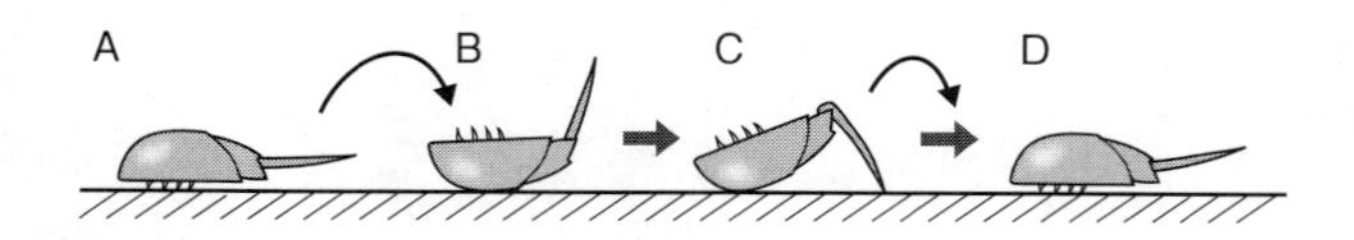

図10-14　カブトガニの尾の運動による姿勢の回復
(A) 正常時　(B) ひっくり返ったところ　(C、D) 尾の運動による姿勢の回復

筋肉から分離した筋線維の筋節長は静止状態で約8μmで、脊椎動物の骨格筋線維のそれよりはるかに長い。そして極めて長い筋節長で最大収縮張力を発生する（図10－15）。脊椎動物骨格筋線維の筋節長・張力曲線に比べて、はるかに広範囲の筋節長で大きな張力を発生することがわかる。長い筋節長にわたって最大張力を発生するこの筋線維の特性は、カブトガニの尾の広角度回転のために必要である。

カブトガニが海中でひっくり返る瞬間、その尾は多くの場合上を向いているだろう。つまりカブトガニの正常な体位からみれば下を向いているだろう。カブトガニの尾は、これを上に上げる尾部挙上筋（telson levator）と、これを下に打ち下ろす尾部打ち下ろし筋（telson depressor）によって上下に運動する。ひっく

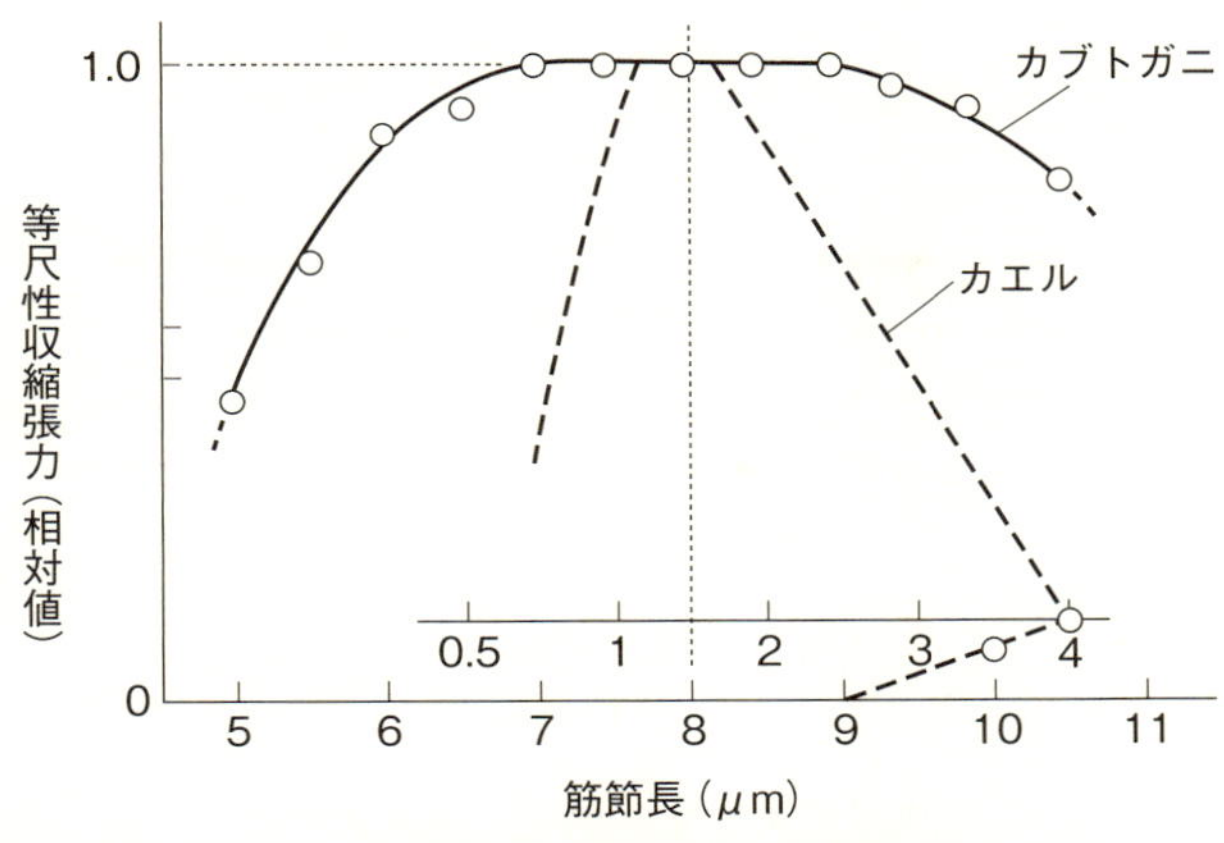

図10-15　カブトガニの尾部筋肉の筋線維の筋節長・張力曲線
破線はカエル骨格筋線維の筋節長・張力曲線　秋元（2000）

り返った体をもとにもどすのは挙上筋である。するとこの挙上筋は、まず打ち下げ筋によって筋節を引き伸ばされた状態から出発して短縮し、力を発生し、カブトガニの体を持ち上げねばならない。通常の骨格筋の筋節長・張力曲線のように、最大張力を発生する筋節長の範囲が狭く、この範囲より筋節長が増大しても減少しても発生張力が低下するのでは、この危急のさい役にたたない。

カブトガニが尾を上にしてひっくり返ったとき、尾の挙上筋は打ち下ろし筋によって、静止状態（尾が正常位のカブトガニの体にたいして尾が水平位置にあるとき）の筋節長の約2倍に引き伸ばされている。もし脊椎動物骨格筋線維が、静止状態の筋節長（約2μm）の2倍（4μm）に引き伸ばされたら張力発生はゼロになっ

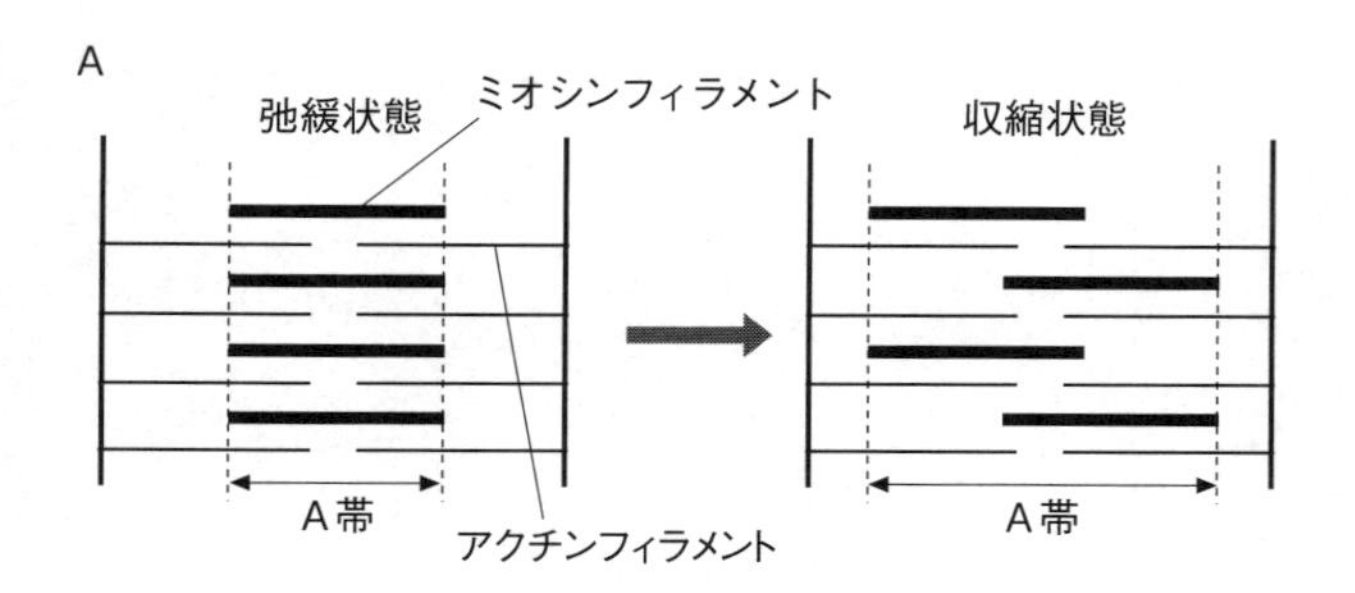

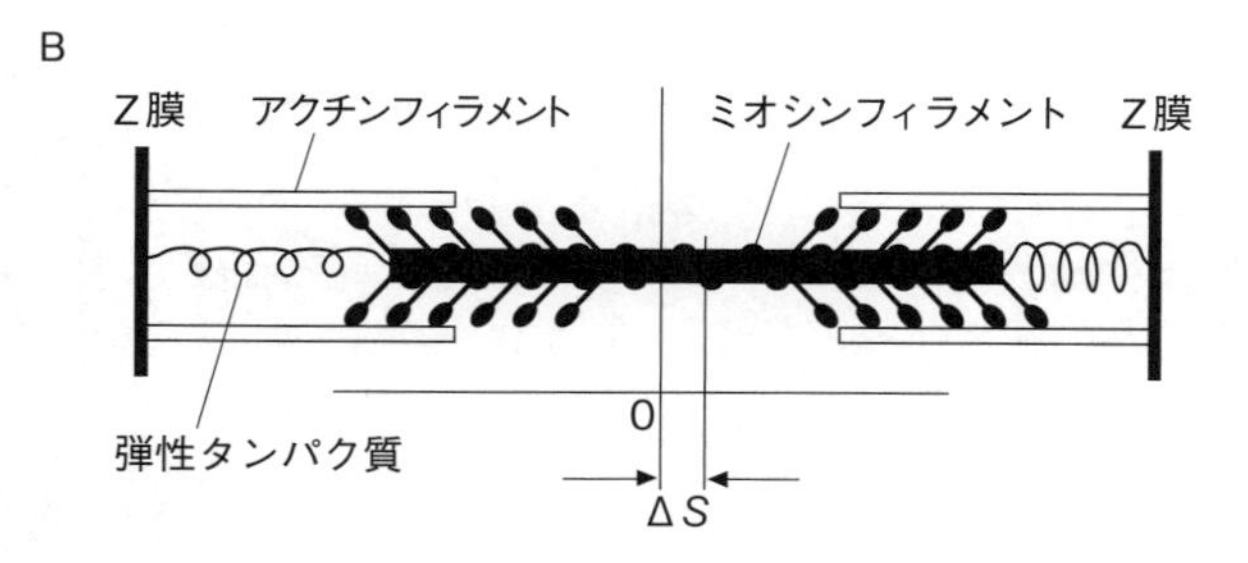

図10-16 (A) カブトガニ筋線維筋節内のミオシンフィラメントのジグザグの配列 (B) ミオシンフィラメントのジグザグ配列をもとにもどす弾性タンパク質タイチン 杉ら (2000)

てしまう。しかしカブトガニの筋線維はこのような状態でも張力を発生し短縮することができる。

このしくみは、カブトガニの尾の筋節には、筋節中央でミオシンフィラメントを束ねる構造が存在しないことにある。このため筋節が著しく引き伸ばされると、ミオシンフィラメントの配列は互いに位置をずらしジグザグ状になる（図10－16）。この結果、筋線維は筋節長が大幅に引き伸ばされても、アクチンフィラメントと反応し力を発生するミオシンエンジンの数があまり変わらず、発生張力もあまり変わらないのである。このジグザグになったミオシンフィラメント配列は、筋線維が弛緩し静止状態になれば、もとの規則的配列にもどる。このミオシンフィラメントの配列の回復は、筋節内に分布する弾性タンパク質、タイチンのはたらきによると考えられるが、このしくみの詳細はまだ不明である。

なお余談ながら、カブトガニは見かけより器用である。筆者の研究室の水槽にカブトガニと一緒にハマグリを入れておいたところ、一晩たつとハマグリの外観には異状がないが、中身はカブトガニに食べられて綺麗に空になっていた。

第11章 二枚貝の貝柱筋のキャッチ機構

11-1 エネルギー消費なしに殻を閉じ続ける不思議

二枚貝の殻を開閉する筋肉には、エネルギー消費なしに殻を閉じ続けるキャッチ筋が含まれ、外敵から身を守っていることはよく知られており、しばしば成書で取り上げられているばかりでなく、古くから大学の生物系学科の臨海実習の教材としても使用されてきた。筆者も学生時代にキャッチ筋の実験をおこなった経験からこれに興味を持ち、自分の研究室を持ってからも、骨格筋研究のサイドワークとして、三崎臨海実験所（現在の正式名は東京大学大学院理学系研究科附属臨海実験所）でしばしばキャッチ筋の実験をおこなった。

この章では筆者らがおこなった研究結果を加えながら、大自然のこの小さな部分に存在する謎

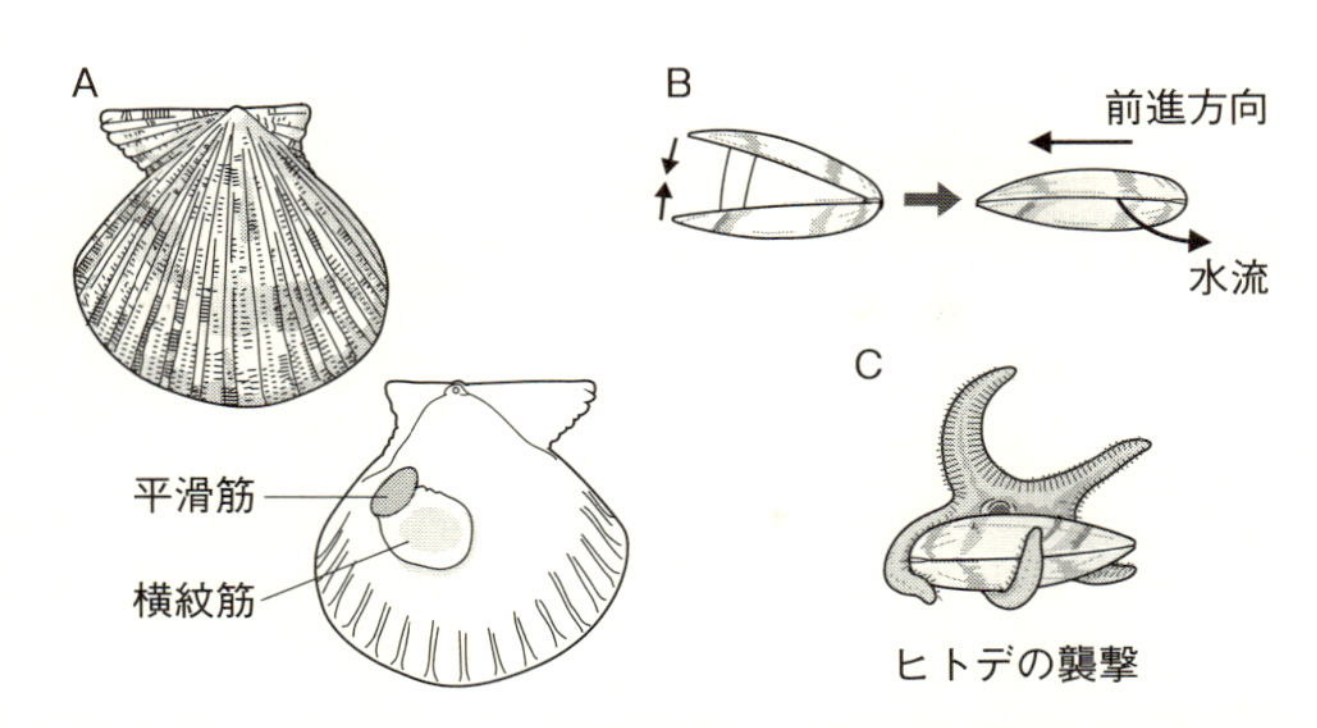

図11-1　(A) ホタテ貝の貝柱の筋肉 (B) 横紋筋による殻の開閉運動による移動　(C) ヒトデに襲われたハマグリ

への、人類の挑戦の軌跡を説明してゆきたい。

　軟体動物の二枚貝は貝柱の筋肉で殻を開閉する。ホタテガイなど大型の二枚貝は、貝柱の筋肉が横紋筋から成る部分と平滑筋から成る部分に分かれている（図11－1A）。貝柱の大部分を占めるのは横紋筋で、ホタテガイはこの横紋筋で殻の素早い開閉運動を繰り返し、海水を体から排出する反動を利用して移動する（図11－1B）。移動速度は毎秒数十㎝に達する。ホタテガイの天敵はヒトデである。これに襲われるとホタテガイは貝柱の平滑筋を収縮させ殻を固く閉じて身を守る（図11－1C）。ハマグリなど他の二枚貝も、みな同様のしくみで殻を閉じる。したがってわれわれは二枚貝の殻を手でこじ開けることはできず、ナイフで貝柱を切断しなければならない。

　この貝柱の平滑筋は、単位断面積あたりの発生張力が10㎏／㎠を超える大きな張力を何時間にもわたって

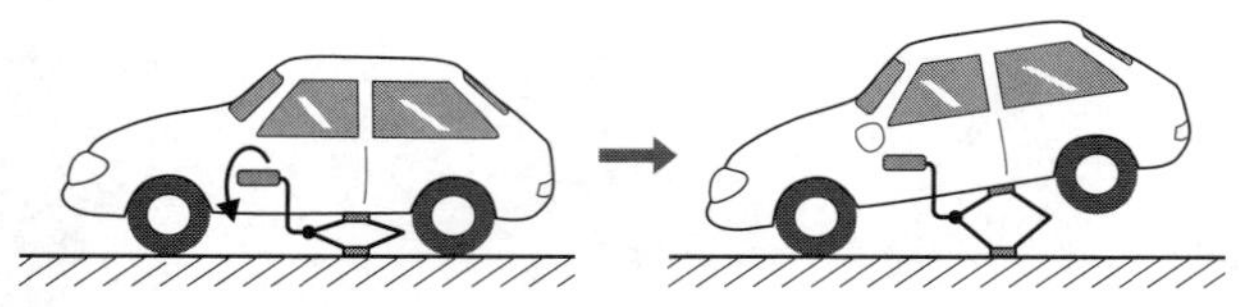

図11-2　自動車を持ち上げるジャッキ

発生し続ける。殻をはじめに閉じる筋肉の収縮は、他の筋肉と同様にATP分解のエネルギーによっておこなわれる。しかし不思議なことに、一旦殻を閉じてしまうと、以後持続的な張力を発生し殻を閉じ続ける筋肉のエネルギー消費量は、弛緩状態と変わらなくなってしまう。この現象は丁度われわれがジャッキでタイヤ交換のため車を持ち上げるのに似ている。ジャッキのハンドルを回して操作して車を持ち上げるにはエネルギーを必要とするが、一旦車を持ち上げてしまえば、この状態を維持するのにもはやエネルギーを必要としない（図11－2）。これは滑車を引いて物体を持ち上げ、滑車の軸に付けた歯車の回転をラチェットで止めてしまうのと原理的に同じである。そのため、貝柱の平滑筋がエネルギーを消費せずに力を出し続けるしくみをキャッチ機構、この平滑筋をキャッチ筋という。

　このキャッチ機構の生理学的研究には、ホタテガイの貝柱のキャッチ筋は短く両端が固い殻に付着しているので、取り出して実験するのに適さない。このためキャッチ筋の生理学的研究にはもっぱらイガイ（ムール貝）のキャッチ筋が用いられる。イガイは海岸の波打ち際の岸壁や岩などに群れをなして、足糸（そくし）という粘着物で付着している（図11－3A）。1対の足

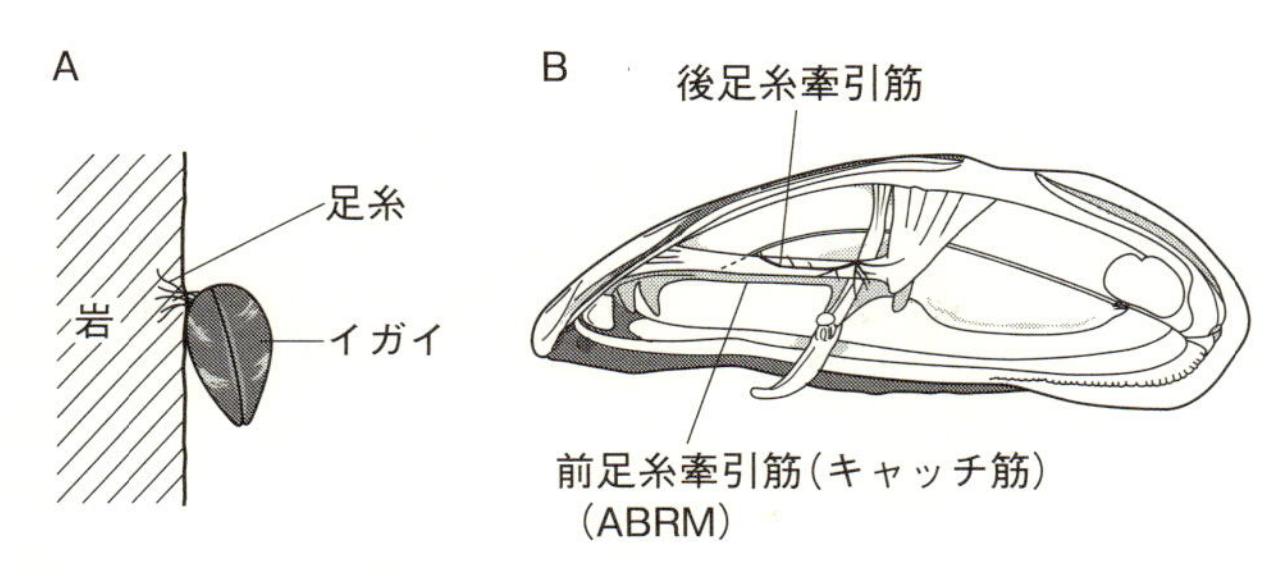

図11-3　イガイの足の牽引筋

糸牽引筋がこの足糸とイガイの体の殻を結び付けており、イガイが波に打たれて付着物から離れるのを防いでいる。この足糸牽引筋がキャッチ筋なのである。

キャッチ筋の生理学実験にはもっぱらイガイの前足糸牽引筋（Anterior byssal retractor muscle, 略称ABRM）が使用される（図11－3B）。大きなイガイではこのABRMの長さが3cm前後で、貝から分離しやすく、しかも筋線維は筋の長軸に平行に走っているので、実験結果の解釈も単純である。

なお、このキャッチ筋はかたくておいしくないので、レストランで出されるときは、取り除かれている。

11－2　電気刺激にたいする奇妙なふるまい

まずキャッチ筋の生理学的性質の研究の歴史から説明をはじめよう。この研究史には紆余曲折があり、「謎解き」の面白さがあるからである。最初にキャッチ筋が生理学者の興味をひいたのは、1950年代に発見された、イガイのABRMの電気刺激に対する奇妙なふるまいからであった。まずABRMの両端を固定して電気刺激を与え等尺性収縮張力を発生させる（図11－4A）。単一刺激により、脊椎動物の骨格筋は単収縮をおこしすぐ弛緩するのにたいし、ABRMでは長時間張力を発生し続ける（図11－4B）。一方ABRMに反復電気刺激を与えると、張力が発生するが直ちに弛緩してしまう（図11－4C）。つまりABRMは、脊椎動物骨格筋が単収縮をおこす単一刺激にたいして持続的収縮をおこし、持続的収縮（強縮）をおこす反復刺激にたいしては単収縮のような反応をするのである。

このparadoxical（逆説的）なABRMの奇妙な反応は生理学者の興味をひき、多くの研究がおこなわれはじめた。そして1960年代に以下のことが明らかにされた。

(1)ABRMは2種の異なる運動神経の支配をうけている。

(2)一方の運動神経（興奮性運動神経）の活動電位は、神経末端（神経・筋接合部）からアセチルコリン（acetylcholine，略称ACh）を放出する。このしくみは脊椎動物骨格筋とおなじである。以後、ABRMの収縮はAChでおこすようになった。

(3)この結果ABRMはAChにより能動的に収縮する。この収縮初期のABRMのふるまいは、骨格筋のそれと変わらず、急激な長さの減少により張力は急激に減少したのち速やかに再上昇

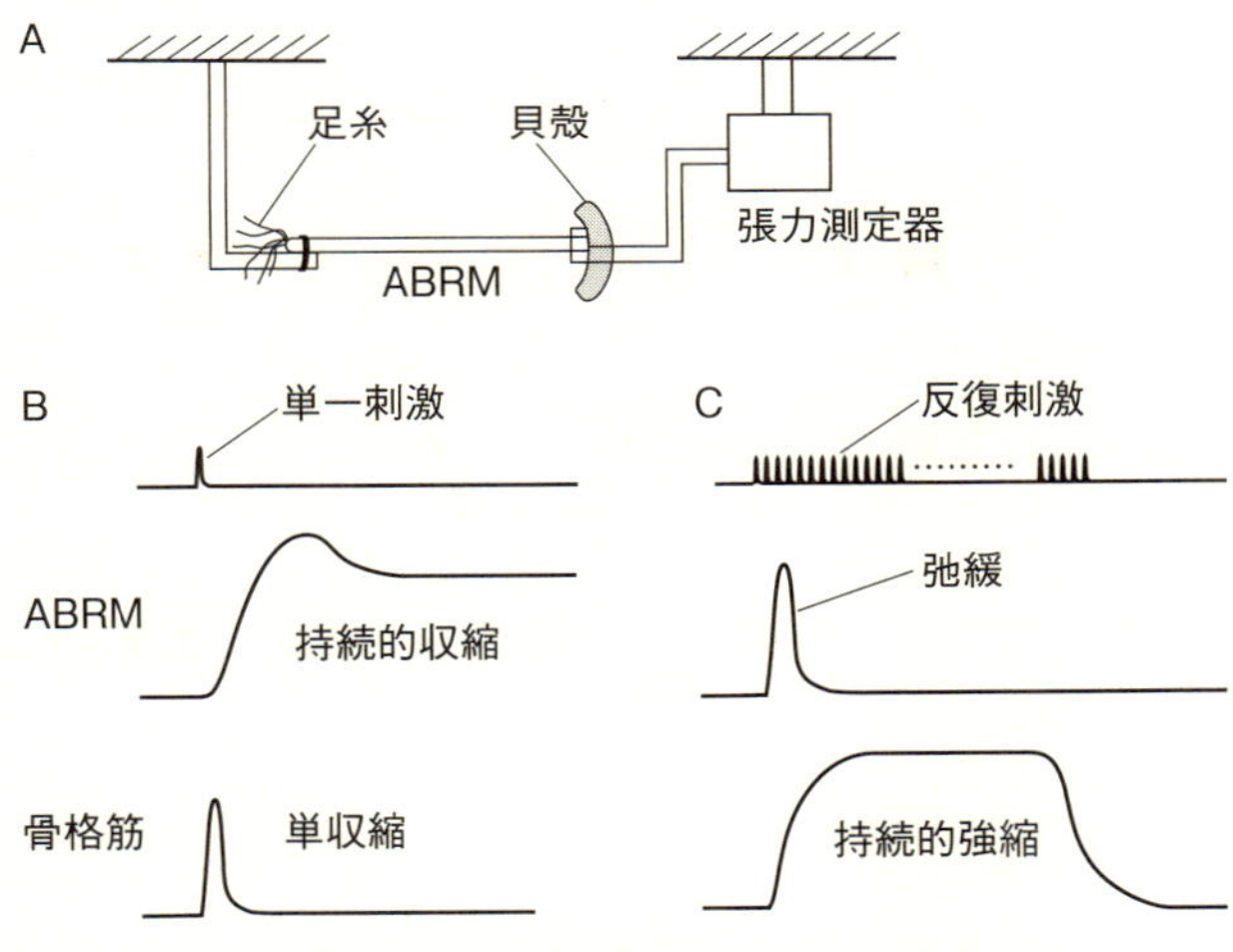

図11-4　ABRMと骨格筋の電気刺激にたいする反応の違い
(A) 実験装置の模式図　(B) 単一刺激にたいするABRMと骨格筋の反応
(C) 反復刺激にたいするABRMと骨格筋の反応

する。これが筋肉の2要素模型で説明されることはすでに第1章で説明した（図11－5A）。

(4)ところが不思議なことに、この初期の能動的な収縮は自動的にキャッチ状態に移行してしまう。これは単一刺激後も長く続く収縮張力発生中、筋の長さを急激に減少させると、張力はゼロに落ちたまま上昇しないこと（図11－5B）からわかる。またABRMの一端をレバーに取り付け、始めはレバーの動きをストッパーで止めて等尺性張力を発生させ、初期の能動的収縮中このストッパーを外すと、張力はゼロに低下しABRMは短縮をはじめる（図11－6

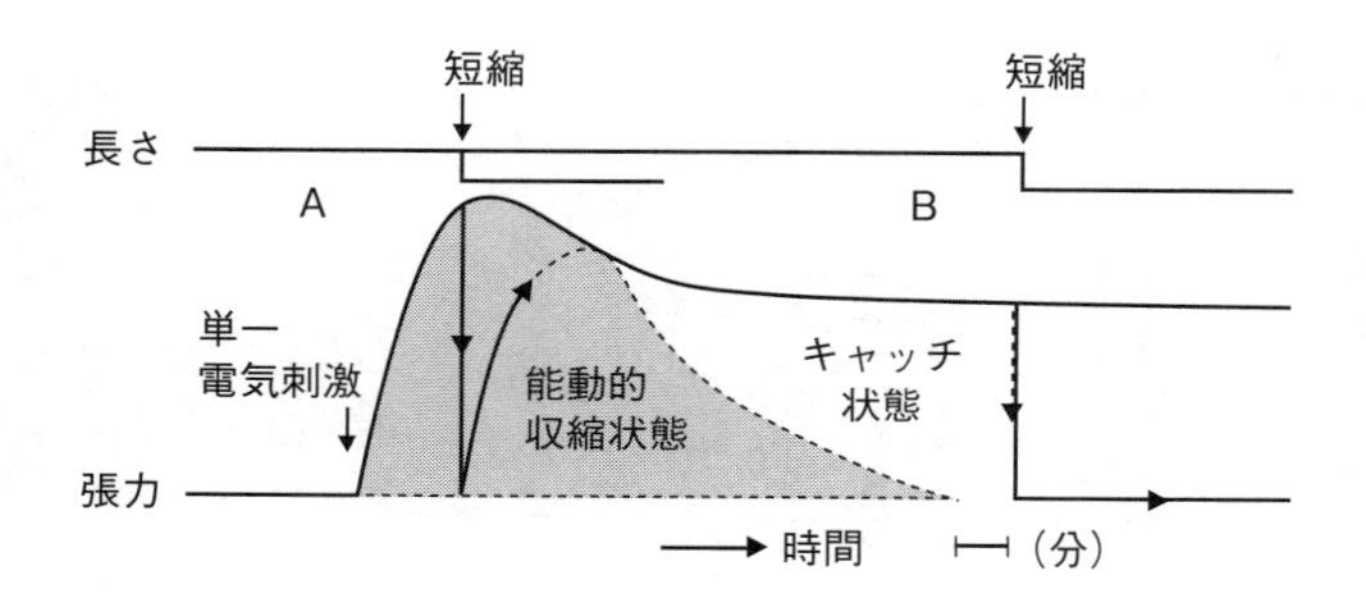

図11-5　ABRMの単一刺激にたいする持続的張力発生と、急激な長さ変化（筋長の約1%）にたいする反応

初期の能動的収縮中、張力はゼロに低下しすぐ再上昇するが、キャッチ状態ではゼロに低下したまま張力の再上昇はない。

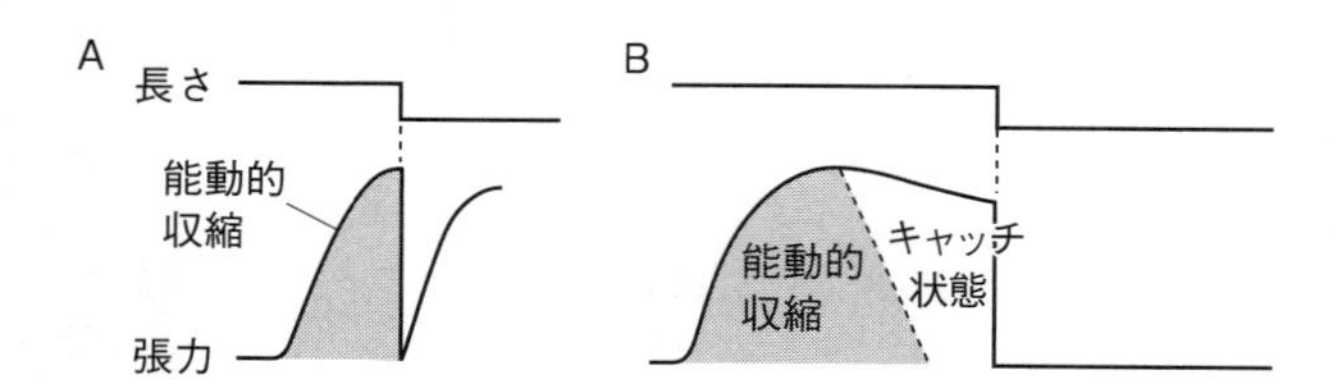

図11-6　アセチルコリンによる等尺性張力発生中のABRMを、初期の能動的収縮中(A) およびキャッチ状態中(B) の荷重ゼロで短縮可能な状態にしたときの反応の比較

キャッチ状態では荷重をゼロにしても短縮しない。

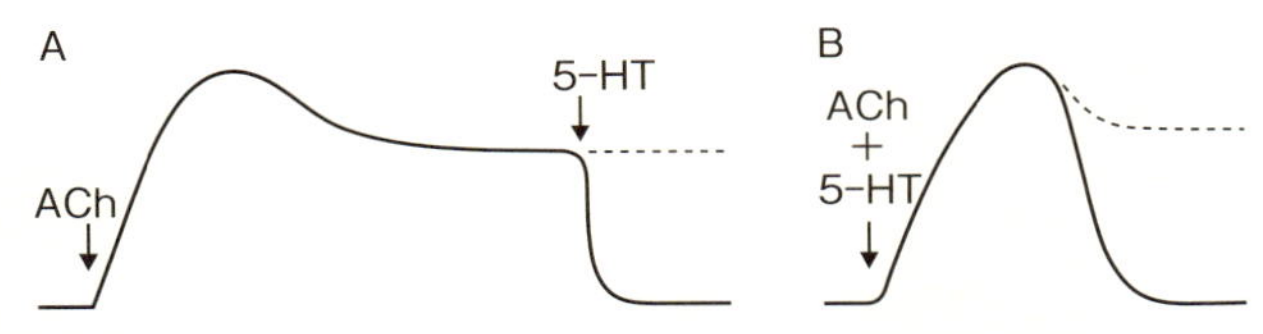

図11-7　ABRMのアセチルコリン（ACh）による収縮張力にたいするセロトニン（5-HT）の効果

（A）5-HTによりキャッチ張力が弛緩。
（B）AChと5-HTを同時にABRMに与えるとキャッチ状態のみが消失する。

A）。しかしキャッチ状態で同じ操作をおこなっても、張力はゼロに落ちるがABRMは短縮しない（図11-6B）。つまりキャッチ状態のABRMは単なる棒のようになっているのである。

(5)今一方の運動神経はその末端からセロトニン（5-hydroxyryptamine, 略称5-HT）という化学物質を放出する。この5-HTはアセチルコリンによる初期の能動的収縮には効果がないが、キャッチ状態になったABRMを弛緩させるはたらきがある。これは5-HTをキャッチ状態のABRMに与えるとキャッチ張力が弛緩すること、また5-HTをあらかじめ実験液に加えておくと、単一電気刺激による持続的収縮が消失することから理解される（図11-7）。

(6)このキャッチ状態を解除する神経を、ここでは「弛緩神経」とよぶことにする。この弛緩神経は単一電気刺激では有効な量の5-HTの放出をおこさず、反復電気刺激によってのみキャッチ状態解除に有効な量の5-HTを放出する。これで反復電気刺激によりABRMの持続的収縮が消失する（図11-4C参照）わけがわかった。

以上の事実により、ＡＢＲＭのキャッチ筋としての奇妙な、逆説的なふるまいの原因はかなりの部分説明された。この時点で残された謎は、「いかにしてＡＢＲＭは、アセチルコリンによる初期の能動的収縮からキャッチ状態に移行するのか？」であった。

11-3　キャッチ状態に必要なCaイオン濃度

１９７０年代、生きた筋線維内のCaイオン濃度変化を、内部に浸透させた化学物質で記録する方法が開発され、筆者らはそのようなCa指示薬の一つ、ムレキシド（murexide）を用いてＡＢＲＭを刺激したさいの筋線維内Caイオン濃度変化を記録した。ところが刺激によりおこる筋線維内のCaイオン濃度の上昇は、等尺性収縮張力の発生中に減少を始めてもとの弛緩状態のレベルにもどってしまった（図11－8）。筆者はこの結果から、能動的収縮からキャッチ状態への移行には、その筋線維内Caイオン濃度の減少が必要なのであろうと考え、以下の電子顕微鏡的実験をおこなった。

ピロアンチモン酸という化学物質は、生体試料を四酸化オスミウム（OsO_4）で固定するさい、

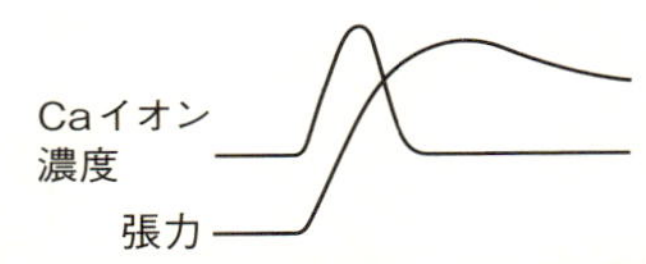

図11-8　ABRMを電気刺激して等尺性張力を発生させたさいの、ムレキシドによる筋線維内Caイオン濃度の上昇記録

米谷、杉（1998）Experientia34:1469

筋線維内に入りCaイオンと結合して高電子密度の沈殿を作る。筆者らはこの方法でABRMを（1）弛緩時、（2）能動的な収縮時、および（3）これに続くキャッチ状態、で固定し、電子顕微鏡下にABRM筋線維内のCaイオンの存在部位を調べた。結果を図11－9に示す。まず弛緩時のABRM筋線維では、Caとピロアンチモン酸の反応による沈殿は、筋線維細胞膜の内表面と、これに近接する膜構造内に観察された（A、B）。これとは対照的に、能動的な収縮中の筋線維では、多数のCaとピロアンチモン酸の沈殿は、筋線維の細胞質中に均等に分布していた（C）。またキャッチ状態の筋線維では、細胞質中に分布していたCaとピロアンチモン酸の沈殿は見られなくなり、弛緩状態の筋線維と同様に細胞膜内面、および近接する膜構造に見られるようになった（D）。

以上の結果は、筆者らのCa指示薬ムレキシドを使用した実験結果と一致するものであった。つまり刺激にたいするABRMの最初の反応は、アセチルコリンの筋線維細胞膜への作用→Ca貯蔵部位からのCaイオン放出→アクチンフィラメントとミオシン頭部の反応（能動的

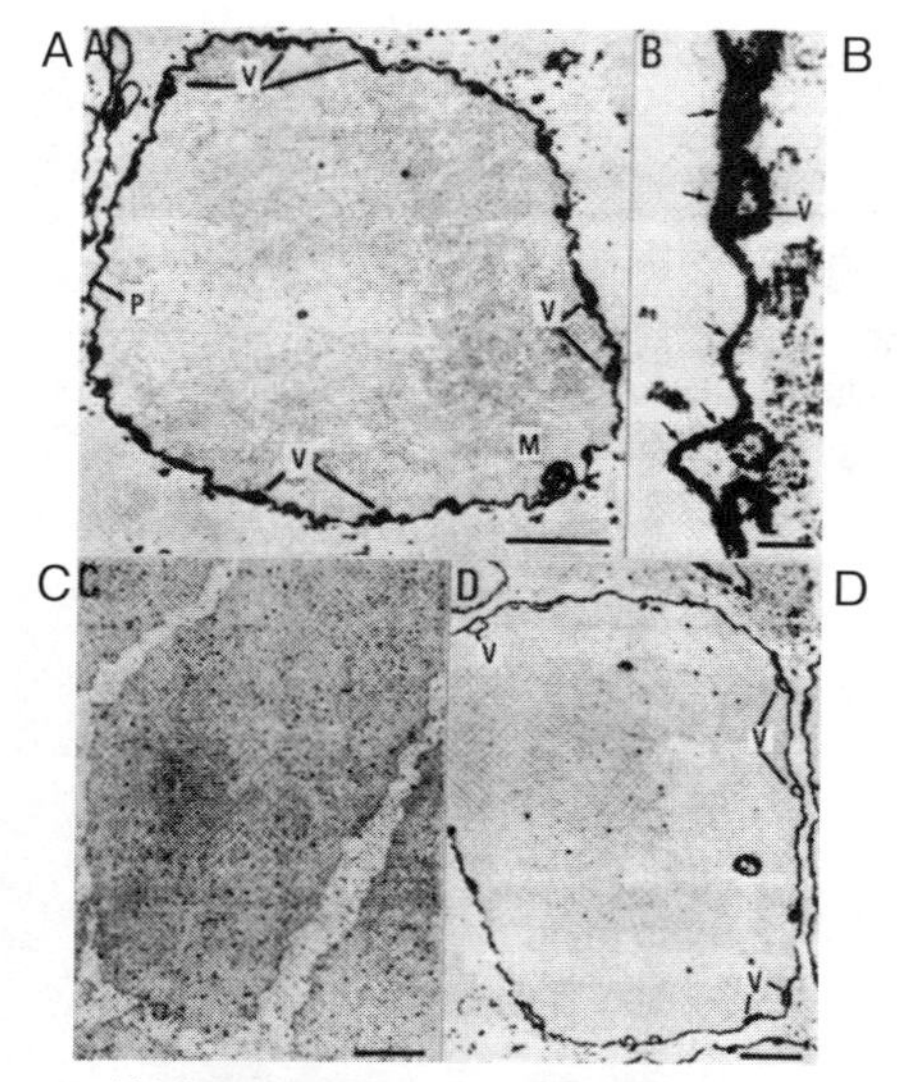

図11-9　ABRM筋線維の横断面の電子顕微鏡写真

（A、B）弛緩状態　（C）AChによる収縮状態　（D）キャッチ状態　熱海、杉（1976）J.Physol.257:549

収縮）開始、である。このCa貯蔵部位は、ABRM細胞膜内表面と、これと隣接する膜構造である（図11－9A、B）。

一方、この能動的収縮状態からキャッチ状態への移行は、一旦放出されたCaイオンが再びもとのCaイオン貯蔵部位にもどることでおこるのである（図11－9C、D）。

筆者らの電子顕微鏡による実験結果は、ABRMをグリセリンで処理し細胞膜を除去したグリセリン処理ABRM筋線維を使用した、ベルギーのジリスらの実験により支持された。彼らは実験液のpCaを変えることによって、pCa

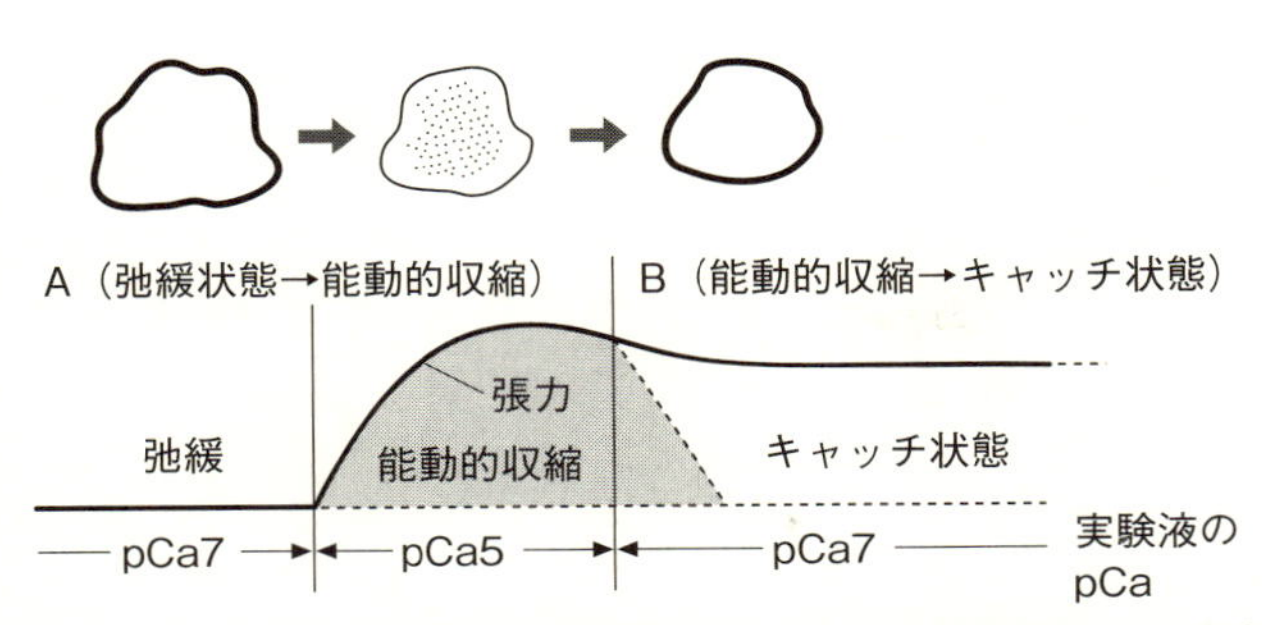

図11-10　グリセリン処理で細胞膜を除去したABRM筋線維の、実験液のpCa変化による弛緩→能動的収縮→キャッチ状態への移行
図の上部に、それぞれの状態でのABRM横断面におけるCaの分布を模式的に示す。

が7以上（つまりCaイオン濃度が10^{-7}モル以下）のときABRM筋線維は弛緩し、pCaが5以下（Caイオン濃度が10^{-5}モル以上のとき）では能動的収縮状態になることを確認した。つまりABRMの能動的収縮は骨格筋線維と同様に、筋線維内のCaイオン濃度上昇でおこるのである（図11−10A）。

彼らはさらに、このグリセリン処理ABRMをキャッチ状態に移行させるには、一旦pCa 5に上昇したCaイオン濃度を、pCa7、つまりABRMの弛緩状態の値に低下させることが必要であることを示した（図11−10B）。これで筆者らの電子顕微鏡による研究結果と彼らのグリセリン処理ABRMの実験結果とが完全に一致した。キャッチ状態は、これに先行する能動的収縮後、一旦放出されたCaイオンが筋線維内の貯蔵部位に再び取り込まれる結果おこるのである。では、この現象はどのようにしておこるのであろうか？

アセチルコリンがＡＢＲＭ筋線維のCa貯蔵部位からCaイオンを放出させるのは、筋線維の細胞膜表面にまずアセチルコリンが結合し、ついで何らかの未知のしくみでCa貯蔵部位からのCaイオン放出がおこるのであろう。このしくみを仮に、アセチルコリン―Ca放出連関とよぶことにすると、キャッチ状態を作り出すCaイオンの再取り込みは、この連関が時間とともに作動しなくなることを示唆する。事実、骨格筋の細胞膜の活動電位と筋小胞体からのCaイオン放出の間の連関（興奮―収縮連関という）も時間とともに作動しなくなる。このような現象は生体のいろいろなしくみで広くみられ、一般に「不活性化」とよばれる。この不活性化のしくみは一時盛んに研究されたが、現在では学問の流行からはずれ、この言葉の意味を知る若い研究者はおそらくいないであろう。

いずれにせよ生きたＡＢＲＭでは、キャッチ状態は以下の順序でおこる。

運動神経の末端（神経・筋接合部）からのアセチルコリン放出 ↓ Ca貯蔵部位からのCaイオン放出（pCa5）↓ 能動的収縮開始 ↓ 放出されたCaイオンの再取り込み（pCa7）↓ キャッチ状態

実験ではアセチルコリンが実験液に存在してもキャッチ状態への移行はおこる。しかし能動的収縮がおこった直後にアセチルコリンを実験液から取り除いたほうが、キャッチ状態への移行は速くなる。アセチルコリンの不活性化よりも、アセチルコリンそのものを取り除いたほうがCaイオンの再取り込みは速くおこるのであろう。

11-4　キャッチ状態の生理学的特性

前出の図11-6は能動的収縮中のＡＢＲＭと、キャッチ状態になったＡＢＲＭとの間の、急激な長さ変化にたいする張力反応を模式的に比較したものである。すでに述べたように、脊椎動物骨格筋が等尺性張力発生中、その長さを急激に約１％減少させると、張力はまず急激にゼロに低下し、ついで再び上昇してもとの値にもどる。能動的収縮中のＡＢＲＭの反応も骨格筋線維と同じである（Ａ）。この現象はヒルの２要素模型、つまり収縮要素と直列に繋がった弾性要素で説明される。一方キャッチ状態のＡＢＲＭの長さを急激に減少させると、張力はゼロに低下したままで、張力の変化はおこらない（Ｂ）。

また図11-11は、等尺性収縮中の筋肉の一端を突然フリーに動けるようにしたときの反応を、能動的収縮中とキャッチ状態のＡＢＲＭで比較したものである。能動的収縮中のＡＢＲＭはこの操作によって、張力が等尺性収縮張力から突然ゼロになるので短縮をはじめる（Ａ）。しかしキャッチ状態のＡＢＲＭに同様の操作を加えると、等尺性張力のゼロへの低下にたいして、直列弾性要素の長さ変化を示すのみで短縮することはない（Ｂ）。

このように、能動的な等尺性収縮後キャッチ状態になったＡＢＲＭは、そのキャッチ状態にな

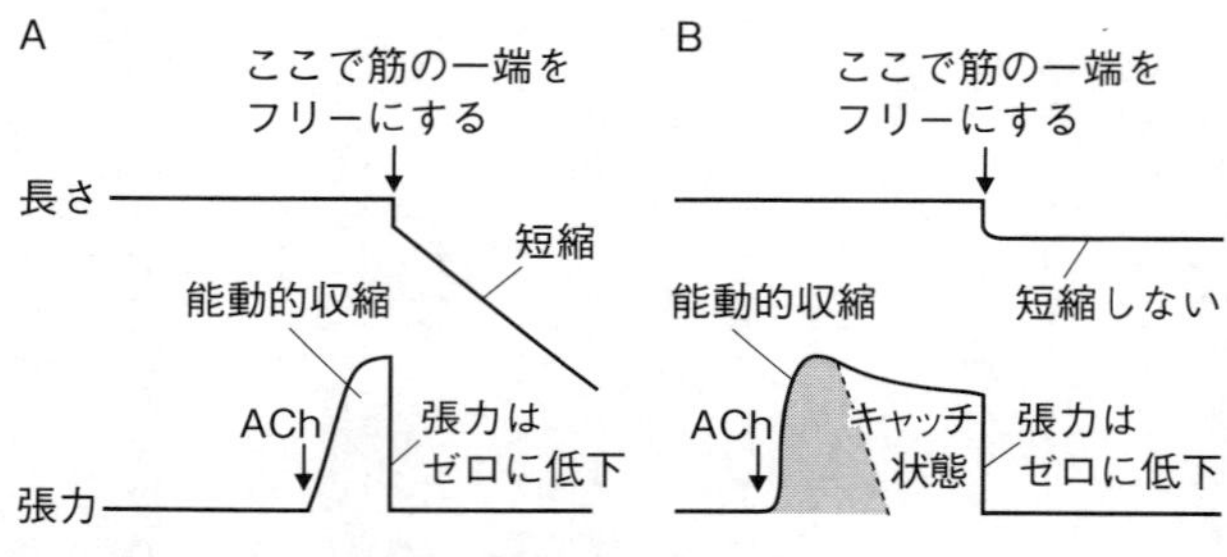

図11-11　筋肉の長さ変化（筋長の約1%）にたいする反応

った長さを保ったまま、いわば棒のようになってしまうのである。つまりキャッチ状態の張力はある静的な構造によっていわば受動的に維持されており、したがってエネルギー消費はおこらないのである。

ここで生ずる疑問は、（1）「キャッチ状態とは一体何か？」および（2）「なぜキャッチ状態はセロトニン（5-HT）で解除されるのか？」である。（1）の疑問は現在に至るまで完全に解けたとはいえない。（2）の疑問は現在かなり具体的に説明可能になっている。しかし1970年代の時点での5-HTのはたらきについての唯一の手掛かりは、この5-HTがキャッチ筋の細胞膜に作用すると、筋線維内のある構造からサイクリックAMP（略称cAMP）という化学物質が放出されることの発見であった。このcAMPは、現在では「細胞内伝達物質」の一つとして、身体内のいろいろな組織・器官の細胞の細胞膜にホルモンなどが結合したとき細胞内に現れ、ホルモンの作用発現の化学反応のなかだちをおこなう。キャッチ状態を解除する5-HTのはたらきの謎は、約20年後の1990年代末になってようやく解けることになる。

11-5　二枚貝の驚くべき荷重保持能力

さて話をキャッチ状態のABRMの生理学的性質にもどそう。ABRMを用いた生理学的研究は、これまですべて筋の両端を固定した等尺性条件下でおこなわれてきた。しかし筆者の考えでは、この実験法は正しくない。なぜなら、キャッチ筋の目的は「外敵によって殻をこじあけられない」ようにして身を守ることであり、等尺性収縮張力を発生することではないからである。

事実、両端を固定したABRMがアセチルコリンにたいしてまず発生する等尺性収縮張力は、能動的収縮によるものであり、これに続くキャッチ状態への移行期中、張力は徐々に減少しており、この張力減少はキャッチ状態になった後も続いている。キャッチ状態は外敵、例えばヒトデに捕まったさい、何時間も殻を開けられないよう抵抗するためにある。実験室でみられるような速度でキャッチ張力が時間とともに減少し続けるなら、イガイはヒトデにたいし何時間も抵抗を続けられない。多くの研究者がABRMの等尺性張力にこだわり、このキャッチ張力の減少を気に留めないのは不思議でならない。

そもそもキャッチ機構とは、外敵が殻を開けようとする力に抵抗するため、進化の過程で大自

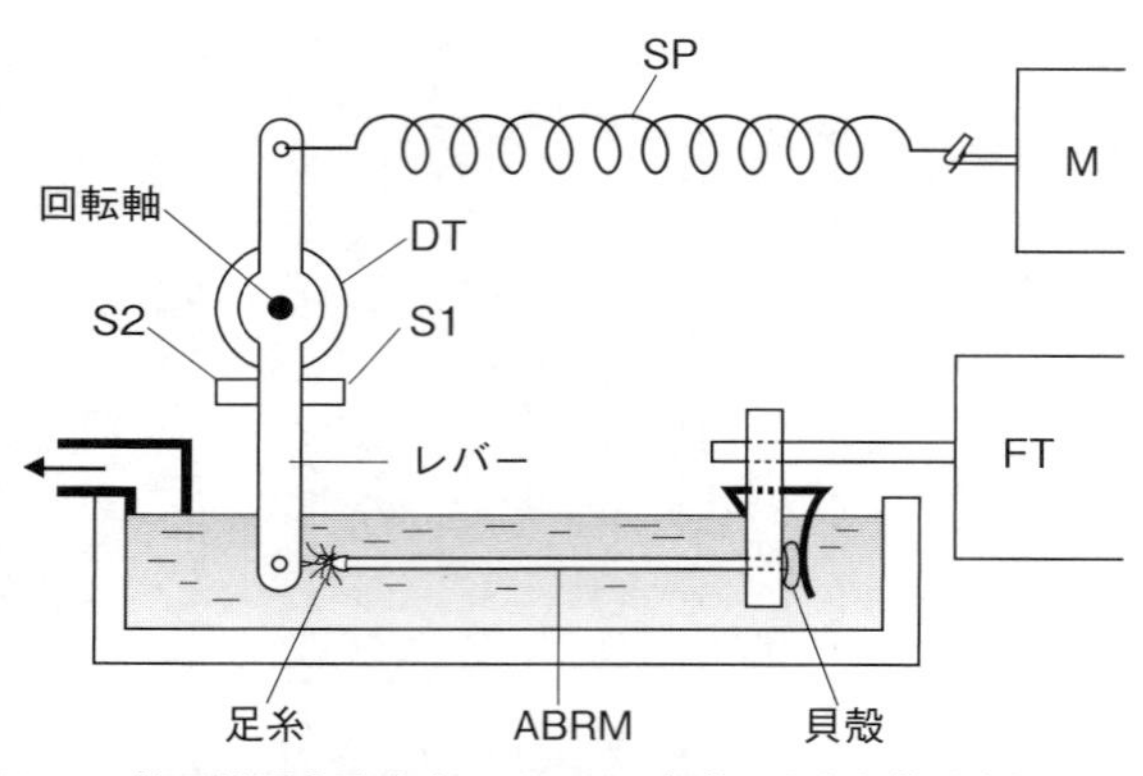

図11-12　等尺性張力発生中のABRMに急激に大きな荷重を加えるための実験装置

然が二枚貝に与えたしくみである。したがって、このしくみの生理学的研究は、キャッチ筋の外力にたいする抵抗、つまり外部から加えられた力にどれだけ耐えられるかを研究対象とするべきである。単に殻から分離したキャッチ筋が発生する、時間とともに減少するような張力を記録して、キャッチのしくみを論議するのは的外れと言わねばならない。

以上の考えに基づき、筆者らは図11－12のような実験装置でＡＢＲＭの荷重保持能力を研究した。読者に筋肉の動力学研究法を知っていただくため、この装置の操作を詳しく説明しよう。ＡＢＲＭの一端（貝殻付き）は「張力測定器（ＦＴ）」に固定されている。もう一方の端（足糸付き）は、ＡＢＲＭの長さ変化を記録する「回転変位計（ＤＴ）」の下方のレバーアームに固定されていている。なお、この図ではＡＢＲＭの長さが誇張されており、実際のＤＴのレバーの長さはＡＢＲＭの長さよりはるかに長い。したがってこのＤＴのわずかな角度変化によるレバー先端（ＡＢＲＭの固定点）の動きは直線と見なしてよい。このＤＴは、レバーの回転角度を検知する。

ＤＴのレバーの位置をストッパー（Ｓ１とＳ２）で固定しておけば、ＡＢＲＭの等尺性張力がＦＴで記録される。またＡＢＲＭが等尺性張力を発生中、Ｓ２を急に取り去ると、ＡＢＲＭにはＤＴの上方のレバーアームに連結されているバネ（ＳＰ）の張力がかかってくる。このＳＰの張力の大きさは、あらかじめ微動装置（Ｍ）を動かして変化させる。このＳＰの長さは実際にはＡＢＲＭの長さよりはるかに長いので、ＳＰによってＡＢＲＭが引き伸ばされてもその張力はほとんど変化せず一定と見なしてよい。このようにこの実験装置により、等尺性張力を発生中のＡＢＲＭに突然大きな張力（荷重）を加えることができる。

図11-13はＡＢＲＭの長さ変化と張力の同時記録である。まずＡについて説明する。ＡＢＲＭの両端を固定しておき、アセチルコリンを実験液に加えてＡＢＲＭに能動的収縮をおこさせる。等尺性張力が最大値P_0に達したところで、ストッパーＳ２を取り除くと、バネＳＰの張力（P_0の値の約２・３倍）がＤＴのアームを介してＡＢＲＭに加えられる。つまりＡＢＲＭには、自身が発生し得る最大張力の２倍以上の荷重が急激に加えられるのである。ちなみに、最大等尺性張力P_0を発生中の脊椎動物骨格筋線維は、P_0の１・８倍の荷重を加えると急激に引き伸ばされて切断

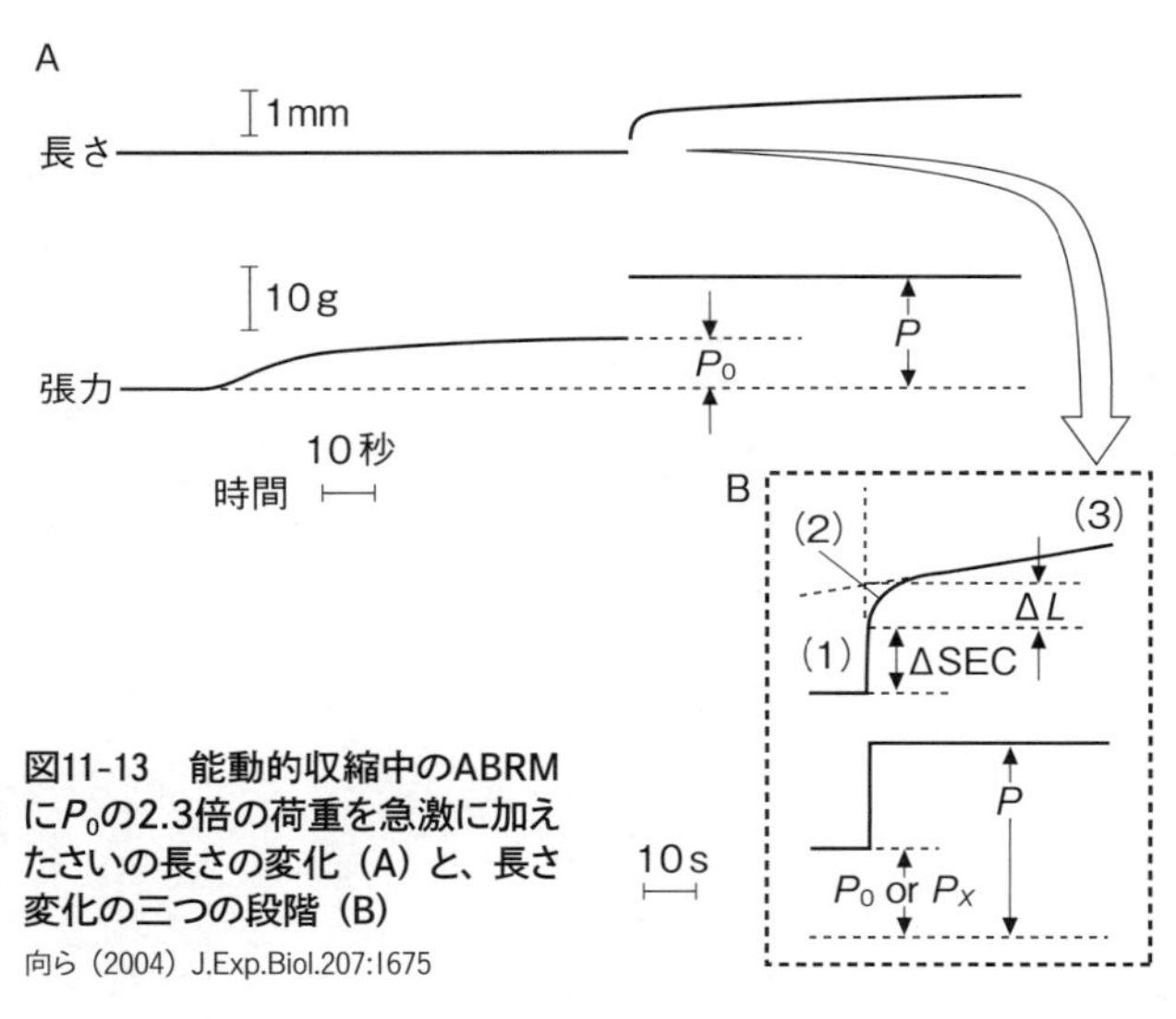

図11-13　能動的収縮中のABRMにP_0の2.3倍の荷重を急激に加えたさいの長さの変化（A）と、長さ変化の三つの段階（B）

向ら（2004）J.Exp.Biol.207:1675

されてしまう。

さて、骨格筋線維ならたちまち断裂してしまうような、P_0の2・3倍の荷重を加えられたABRMはどのようにふるまうであろうか。図11－13Aの長さ変化記録にみられるように、ABRMは荷重が加えられるとまず急激に引き伸ばされる。しかしこの伸長はABRMの長さの10％程度に過ぎず、以後ABRMの伸長速度は急激に減少して極めて小さな値になってしまう。つまり能動的収縮中のABRMは、骨格筋線維ならたちまち引き裂かれてしまうような荷重を持ちこたえるのである。図11－13Bは大きな荷重を加えられてから、これを持ちこたえるまでのABRMの長さ変化を拡大して示したもので、長さ変化は以下の三つ

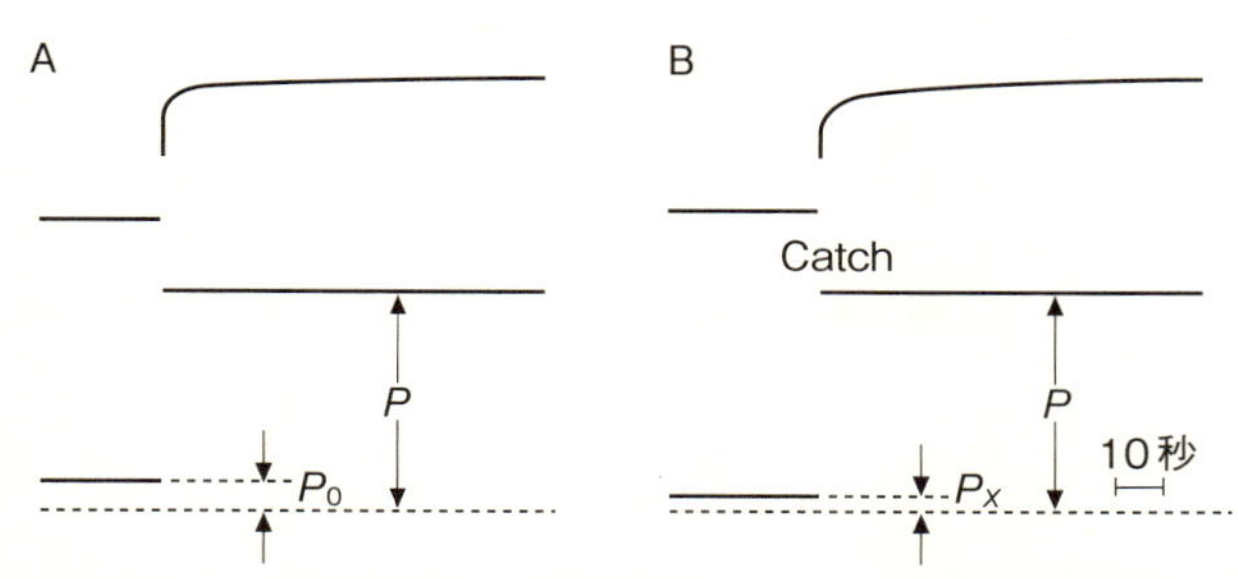

図11-14　キャッチ張力が時間とともに低下しても、荷重に耐える能力は変わらない　向ら（2004）J.Exp.Biol.207:1675

の段階に分けられる。

段階(1)　ABRMの直列弾性要素の伸長による急激な伸長で、ABRMの長さの3％以内である。これはヒルの2要素模型で説明される。

段階(2)　この段階でABRMの伸長に急激なブレーキがかかり、伸長速度が激減する。この段階でのABRMの長さ変化ΔLは、ABRMの長さの2％以内である。

段階(3)　段階(2)で減速したゆっくりした伸長速度が続く。

驚いたことに、この能動的収縮中のABRMの大きな荷重を持ちこたえる能力は、加える荷重をP_0の8倍に増加させてもみられる（図11‐14A）。さらに驚いたことに、このABRMがキャッチ状態になり、キャッチ張力がP_0の2分の1に低下しても、やはり同じ大きさの荷重を持ちこたえる（図11－14B）。

この場合にＡＢＲＭに加えられる荷重は、実にこの時点でのキャッチ張力P_xの16倍なのである。この結果からわかることは、大きな荷重を加える時点でのＡＢＲＭの張力の値は、大きな荷重を持ちこたえる能力とは全く関係がないことである。

つまり、従来もっぱらＡＢＲＭの両端を固定して等尺性収縮張力をキャッチ機構の尺度と見なしてきたのは誤りであった。なぜなら、荷重に耐える能力は、等尺性キャッチ張力が減少しても変わっていないからである。

11-6 微細構造の電子顕微鏡的研究

キャッチ筋の研究が盛んに開始された１９６０年代に、キャッチのしくみについて二つの説が提出された。一つの説はリンケージ仮説（linkage hypothesis）とよばれ、キャッチ機構はアクチンフィラメントとミオシン頭部のＡＴＰ分解をともなう結合・解離サイクルが、両者が結合した状態で停止することであると見なすこの説は一時有力であった。しかしこの説を支持するとされた実験は、現在からみると不十分なものであり、前節で説明した筆者らの研究から否定されたと言ってよいだろう。アクチン・ミオシン頭部間の反応が両者の結合した状態で停止したとする

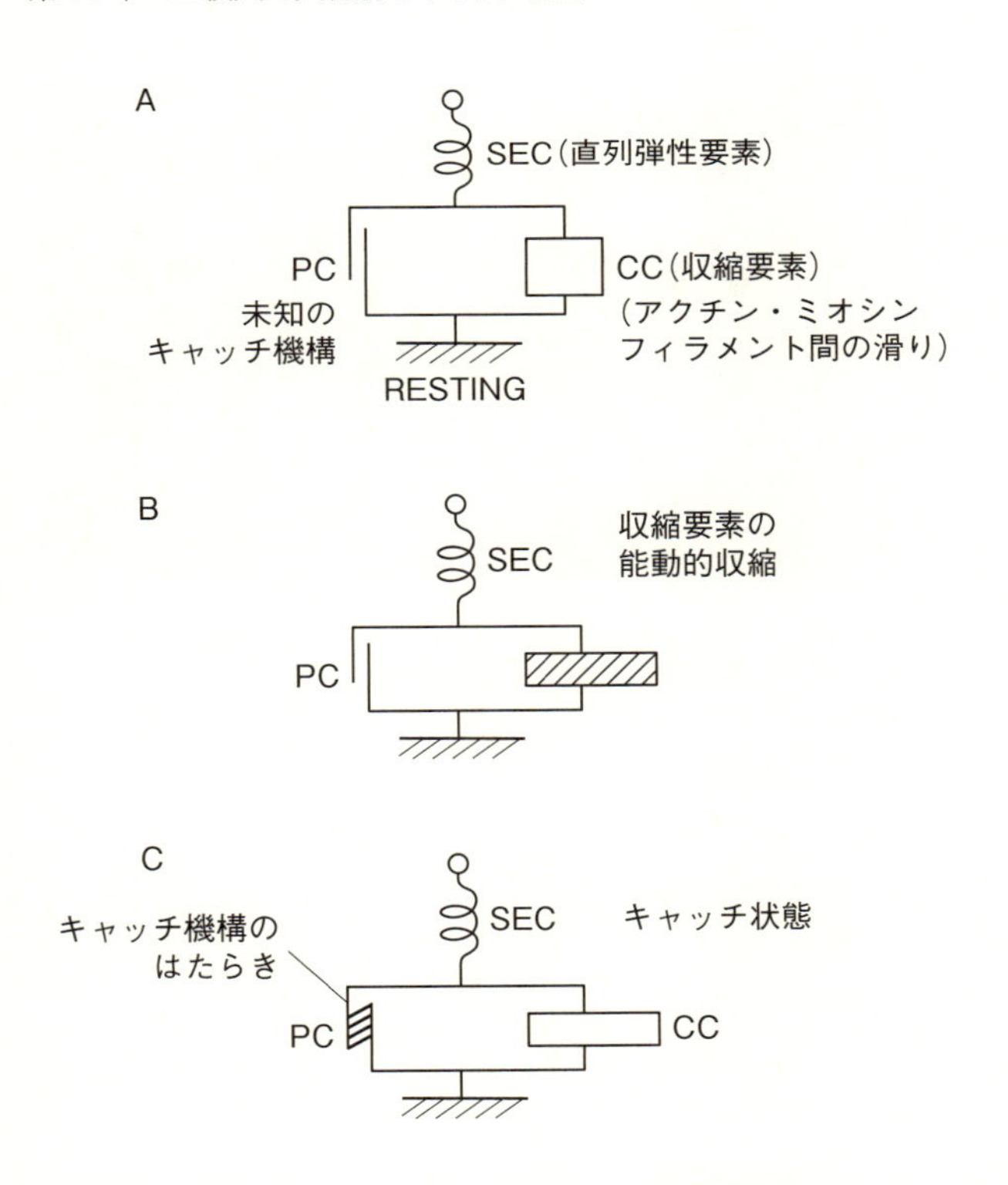

図11-15　パラレル仮説による、キャッチ筋の能動的収縮からキャッチ状態への移行を示す模式図

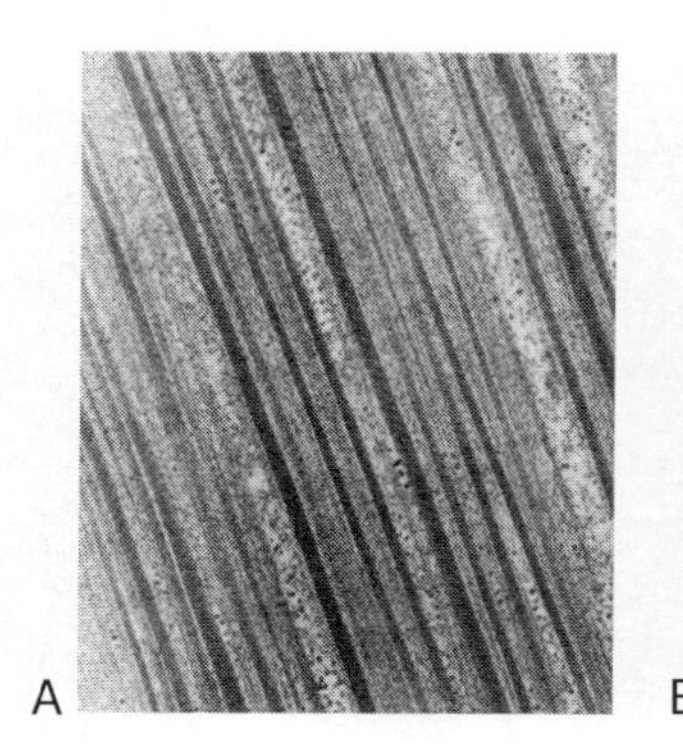

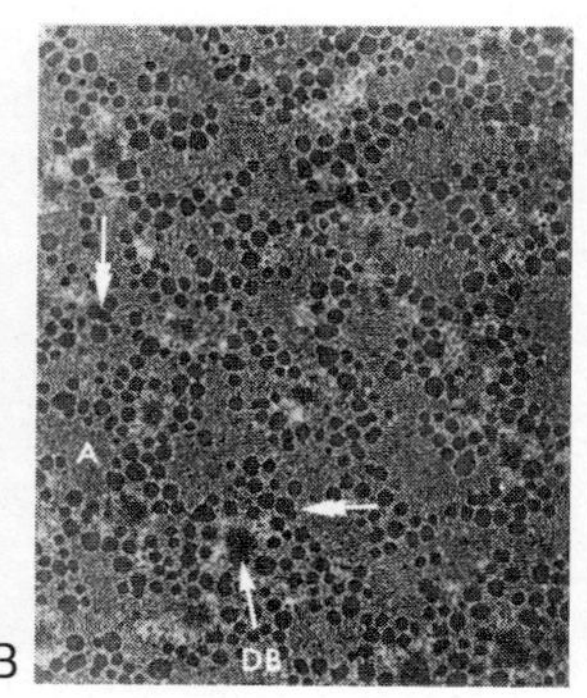

図11-16　ABRM筋線維の縦断面（A）と横断面（B）
スクワイア（1981）

考えでは、図11－13・14で示したような、ABRMの驚くべき荷重にたいする抵抗力を説明するのは無理であろう。

ABRMは大きな荷重が加えられたとき、その長さがわずか2％引き伸ばされる間に伸長速度は急激に減少し、荷重にたいする驚くべき抵抗力を示すようになる（図11－13Bの段階⑵）。この現象の背後には、アクチン・ミオシンとは全く別の、荷重にたいする驚異的抵抗力を持つしくみがはたらく、と考えるのが自然である。

1960年代に提出された今一つの仮説は、パラレル仮説（parallel hypothesis）である。この説はまさに筆者らが実験により到達した考えと一致する。図11－15は当時このパラレル仮説の説明に用いられた模式図である。この仮説では、ヒルの2要素模型である直列弾性要素（SEC）と収

図11-17　ABRMの太いフィラメントから表面のミオシン分子を除去した後の、パラミオシンフィラメントのベアー・セルビーパターン

スクワイア（1981）

縮要素（CC）以外に、CCと並列、つまりパラレルに繋がった未知の要素（parallel component，略称PC）の存在を仮定している（A）。

アセチルコリンによって最初におこる能動的収縮は、たびたび説明しているように、CCの活動、骨格筋と同じくアクチンとミオシンフィラメントの滑りによっておこる（B）。そしてこの能動的収縮状態からキャッチ状態への移行のさい、CCの活動は消失し、代わりに未知のPCが外部からの荷重に抵抗する強固な構造を形成する（C）。この仮説は筆者らが実験的に得た結果をよく説明している。

さて、大きな荷重に耐える「強固な構造物」の実態はどんなものなのであろうか。この疑問にたいする答えの一部は、ABRMなどのキャッチ筋の微細構造の電子顕微鏡的研究から得られている。

図11－16は英国のスクワイアによるＡＢＲＭ筋線維の縦断面（Ａ）および横断面（Ｂ）の電子顕微鏡写真である。ＡＢＲＭは平滑筋なので、骨格筋のような筋節構造はなく、アクチンフィラメントとミオシンを含むフィラメントが不規則に配列している。このミオシンを含むフィラメントの直径は異常に太く、直径は30 nmから１８０ nmにも達する。このフィラメントはパラミオシンというタンパク質から形成された中空の管である。ミオシンは高濃度のKCl溶液に溶けるので、ミオシンを容易にこのパラミオシンフィラメントから除去することができる。ミオシンを取り去って裸になったパラミオシンフィラメントは、その表面の凹凸が明らかとなる処理を施すと、きれいな市松模様を呈する。そしてこの市松模様の周期は、骨格筋ミオシンフィラメントから突き出るミオシン頭部間の間隔に等しい。この模様をベアー・セルビーパターンという（図11－17）。ミオシン分子は、その尾部をベアー・セルビーパターンの凹凸を足掛かりとしてパラミオシンフィラメントと固く結合し、ミオシン頭部を外に突き出させていると考えられる。つまりキャッチ筋のミオシンを含むフィラメントは、太いパラミオシンフィラメントをコアとして、そのまわりに多数のミオシン分子が配列している。大自然は二枚貝を外敵による捕食から守るために、キャッチ筋にたいし大きな荷重に耐える頑丈なパラミオシンフィラメントを与えたのであろう。

しかしここで生ずる謎は、この頑丈なパラミオシンフィラメントがキャッチ状態でいかなる構造を形成するか、である。パラミオシンフィラメントが互いに結合して頑丈な構造を形成する可能性は生化学実験によって否定され、この謎は近年まで謎のまま残された。

11-7　キャッチ状態を制御する化学物質の発見

近年、線虫類の遺伝子の研究により、ある物質を発現する遺伝子が欠損すると線虫の運動に障害をおこすことが見出され、この物質は筋肉の運動に関係することから、筋肉の単収縮（twitch）にちなんでトゥイッチン（twitchin）と名づけられた。このトゥイッチンは分子量60万でミオシン（分子量50万）より大きく、種々の筋肉に広く分布する弾性タンパク質、タイチンと類似した構図を持つ。タイチンと同様に、トゥイッチンはミオシンと結合し、またキャッチ筋線維内の、ミオシンが結合した太いパラミオシンフィラメントとも結合する。しかしトゥイッチンがパラミオシンフィラメントのどの部位に、どんな周期性で結合しているかは不明である。

本章ではすでに、セロトニン（5-HT）がABRMのキャッチ張力を弛緩させること、またこの5-HTがABRM筋線維内のある構造からサイクリックAMP（cAMP）という化学物質を放出させることを説明した。このcAMPは細胞内情報伝達物質の一つで、5-HTが細胞膜表面のある部位に結合すると、この近傍の構造から放出され、いろいろなはたらきをおこなう。ABRMの場合には、このcAMPは筋線維内のリン酸化酵素（フォスフォリラーゼという）の作用

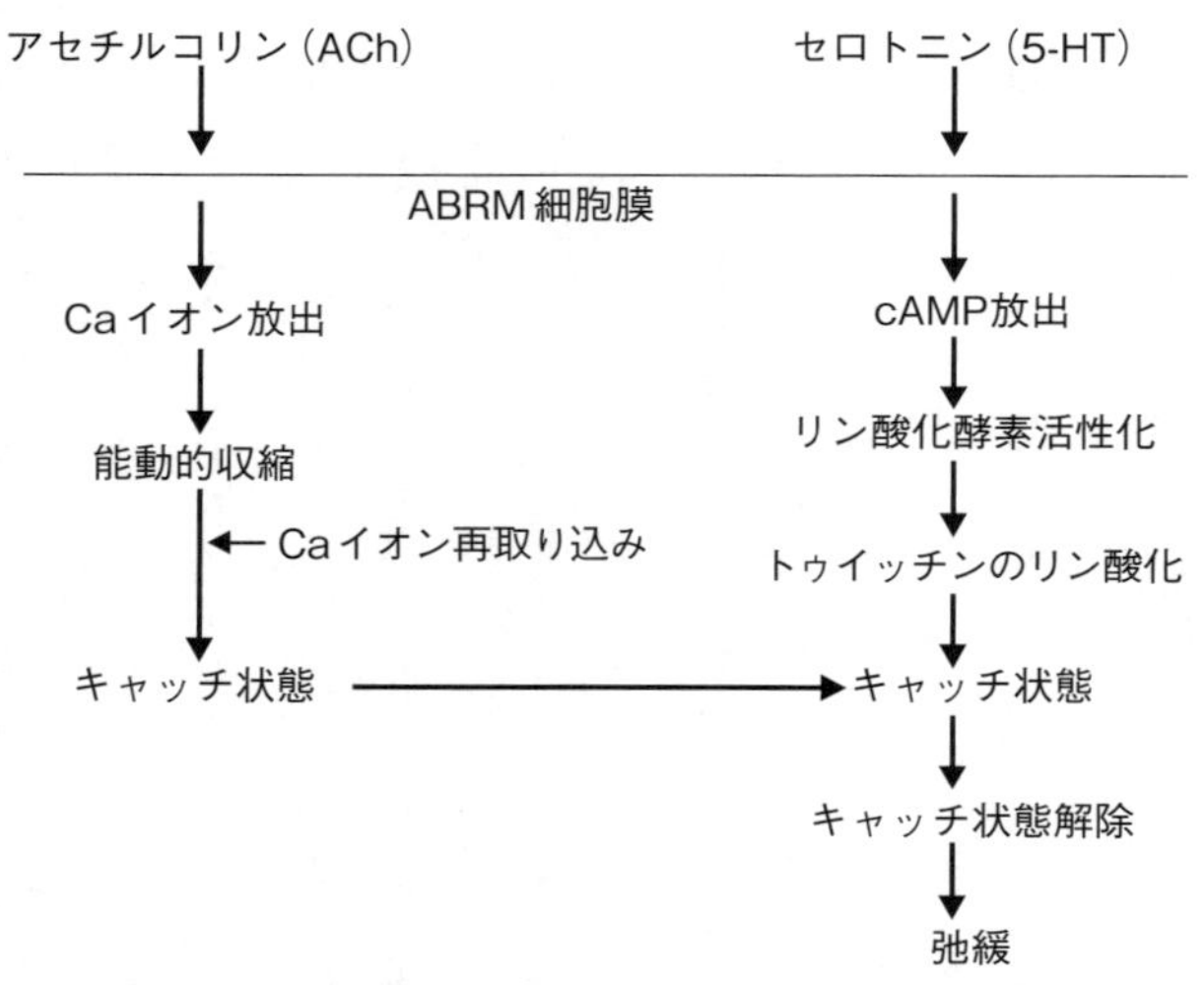

図11-18　ABRMの能動的収縮からキャッチ状態への移行と、トゥイッチンのリン酸化によるキャッチ状態の解除

を呼び覚まし（活性化し）、筋線維内のある化学物質にリン酸分子を結びつける（リン酸化する）。このフォスフォリラーゼによるリン酸化の標的がトゥイッチンなのである。トゥイッチンのリン酸化は、キャッチ状態の解除をひきおこす。これで長年謎であった、5-HTによるABRM筋線維内のcAMP放出とキャッチ状態の解除のメカニズムに一応の説明が与えられた。

これまでにわかった、ABRMの能動的収縮からキャッチ状態への移行にともなう出来事を、模式的に図11-18にまとめてみよう。図にみられるように、キャッチ状態の成立とその解除に関わる化学物質と現象を線で結ぶことができる。

しかし一部の生化学者が主張するように、「キャッチ機構の謎が解けた」どころか、その謎は深まるばかりである。なぜなら筋肉をすりつぶして物質を取り出しこれを研究する生化学的手法では、キャッチ状態のABRMが、外部からの荷重に耐える強固な構造を作り出すしくみの解明には無力だからである。筆者は定年退職を間近にした2004年、以下に説明する電子顕微鏡的実験をおこなった。そしてこれで、筆者のサイドワークとしてのキャッチ機構の研究から手を引いた。なぜなら筆者の退職とともに筆者の研究グループは雲散霧消したからである。

本書の第1章で述べたように、筆者と親交のあった巨人、ヒュー・ハクスレーは、彼が苦心の末作成した骨格筋線維の筋フィラメント電顕像に、2種の筋フィラメントを結ぶ構造を見たとたん、フィラメント間の滑りをおこすミオシン頭部のはたらきを予見した。筆者も非才ながら彼に倣い、ABRMの筋フィラメントを繋ぐ構造の有無を（1）弛緩状態、（2）能動的収縮状態、および（3）キャッチ状態で、電子顕微鏡により検討した。電子顕微鏡下で観察する試料の超薄切片の作製には通常、固定剤を用いて試料を固定しなければならない。しかしこれでは、固定剤の作用により試料の微細構造が変化する可能性を否定できない。

筆者らは右記の3状態のABRMを、液体窒素で冷却した銅のブロックに急激に打ち当てることにより急速に凍結した。この方法により凍結中試料の構造を破壊する氷の塊ができず、試料は

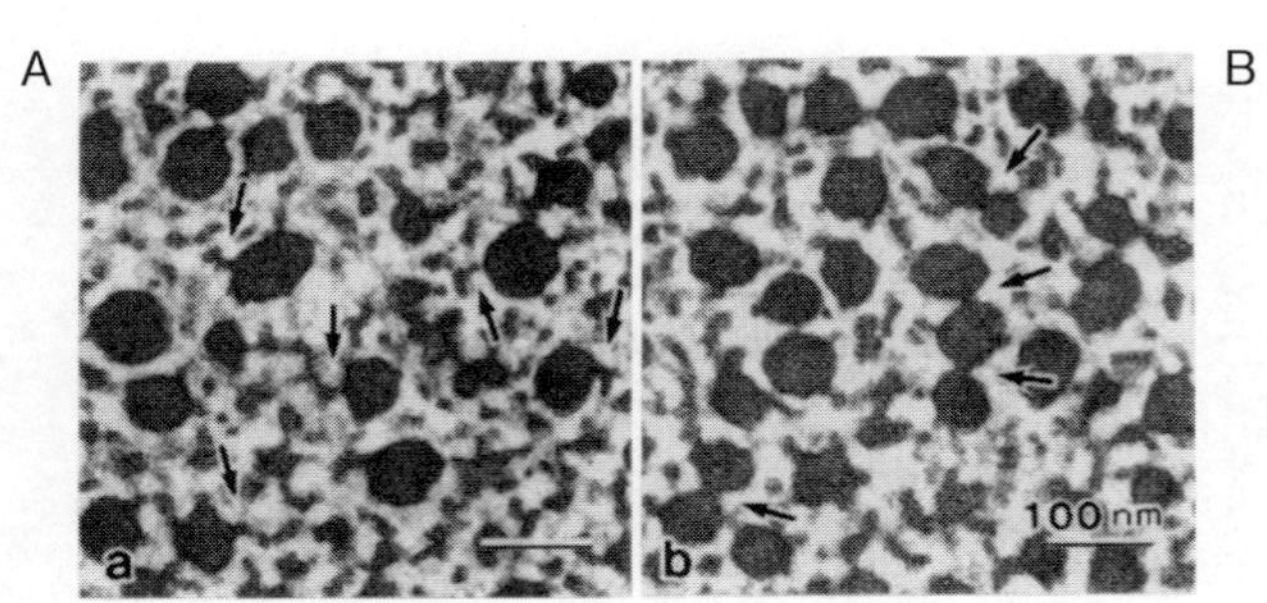

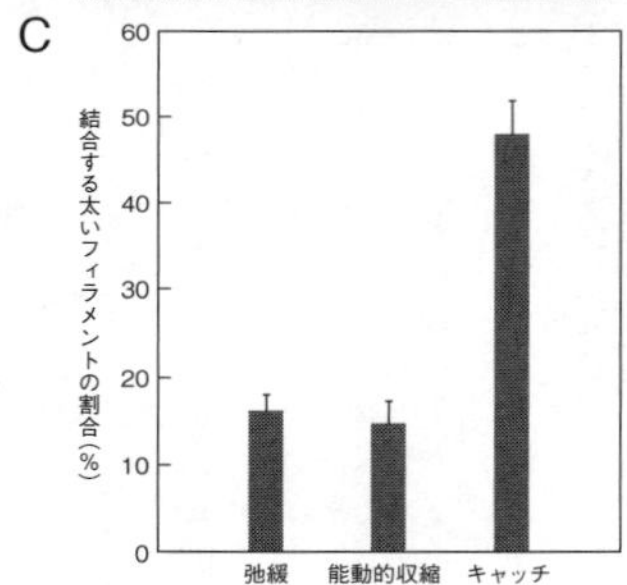

図11-19　能動的収縮中(A) およびキャッチ状態(B) で急速凍結した、ABRM筋線維の断面の電子顕微鏡写真　(C) 太いフィラメント間の結合の頻度を、弛緩時、能動的収縮中およびキャッチ状態で比較

高橋ら (2003) Comp.Biohem.Physiol.A134: 115

自然の状態をたもって凍結される。凍結後の試料の処理も、凍結状態で時間をかけておこなう。この方法をquick freeze-freeze substitution法（急速凍結・凍結置換法）といい、神経筋接合部でのアセチルコリン顆粒の放出の発見に威力を発揮した。

図11－19の電顕写真は、能動的収縮中（A）とキャッチ状態（B）で急速凍結したABRM筋線維の横断面である。Aでは太いミオシン・パラミオシンフィラメント上の突起（おそらくミオシン頭部）とアクチンフィラメントの間の結合（矢印）がみられ、Bでは太いミオシン・パラミオシンフィラメントどうしの結合（矢印）がみられ

る。Cのヒストグラムは、弛緩状態、能動的収縮中、およびキャッチ状態での、太いフィラメントどうしの結合がみられる頻度を比較したものである。太いフィラメントどうしの未知の突起物を介した結合は、キャッチ状態で飛びぬけて多くみられることがわかる。

以上の結果は、キャッチ機構のパラレル仮説が示唆するように、大きな荷重に耐えるABRM筋線維内の構造は、太いフィラメントどうしの結合によることを強く示唆する。しかし現時点では、トゥイッチンが太いフィラメントのどんな部位に結合しているのか（あるいは結合していないのか）、またトゥイッチンが太いフィラメントどうしの結合にどんな役割をはたしているのか、は全く不明である。現在キャッチ筋には、トゥイッチン以外のタンパク質がぞくぞく発見されているので、キャッチ状態に対応するキャッチ筋の構造変化の謎はむしろ深くなった、とも言えるのである。

筆者の私見では、キャッチ状態をおこす筋線維内の構造と、トゥイッチンその他の多くのタンパク質の役割の解明の中心となるべきは、電子顕微鏡と組織化学的実験法であろうと考える。この考えが正しければ、キャッチ機構の完全な解明はおそらく我が国では実現しないであろう。なぜなら、現在の政府の科学研究費は理不尽にも投機的な分子遺伝学や再生医学分野に年々吸い取られ、大学の講座研究費は職員1人あたり数十万円に過ぎなくなったからである。この結果おこった「競争的研究資金」獲得争いは、実は研究課題の出願以前にコネで競争が終わっている事実が最近新聞で報道された。この事態が引き起こした深刻な現状は、電子顕微鏡学者の激減である。多くの研究プロジェクトで電顕技術者の不在が研究の進展を阻んでいる。

一旦減少した電顕学者は、若い電顕技術者の育成を不可能とし、研究内容の不毛化を招いている。一方潤沢な研究費が保証されているある国立研究所では、高価な電子顕微鏡が購入後何年も未使用状態であることが新聞で指摘された。これにたいする研究所の答えは「電子顕微鏡を使える者がいないから」という驚くべきものであった。筆者がこのような時代の到来する前に研究生活を終えることができたのは幸福だった。これで、筆者が研究の歩みを詳しく説明してきた二枚貝のキャッチ機構の研究史を終えることにする。一般読者に、研究の結果得られた事実の単なる「啓蒙的」解説ではなく、「生きた」学問の進歩の実態を感じていただければ幸いである。

三崎臨海実験所の想い出

三崎実験所にて（1963年）。後列右より筆者、平本幸男（第12章参照）、中列右より4人目が畑正憲。

筆者らが夏季多くの実験をおこなった東京大学三崎臨海実験所は、昔三浦道寸が北條早雲と戦い滅亡した、三浦半島の新井城址にある。都立大学の團勝磨先生は実験所の主のような存在であった。大戦末期、実験所前の油壺湾は、米軍を攻撃する特殊潜航艇「蛟龍（こうりゅう）」の基地となり、終戦後米軍がこれを処分するため進駐し、実験所員は退去を命ぜられた。團先生は実験所が破壊されることを憂慮され、実験所の玄関に「The last one to go」と題した貼り紙をして、実験所の設備に手を触れぬよう要望した。これは効果があり、米軍は特殊潜航艇の処分後直ちに引きあげ、実験所は無事であった。

研究者たちは夜が更けるとマージャンに興じた。團先生も、動物の生態に関する多数の著書で有名な畑正憲さんも、これに加わった。当時大学院生の畑さんは自称名人であったが、筆者と卓を囲むといつも成績がふるわず、「杉さんは貧乏神ですね」と負け惜しみを言っていた。彼はアメーバ運動を研究し、興味ある結果を得ていたが、結局進路を変え大成した。もしアメーバの研究を続けていても、一流の研究者となっていただろう。

第12章 アクチン・ミオシン間の滑りによる生命現象の神秘

12-1 アメーバ運動の謎

本書ではこれまで、大自然が作り出したリニアモーターとしての筋肉のはたらくしくみ、つまりアクチンとミオシンフィラメント間の滑りと、これを駆動する超微小エンジンであるミオシン頭部の発見、そしていかにいろいろな動物がこの筋肉の基本的な構造と機能を変化させ、みずからを取り巻く環境に適応してきたかを説明してきた。

本書のおわりには、この筋肉を構成する収縮性タンパク質、アクチンとミオシンが、筋肉のように固定したフィラメント構造を持たずに、どのように動的に変化してさまざまな生命の基本となる現象をひきおこしているかを、限られた例を取り上げて紹介したい。これによって読者は、

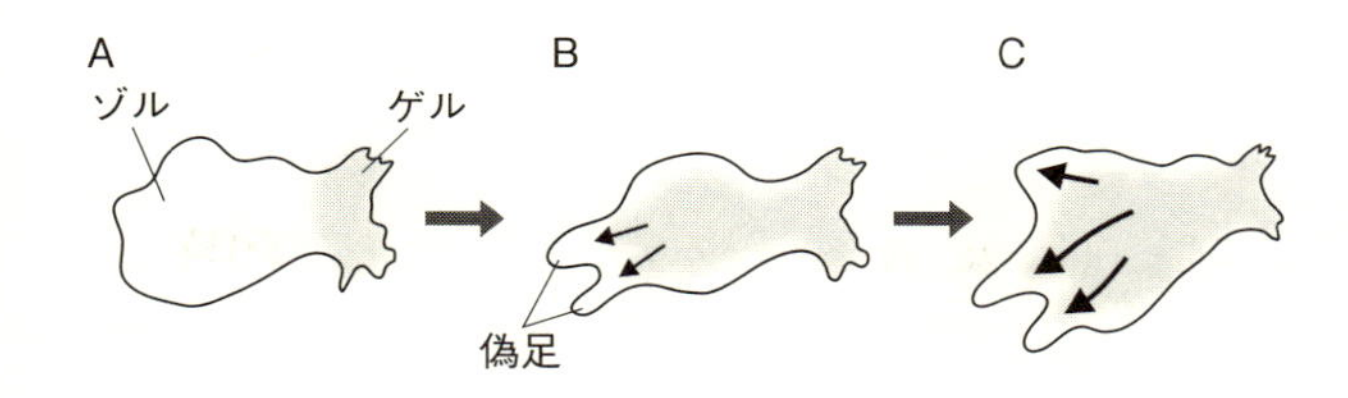

図12-1　アメーバ運動

太古の時代に生命体が進化するとともにアクチンとミオシンが現れ、いかにわれわれ人類の生存にとって、筋肉以外にも不可欠な存在になっているか実感されるだろう。

原生動物のアメーバや、われわれの体内の白血球などが示す運動は、アメーバ運動とよばれる。典型的なアメーバ運動様式を図12－1に示す。アメーバの体には水のような流動性のあるゾルという部分と、比較的固いゲルという部分がある（A）。まずゾルの部分から突起が出る。これを偽足という（B）。この偽足はある時点でどっとアメーバの進行方向に伸び拡がる。この結果、アメーバの体のゲル部分もこれに引きずられるように前進する（C）。アメーバの体も細胞膜に包まれているが、細胞膜もこのようなアメーバの体の変形にしたがって動的に生成と消失を繰り返している。われわれの体内の大型の白血球（マクロファージ）は、有害な細菌などが体内に侵入すると、アメーバ運動により血管外に出てこれを捕食する（図12－2）。

このアメーバ運動のしくみについては、丁度キャッチ筋のキ

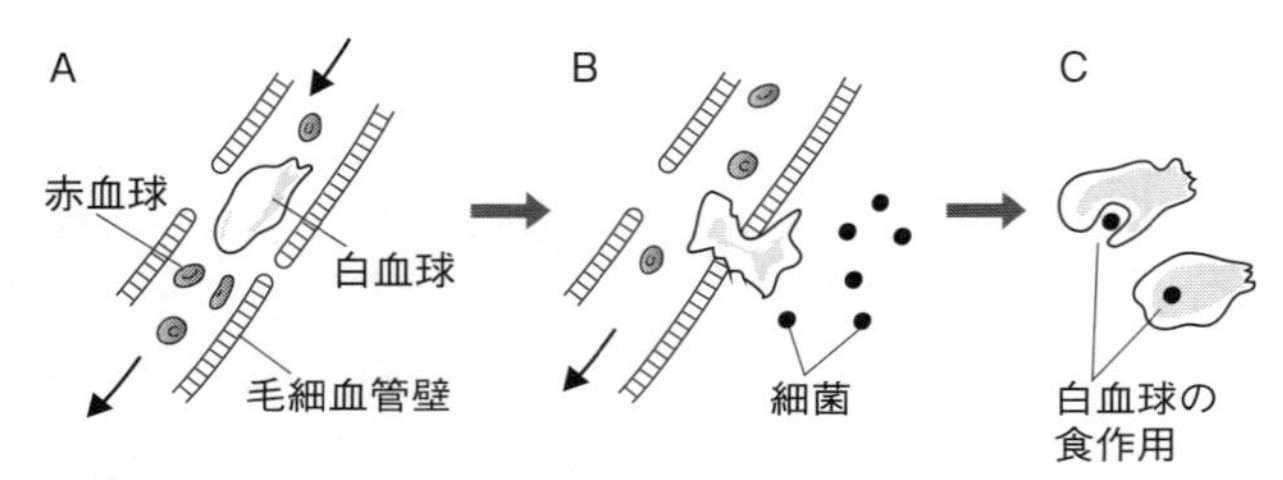

図12-2　白血球が体内に侵入した細菌を排除するはたらき

ャッチ機構のしくみにリンケージ説とパラレル説が提出されたように、二つの説が唱えられている。一つは後部収縮説で、アメーバ細胞の固いゲル部分が収縮しその結果細胞内部の圧力（細胞内圧）が増大し、柔らかいゾル部分が圧迫されて偽足となって前方に突き出されると考える。もう一つは前部収縮説で、ゾル部分の前方の細胞膜が地面に接するところで収縮し、後部のゲルを引っ張ると考える。この二つの説は筆者が大学生の頃提出され、現在も甲乙が付けられていない。

粘菌類は動物と植物の境界にある生き物で、このうち細胞性粘菌とよばれるものは、その生活史でアメーバのような形態と、子実体（しじつたい）という植物のような形態を示し、胞子で繁殖する不思議な生き物である。この細胞性粘菌は容易に数を増やせるので、アメーバ運動の研究には本家のアメーバより適している。この細胞性粘菌には、アクチン、ミオシン、およびアメーバ運動をする細胞特有の単頭ミオシンが含まれており、アメーバ運動中の粘菌細胞におけるこれらの局在が我が国の研究者により報告されている（図12－3）。まずア

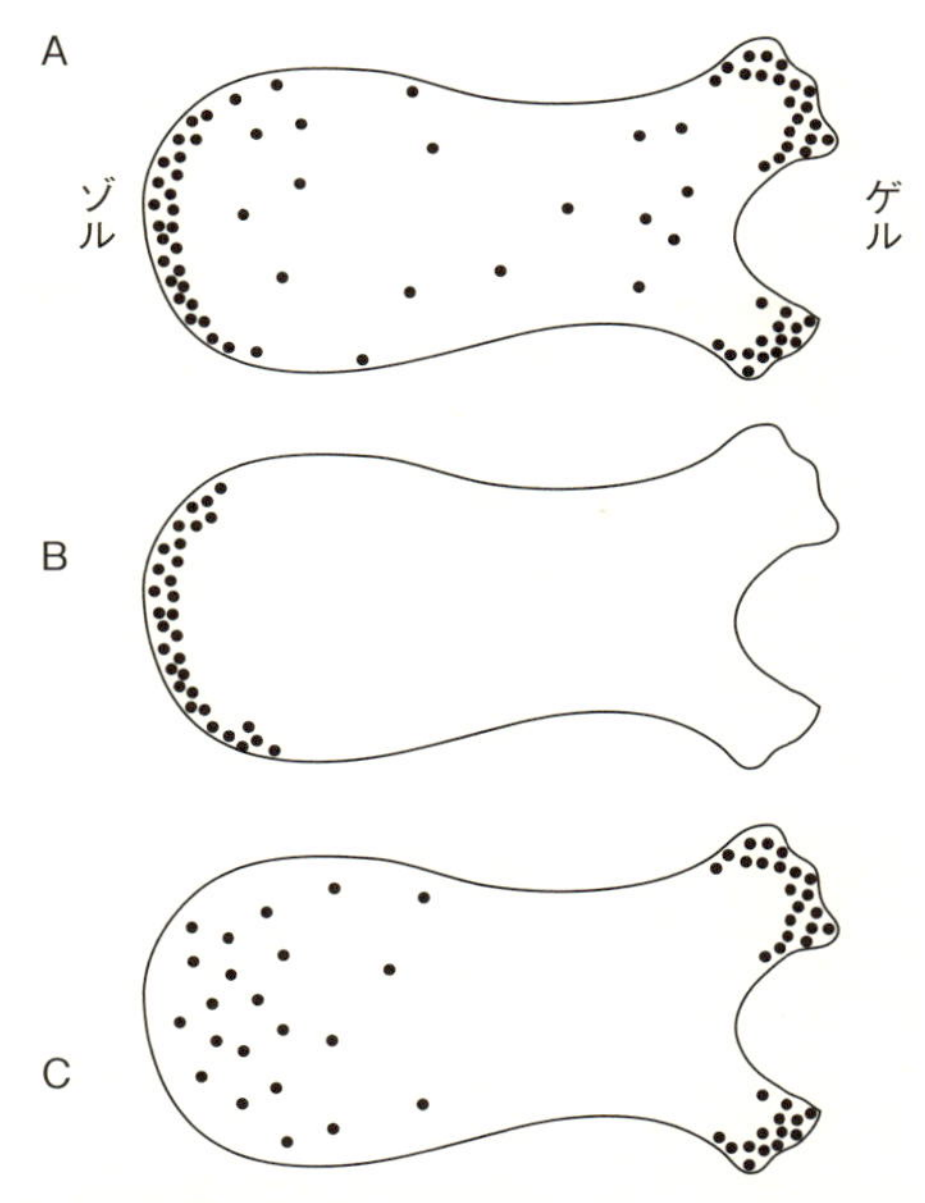

図12-3　運動中の細胞性粘菌におけるアクチン（A）ミオシン（B）単頭ミオシン（C）の局在　新免（1992）

クチンは、細胞のゾル部の前端、ゲル部の後端、および両者の中間部位に存在する（A）。ミオシンはゾル部の前端に存在する（B）。そして単頭ミオシンは、ゾル部の前部とゲル部の後端に存在する（C）。この単頭ミオシンは、筋肉のミオシンが2個の頭部と1本の尾部を持つのにたいし、ただ一つの頭部を持ち尾部は持たない。これらの結果は、単頭ミオシンがアメーバ運動に主要な役割を果たすことを強く示唆している。

いろいろな細胞で、アクチ

ン分子は互いに繋がって長いフィラメントを形成したり、逆に長いフィラメントがばらばらに切れたりする、動的な重合・脱重合をおこない、細胞の形状の変化や運動をおこす。アメーバ運動のような激しい細胞の変形のさいには、アメーバの体の随所で激しいアクチン分子の重合・脱重合がおこっているであろう。これに対応してアクチンとの結合・解離をおこない、アメーバの体のゾルの激しい流動をおこすには、単頭で尾部を持たない小さなミオシン分子が必要であるに違いない。しかし実際に流動するゾル中で、単頭ミオシンがどんな風にアクチンと反応しているのか、筆者には見当もつかない。

12-2 細胞分裂の収縮環

白血球のアメーバ運動はわれわれの生命維持に不可欠であるが、地球上のあらゆる細胞から成る生命体が子孫を残すための増殖は、細胞分裂によっておこなわれる。また多細胞生物は、ただ1個の受精卵が細胞分裂を繰り返して成体にまで成長する。このように細胞分裂は生体の最も基本的な現象である。細胞分裂ではまず染色体が出現し、細胞の中央に並んで左右に分かれてゆく。ついで細胞は中央でくびれ、2個に分裂する。この多細胞生物の増殖に関する最も基本的な現象には、アクチン・ミオシン間の滑りが関与している。

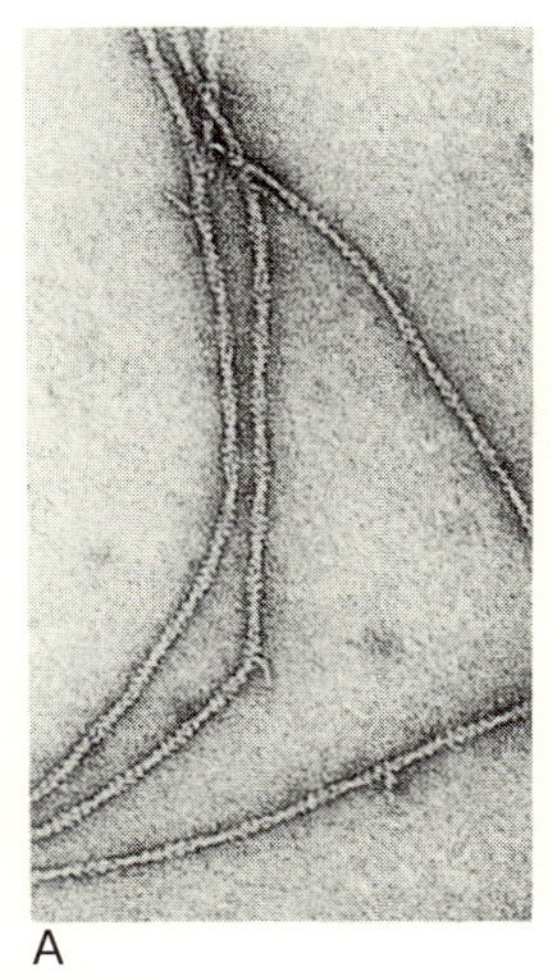

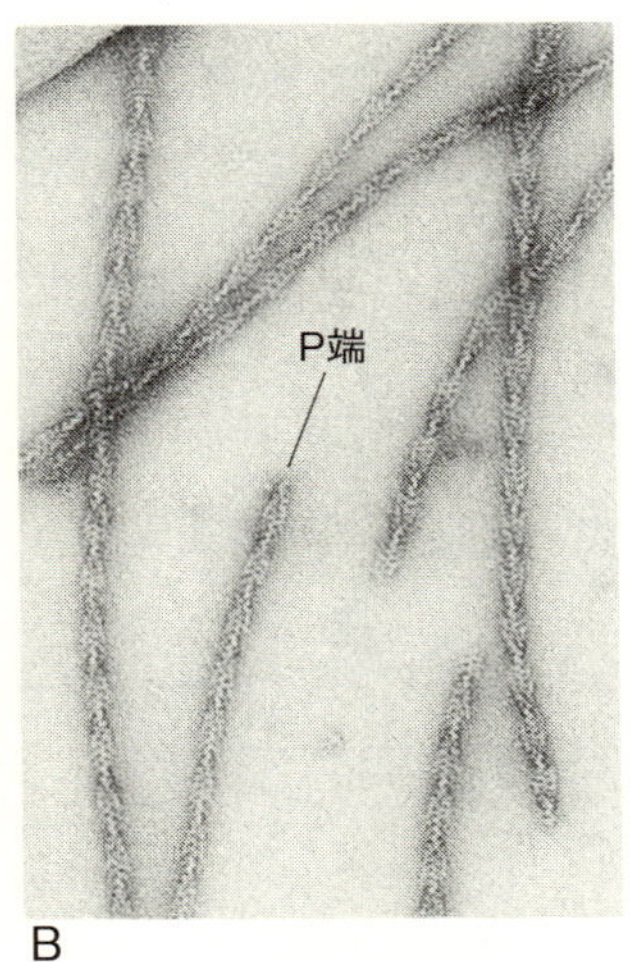

図12-4　(A) アクチンフィラメント　(B) アクチンフィラメントにミオシン頭部を結合させたときの矢じり構造　バグショー（1994）

アクチンフィラメントには方向性があり、これはミオシン頭部をアクチンフィラメントに結合させると、矢じり構造を示すことからわかる（図12－4）。アクチンフィラメントの一方の端はこの矢じりの先端となるのでＰ端（pointed end）、他方の端をＢ端（barbed end）という。筋線維の筋節では、アクチンフィラメントはＢ端でＺ膜に繋がり、Ｐ端がミオシンフィラメントの間に入り込んでいる（図12－5Ａ）。一方、ミオシンフィラメントのミオシン頭部も、中央のベア・ゾーンの両側で極性（ミオシンフィラメントから突き出る方向）が異なる（図12－5Ｂ）。このようにアクチン、ミオシンフィラメントの双方とも極性があ

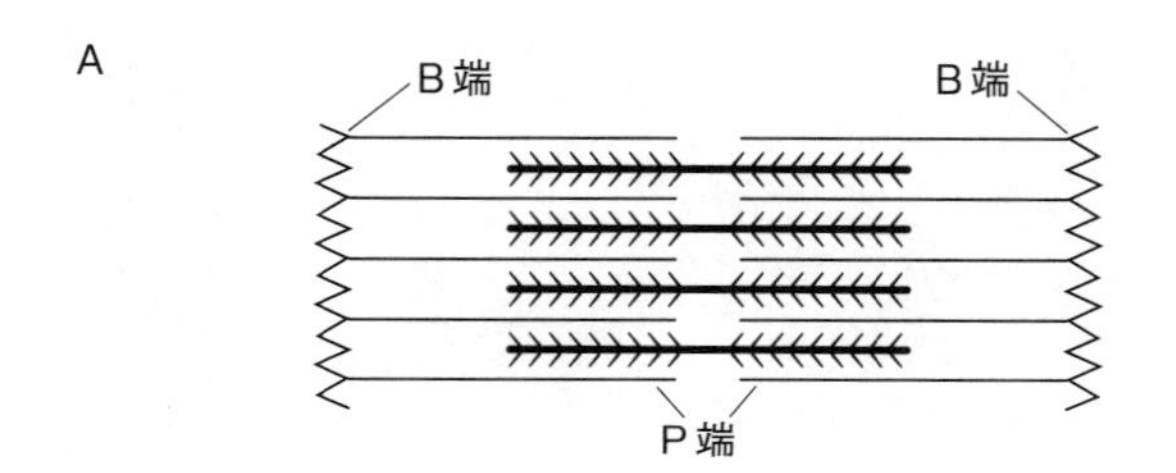

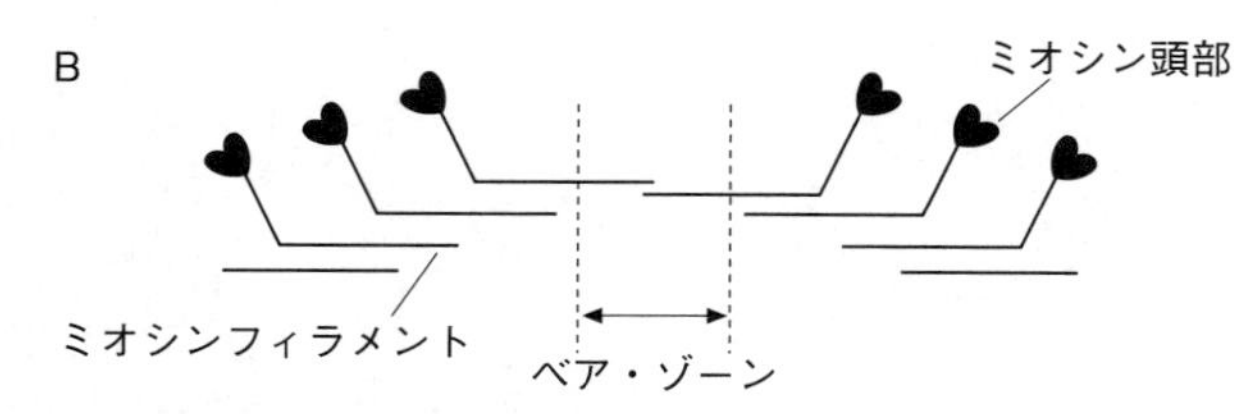

図12-5　骨格筋のフィラメントの極性

(A) 筋肉内のアクチンフィラメントの極性　(B) ミオシンフィラメントのベア・ゾーンの両側でのミオシン頭部の極性

り、この結果筋節の両側でのアクチン・ミオシン間の滑りも、ベア・ゾーンの両側で左右対称におこる。

話を細胞分裂にもどす。分裂しようとする細胞の中央にできるくびれを、収縮環という。この収縮環にアクチンフィラメントが環状に配列していることは1960年代に電子顕微鏡で明らかにされており、図12－6のようなしくみが、何人かの研究者により考えられた。まず染色体が紡錘糸によって左右に分かれてゆくとき、何らかのしくみで染色体―紡錘糸が作る平面に直角な平面の細胞表層にアクチン分子が重合したフィラメントが環状に配列する（A→B）。ついでミオシンのヘビー・メロミオシン（HMM）が

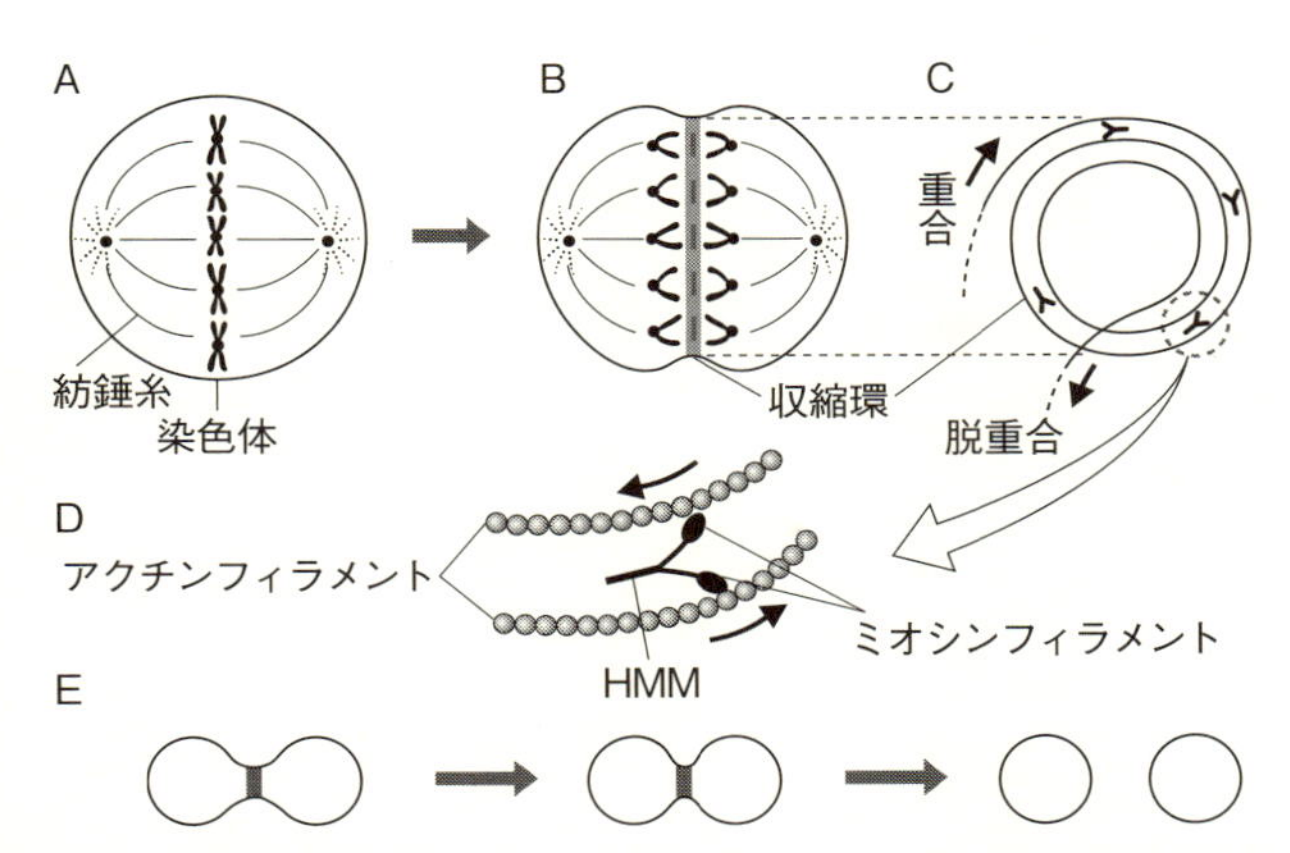

図12-6　細胞分裂時のアクチンフィラメントとミオシンHMMとの間の滑りによる収縮環の収縮

このアクチンフィラメントの間に入り込む（B→C）。このHMMは2個のミオシン頭部と1本の短い尾部（ミオシン・サブフラグメント2）からなる。しかしこれらのミオシン頭部は、HMMがミオシンフィラメントから切り離されているので、もはや方向性を持たない。したがって、もしこのHMMの2個の頭部が、それぞれ極性の異なるアクチンフィラメントを相手に反応することができれば、このHMMは自分を中心として、2本のアクチンフィラメントを別方向に動かす（C→D）。この結果収縮環の直径は、アクチンフィラメントが逆方向の運動により重なり合いが増すので減少してゆき、遂には細胞は収縮環の両側で二つに分かれる（D→E）。

以上説明した収縮環の収縮がアクチン・ミオ

シン間の滑りによっておこるとする考えは優れた着想で、筆者もこの考えはおそらく正しいと思っていた。しかしこの考えは実証されることなく、30年以上の時が流れた。やっと近年、植物である酵母菌の細胞から収縮環を取り出して研究することに我が国の馬渕一誠らが成功し、この実験系を使用して右記の考えが正しいことが実証されつつある。

12-3　原形質流動をおこす超高速滑りの神秘

淡水産の藻類、シャジクモは池、湖、水田などに広く分布する。その節間細胞（ic）は極めて巨大な円筒形の細胞で、その直径は数百μm、長さは10㎝以上にも達する（図12-7A）。一般に大型の多細胞生物は、外部から取り入れた物質や、体内で産生された物質を要所に移動させ生命活動をおこなうため、循環器系が発達している。シャジクモの節間細胞は単一の細胞であるが、巨大なため細胞内部に循環系がある。この節間細胞の循環系の存在は、肉眼での観察でも細胞内の顆粒が一方向にゆっくり動いていることでわかる。この顆粒の動きは、細胞内の原形質（細胞質）の運動によるものである。この現象を原形質流動という。

原形質流動はアクチン・ミオシン間の滑りの絶対速度を、われわれが肉眼で観察できる唯一の例である。これに対して筋肉の収縮をおこすアクチンフィラメント・ミオシンフィラメント間の

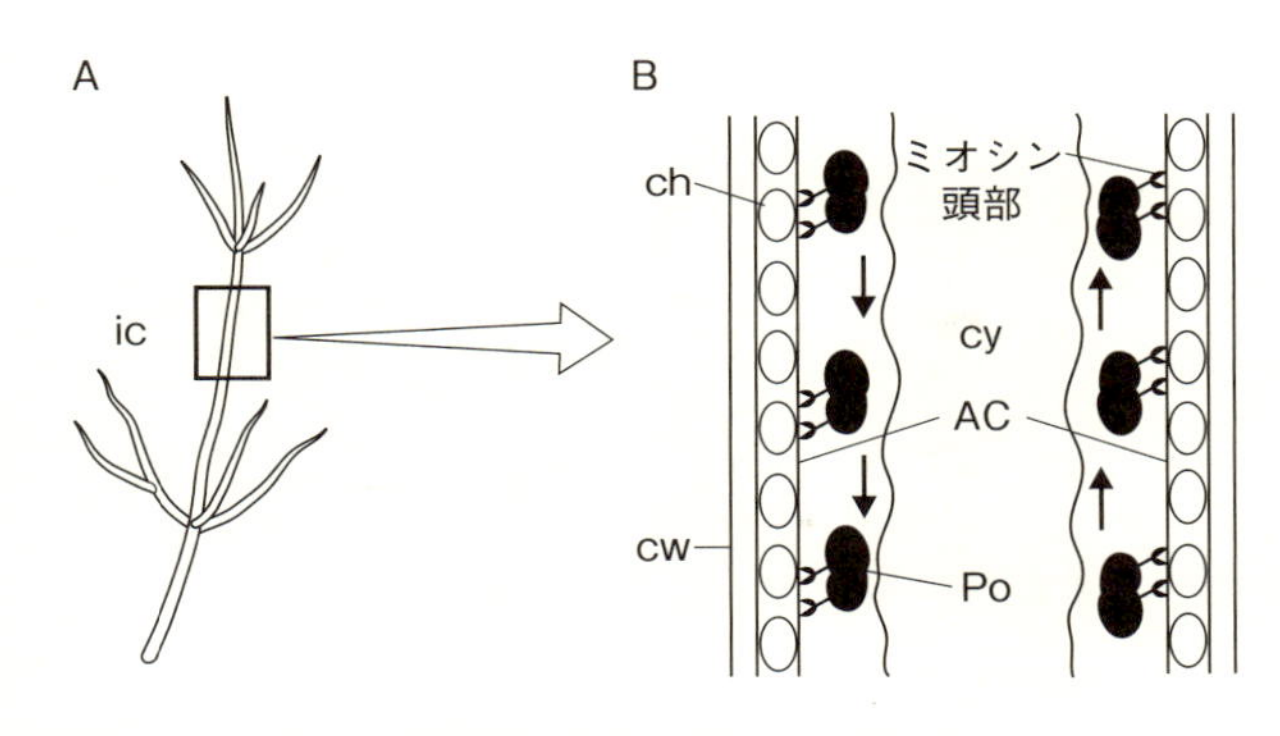

図12-7　シャジクモの節間細胞（A）とその縦断面（B）

滑りの絶対速度は、高倍率の顕微鏡下に個々の筋節の短縮速度を観察しなければならない。しかし最大短縮速度は、高倍率顕微鏡下では速すぎて目で追うことはできない。

肉眼ではゆっくりと見える原形質流動の速度は、実はアクチン・ミオシン間の滑り速度としては自然界で群を抜く高速なのである。図12－7Bはシャジクモ節間細胞の縦断面である。まず最も外側には細胞膜（cw）があり、その直下には光合成をおこなう葉緑体（ch）が配列している。そしてこの葉緑体の内側にアクチンフィラメントの束が直線的に伸びている。このアクチンフィラメントの束をアクチンケーブル（AC）という（図12－8）。このさらに内側に原形質（細胞液（cy））の層があり、この中には原形質小器官（protoplasmic organelle, po）という不定形の塊が多数あり、この塊には多数の原形質ミオシン分子が結合している。そしてこ

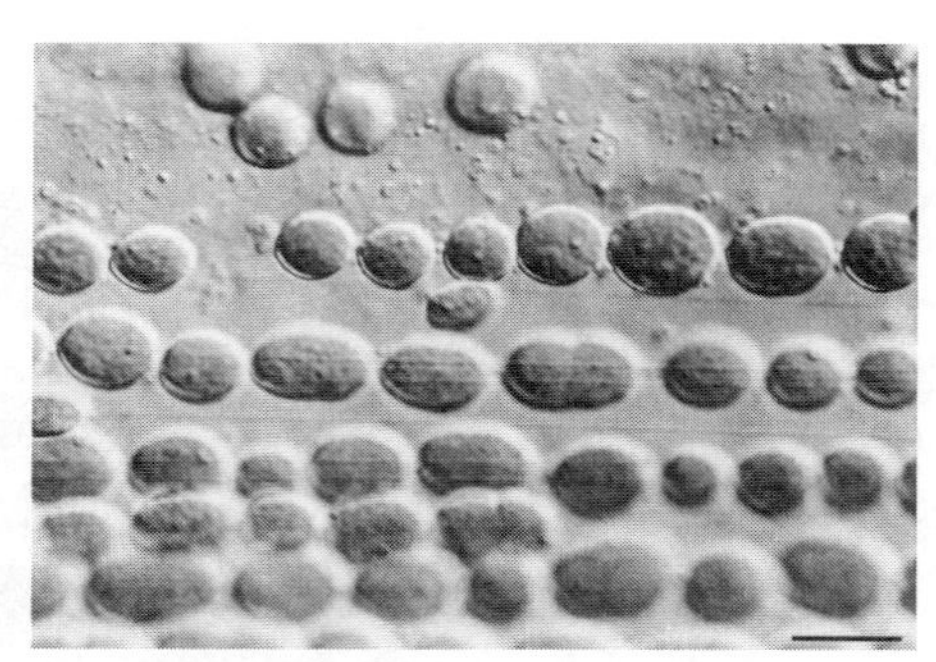

図12-8　葉緑体の上を走るアクチンケーブル　上坪（1966）

のミオシン頭部がアクチンケーブルと反応して、原形質小器官の滑り運動をおこしている。原形質流動はこの原形質小器官が、周囲の原形質ゾルを引きずって動かすことによっておこる。この原形質層のさらに内側には細胞液を満たした空胞がある。

したがって、肉眼でも認められるシャジクモ節間細胞の原形質流動の速度は、そのまま原形質ミオシン・アクチンケーブル間の滑りの絶対速度を示している。

この速度は毎秒50 μm以上で、骨格筋の筋節におけるアクチン・ミオシンフィラメント間の最大滑り速度、毎秒約10 μmより数倍も速いのである。

この超高速アクチン・ミオシン間の滑りは研究者の興味を引き、多くの研究がおこなわれてきた。その結果を要約すると以下のようである。

(1)原形質ミオシン分子は、骨格筋ミオシン分子と同様に、2

個の頭部と1本の尾部を持つ。尾部の長さは骨格筋よりもずっと短い。
(2)原形質ミオシン分子のATPを分解する速度は、骨格筋ミオシンよりもはるかに大であろうと予想された。しかしこの予想は的中せず、シャジクモをすりつぶして分離した原形質ミオシン分子の水溶液中でATPを分解する速度は、骨格筋ミオシン分子と同じであった。
(3)つまり、電子顕微鏡下の観察や、生化学的手法は、超高速アクチン・ミオシン間の滑りのしくみの解明には無力である。

筆者は東京工業大学の故平本幸男教授とともに遠心顕微鏡を製作し、この超高速アクチン・ミオシン間の滑り機構に挑戦した。図12－9はこの遠心顕微鏡の構造の模式図である。まずシャジクモ節間細胞の一部（長さ1～2㎝）を切り取り、内部の空胞を除去し、ATPを含む実験液に置き換えたのち両端を糸でしばる。このようにして作製した試料中でも原形質流動は続いている。これは、試料内の節間細胞内の葉緑体層の中央には葉緑体のない不関帯（indifferent zone）が存在し、この両側でアクチンケーブルの方向性が異なるためである。つまり一方のアクチンケーブルに沿って動いてきた原形質小器官は、細胞をしばった部分までやって来ると、極性の異なるアクチンケーブルに乗り換え、これまでとは逆方向に動き出すからである。

この節間細胞から分離した実験試料を遠心顕微鏡の回転ステージ上に固定した実験槽に入れ、

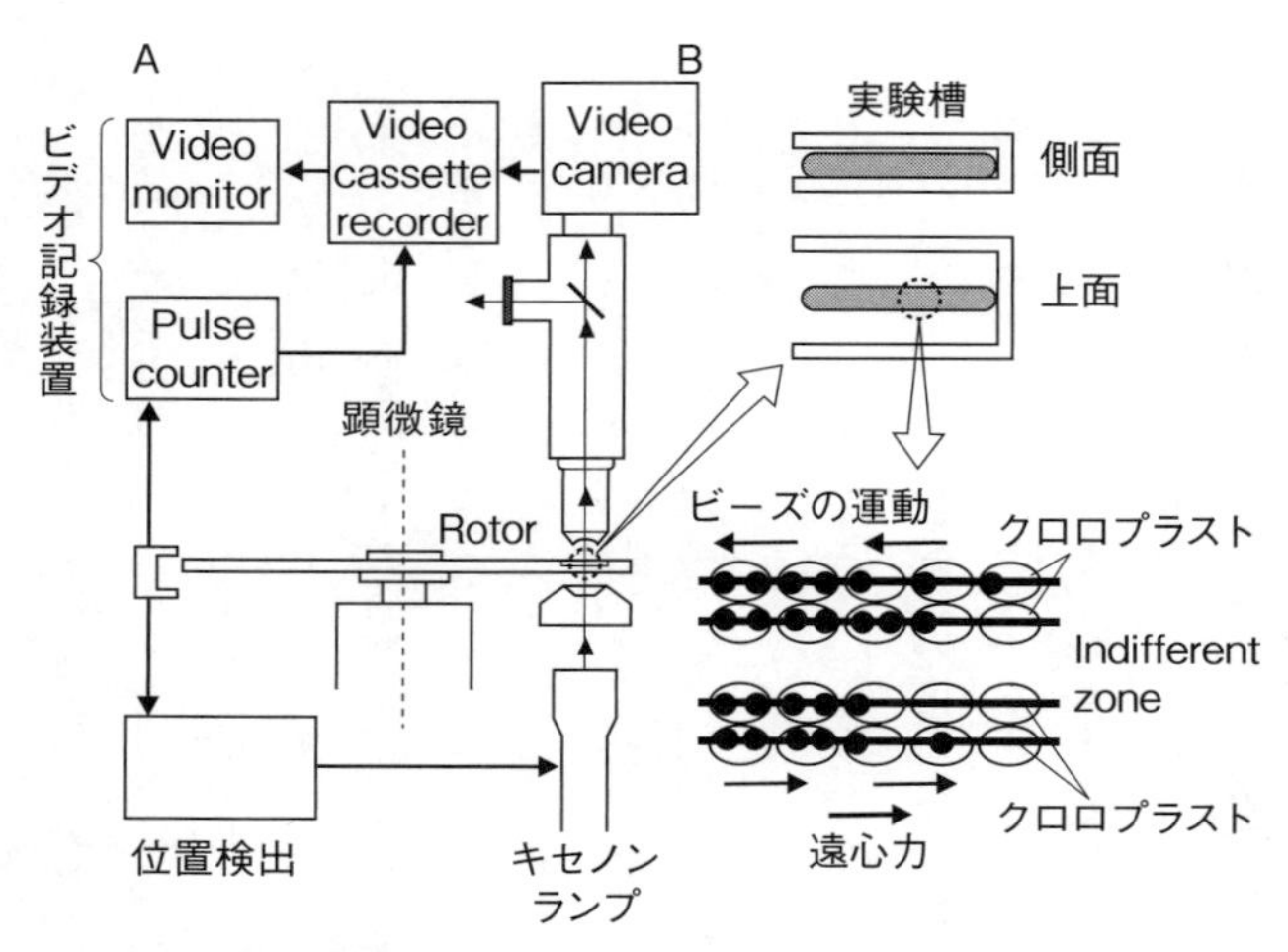

図12-9　遠心顕微鏡の模式図
アクチンケーブルに沿うビーズの運動をストロボ装置により記録する→節間細胞を入れた実験槽をモーターで回転するステージに固定し、遠心力による荷重を加える。　大岩ら（1990）PNAS8727893

顕微鏡下に原形質流動を観察しビデオ記録する。このさい試料を照明するキセノンランプは、ストロボ回路により、回転する試料が顕微鏡対物レンズの直下に来た時に発光するので、実験者は顕微鏡下に原形質流動を観察し続けることができる。この実験槽を固定した顕微鏡ステージをモーターで回転させることにより、試料に種々の遠心力、つまり荷重を加えることができる。

筆者らはまず、骨格筋ミオシンで表面をコートした円形のビーズを節間細胞試料に実験液とともに入れてみたところ、ビーズ上のミオシン頭部はアクチンケーブルに沿って動き

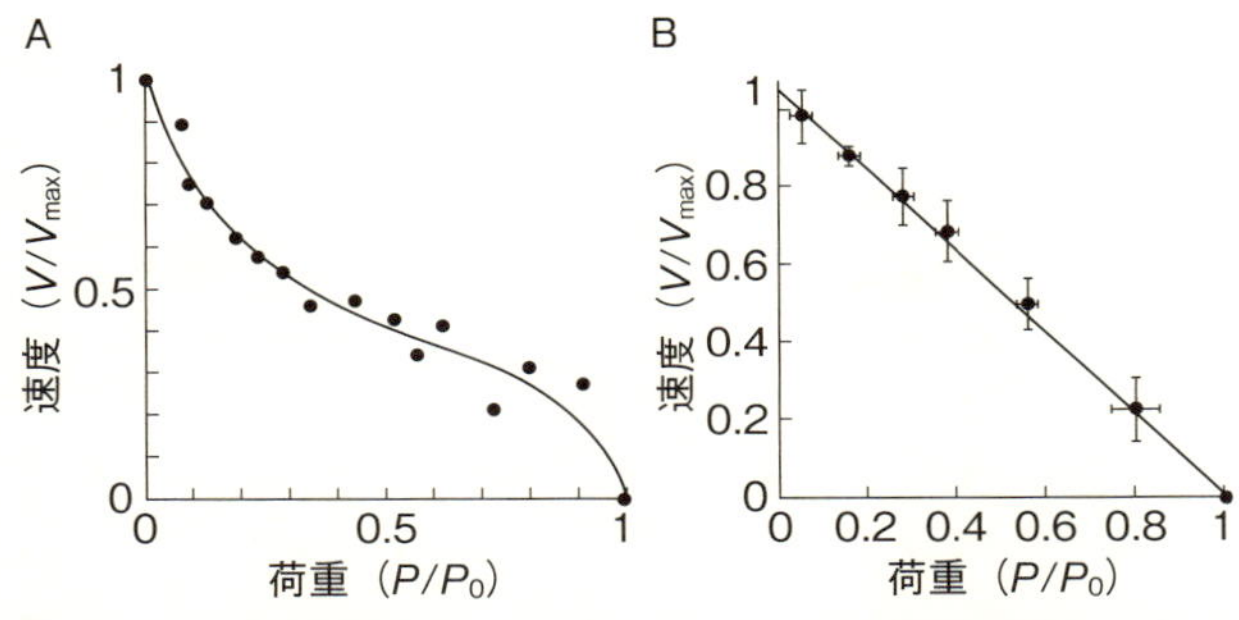

図12-10　(A) 骨格筋ミオシンをコートしたビーズの運動の荷重・速度曲線　(B) 原形質ミオシンが付着したビーズの運動の荷重・速度曲線

茶圓ら（1995）J.Exp.Biol.198:1021

だした。遠心力による荷重とビーズの動く速度との関係は、骨格筋と同様に、荷重の大きな部分を除き、直角双曲線であった（図12－10A）（第1章33ページ参照）。この結果からみて、シャジクモのアクチンケーブルの性質は基本的に骨格筋のアクチンフィラメントと同様なのであろう。つまり原形質流動の超高速アクチン・ミオシン間の滑りの秘密はアクチンケーブルには存在しないようである。

筆者らは、表面をコートしていない裸のビーズを節間細胞中に入れてみた。すると何と、これらのビーズは原形質流動と同じ超高速でアクチンケーブルに沿って動きはじめた。この原因は、節間細胞試料作製のため内部の原形質を取り除くさい、原形質小器官から離れた「原形質ミオシン」が、ビーズにその尾部で結合し、一方その頭部はアクチンケーブルと反応を始めたためと考えられた。筆者らは原形質ミオシンの生理学的特性を調べる好機が与えられたことを覚った。遠心顕微鏡で得られた、アクチンケーブルと原形質ミオシン間の滑り速度と荷重との関係は、骨格筋ミオシンとは全く異なり、右下がりの直線であった（図12-10B）。この結果の解釈により得られる「原形質ミオシン」の特異な生理学的性質は、以下のようである。

(1)原形質ミオシン頭部が、ATP分解により得られる化学エネルギーを、原形質流動の力学的仕事に変換する効率は極めて低い。
(2)原形質ミオシン頭部がアクチンケーブルと結合・変形・解離サイクルをおこなうさい、全サイクル期間に対する結合・変形期間の比率は極めて大である。つまり各々の反応サイクルをおこなうさい大部分の期間、ミオシン頭部はアクチンケーブルと結合している。なお、骨格筋ミオシン頭部では、この比率はほぼ1：1と考えられる。

以上の結果は極めて興味深いとともに、解釈が難しいものである。原形質流動をおこすミオシン頭部とアクチンケーブル間の滑り運動の効率が低いことは、素直に解釈すれば、個々のミオシン頭部がATP分解のさい発生する化学エネルギーを力学的仕事に変換する効率が低いことを意味する。この解釈が正しければ、ミオシン頭部が1分子のATPを分解しておこなう個々のパワーストロークの振幅は、骨格筋のミオシンのそれよりかなり小さいであろう。このように考えてくると、原形質流動をおこすミオシン頭部とアクチンケーブル間の異常に速い滑り速度は、単位時間あたりのミオシン頭部とアクチンケーブル間の反応が異常な高頻度でおこらなければもたされない。

したがって、筆者らが明らかにした原形質ミオシンの生理学的特性は、超高速原形質流動の謎を解くどころか、さらにこれを深めたことになる。特に、水溶液中の原形質ミオシン頭部のATP分解速度が骨格筋ミオシンと同様であることが、この謎を深めており厄介である。生化学的研究はシャジクモ節間細胞をすり潰してからおこなわれる。原形質流動がおこなわれる節間細胞内の環境が破壊されているので、ここでは忘れることにしよう。

筆者は、以下のような生理学的過程を考えれば、超高速アクチン・ミオシン間の滑り速度の謎は説明できるのではないかと考えている。

(1)原形質流動をひきおこす「原形質小器官」上のミオシン頭部は、互いに隣接して存在する。
(2)したがって、あるミオシン頭部がパワーストロークをおこなうと、隣接する別なミオシン頭部と機械的に接触する。
(3)ミオシン頭部はほとんどの期間アクチンケーブルと結合状態にあるので、パワーストローク中のミオシン頭部が互いに接触し合う結果、パワーストロークの荷重あるいは同期化がおこる。

(4)この結果、ミオシン頭部間の協調がおこり、個々のミオシン頭部よりもはるかに高頻度でパワーストロークを繰り返す。

原形質流動の研究分野は、筋肉の研究分野にくらべ小規模で研究者の数も少なく、問題の鍵となるべき「原形質小器官」の実態に関する研究がなされていないのが残念である。筆者はすでに、神経の研究分野に「イカはイカン」という短見的な風潮があることを指摘した。このような短見を排すれば、本書で説明してきたように大自然には見過ごされている神秘が至る所に存在する。骨格筋収縮機構の解明にも、原形質ミオシンの「協調作用」の研究が役立つかもしれない。

おわりに

筆者はこれまで十指にあまる入門書、解説書を書いてきたが、本書ほど充実感を持って執筆を続けたことはない。特に本書に先行するブルーバックスの著書『筋肉はふしぎ』では、もっぱら一般読者の興味をそそるような執筆項目をあらかじめ選定して平易に説明することを心掛け、これらの説明の背後にある研究者の挫折、成功などに触れることを控えてきた。幸いこの本は広く読者に受け入れられ、数万部が発行された。

本書ではこの方針を一転して、発見から100年以上研究者を翻弄してきた骨格筋横紋構造の謎の解明史に始まり、大自然のこの部分に存在する数々の謎にたいするその後の研究者の挑戦を、筆者自身の寄与も含めて記述することができた。我が国には東京大学の故江橋節郎教授など、筆者が仰ぎ見るような偉大な筋肉研究の先達がおられた。しかしこれらの方々は、もっぱら研究に努力を傾注され、一般向けの入門書を執筆する労を省かれたのであった。しかし筆者は生来いろいろなことに興味を持ち手を出す俗的な性癖があり、多くの研究者とライフワークの筋収縮機構の研究を続ける傍ら、サイドワークであるいろいろな動物の運動機構の研究もおこなってきた。また入門書も多数出版したが、『筋肉はふしぎ』を除き、いずれも俄か勉強により専門外の分野に手を出した結果なのである。おまけに朝鮮の名将、李舜臣を題材にした歴史小説まで書いてしまった。自分でも呆れるばかりである。

本書の出版計画にあたり、ブルーバックスの編集部が心配されたのは、近年、筋収縮のしくみを真っ向から取り上げた著作が出版されていないことであった。筆者は当初、筋収縮機構解明史のみで書面を埋める希望を持っていたが、これを変更し、結局本書の内容に落ち着いた。しかし筆者はこのような、いわば自身の自叙伝に近い部分のある本書を書き上げたことに、深い喜びを感じている。あとは本書が一般の読者に受け入れていただけることを祈るばかりである。

おわりに、このようないわば型破りの本書の執筆に筆者を導いてくださった、ブルーバックス編集部の篠木和久さん、須藤寿美子さんに深く感謝いたします。

【わ行】

【数字／アルファベット】

【ま行】

【や行】

【ら行】

【た行】

【さ行】

さくいん

【あ行】

【か行】

N.D.C.460　285p　18cm

ブルーバックス　B-2070

筋肉(きんにく)は本当(ほんとう)にすごい
すべての動物に共通する驚きのメカニズム

2018年 9 月20日　第 1 刷発行

著者　杉(すぎ) 晴夫(はるお)

発行者　渡瀬昌彦
発行所　株式会社講談社
〒112-8001 東京都文京区音羽2-12-21
電話　出版　03-5395-3524
販売　03-5395-4415
業務　03-5395-3615
印刷所　(本文印刷) 慶昌堂印刷株式会社
(カバー表紙印刷) 信毎書籍印刷株式会社
製本所　株式会社国宝社

定価はカバーに表示してあります。

ISBN978-4-06-513164-0

発刊のことば

科学をあなたのポケットに

二十世紀最大の特色は、それが科学時代であるということです。科学は日に日に進歩を続け、止まるところを知りません。ひと昔前の夢物語もどんどん現実化しており、今やわれわれの生活のすべてが、科学によってゆり動かされているといっても過言ではないでしょう。

そのような背景を考えれば、学者や学生はもちろん、産業人も、セールスマンも、ジャーナリストも、家庭の主婦も、みんなが科学を知らなければ、時代の流れに逆らうことになるでしょう。

ブルーバックス発刊の意義と必然性はそこにあります。このシリーズは、読む人に科学的に物を考える習慣と、科学的に物を見る目を養っていただくことを最大の目標にしています。そのためには、単に原理や法則の解説に終始するのではなくて、政治や経済など、社会科学や人文科学にも関連させて、広い視野から問題を追究していきます。科学はむずかしいという先入観を改める表現と構成、それも類書にないブルーバックスの特色であると信じます。

一九六三年九月　　　　野間省一